Revised and Enlarged
Visual Explanation

Electron Devices
増補改訂版 図説 電子デバイス

菅 博、川畑 敬志、矢野 満明、田中 誠 共著

産業図書

増補改訂にあたって

　各種電子デバイスの基本的知識と最近の進歩を取り入れたテキストを企図して，本書を刊行してからだいぶ時間が経過した．幸いに本書は講義テキストとして，また社内研修や独習の参考書として高く評価され，広く購読いただいてきた．しかし，この分野の進歩は速く，その間における新しいデバイスの開発やプロセス技術の進展には目覚ましいものがあった．このため，初版出版の5年後に当時の技術動向を踏まえた改訂を行ったが，さらに16年を経たこのたび，新鮮さを保つために大幅な改訂と説明項目の追加を実施した．

　前回の改訂と今回の増補改訂で変更・追加した主な内容はつぎのとおりである．

- 半導体材料で最も重要なSiの物性値と，半導体技術の進展の歴史を，「参考」として追加した．
- FETの交流等価回路や周波数特性を追加した．
- 省電力・省エネルギ機器の重要性に鑑み，回路構成や製造プロセスのみならず，撮像素子への応用を含めて，CMOS回路の記述を増やした．
- ICの分類を最近の技術進展に見合ったものに変更し，不揮発性メモリを追加した．
- フラッシュメモリの特性のみならずNAND，NOR構成を詳述し，また，強誘電体メモリを含めることで，重要度が高まっている不揮発性メモリの記述を充実させた．
- IC回路設計の流れをプロセスフローチャートに含め，FETを用いたディジタル回路の説明を拡充することで，素子特性から回路設計までの見通しを良くした．
- 第13章を大幅に改訂して，液晶や有機ELを用いた表示デバイスをはじめ，新型太陽電池，ブルーレイディスク，ICタグ，加速度センサ等を取り上げ，最新デバイスとその応用に関する説明を拡充した．
- 微細加工技術を含むプロセス技術の概略を付録に追加した．

- 次世代マス・ストレージの主流となる，SSDの回路構成と特徴を付録に追加した．

「図を用いてハイテクをわかり易く説明する」というスタイルは，改訂・増補改訂の後も一貫して保たれている．本書が，エレクトロニクス分野での活躍を希望する諸君の理解と興味を深め，教育の普及と向上に貢献することを願ってやまない．

2011年2月14日

著者一同

まえがき

　現代はハイテク（ハイテクノロジー）の時代といわれている．その一翼を担っているのがエレクトロニクスである．今日，エレクトロニクスは時代の花形になっているが，その幕は1948年のトランジスタの発明によって切って落とされた．現在なおトランジスタに代表される電子デバイスは，ハイテクを支える重要な柱になっている．したがって電子デバイスを習得することは，ハイテク分野で活躍する諸君にとって必須事項といえる．

　本書は，エレクトロニクス技術者はもちろん，高専あるいは大学の理工学分野にあってエレクトロニクスの核である電子デバイスを，本格的に学ぼうとする諸君にとって，絶好のテキストとなるよう書かれたものである．

　電子デバイスの理解のためには，物性工学，量子力学，統計力学，電磁気学そして化学など多くの知識が必要である．デバイス工学では多くの事項が絡みあっているため，学習の焦点が定まらず当初は全体像をつかむのが困難である．このデバイス工学の特質を考慮して，本書では次のような配慮をしている．

- 各章の初めに，習得する事項の要点・結論を具体的に紹介し，その章の内容を見通せるようにしている．したがってこの部分を通読することによってデバイス工学のおよその骨組みを知ることができる．
- 本文では，高等学校で学んだ物理，化学および数学をもとに，量子力学の基礎からデバイスの特性に至るまで，無理なく進めるように復習を交えながらわかりやすく解説している．
- 人間の持つ五感の情報吸収率は，臭覚11.0％，味覚1.0％，触覚1.5％，聴覚11.0％，視覚83.0％といわれている．この視覚の優れた特性を有効に利用するため図面を多用し，吹き出しなどによって軽いタッチで習得できるように工夫している．

　このように本書は読みやすさを重視して，絵本感覚の軽快さで読み進めるようにしているが，次のようなレベルの達成を目標としている．

- 既存の種々のデバイスを使用するとき，あるいは新しい素子に遭遇したと

き，正しくその本質をつかみ，十分にそれらを使いこなせる能力を養うこと．
- 新しいデバイスの研究・開発に当たって不可欠な，定量的な計算やチェックを行うための基礎的能力を養うこと．

そのため本文では，基本的原理に重点を置き，デバイスの動作原理を理解するために不可欠な計算を懇切丁寧に行い，物理的解釈を加えた．実際のデータはポイントになるべきものを除き割愛した．

なお付録では，初めてエネルギーバンドを学ぶ人のために，その考え方，描き方についてわかりやすく解説している．また，付録には重要ではあるが若干程度の高い事項および公式なども収録している．

向学心に燃える諸君が，本書によって電子デバイスへの興味を深め，デバイスの製造・応用に，あるいは研究・開発に取り組み，技術を通して社会に貢献し，花開かれることを期待したい．

本書の出版に当たって，大変お世話になった産業図書の方々，特に森泉政広氏に心から感謝する．

1990年6月

著者しるす

目　次

　　増補改訂にあたって
　　まえがき
　　記号と単位

1. 半導体工学の基礎
   1.1 半導体とその種類 …………………………………………1
   1.2 量子力学の基礎 ……………………………………………7
   　　演習問題 ………………………………………………………11

2. 固体中の電子のエネルギー準位と運動
   2.1 固体のエネルギー帯 ………………………………………13
   2.2 結晶中の電子の運動（自由電子近似）…………………22
   　　演習問題 ………………………………………………………29

3. 半導体中のキャリア密度とキャリアのふるまい
   3.1 半導体中のキャリア密度 …………………………………31
   3.2 キャリア密度の温度依存性 ………………………………37
   3.3 半導体中のキャリアのふるまい …………………………47
   　　演習問題 ………………………………………………………55

4. 半導体中の電流
   4.1 ドリフト電流と拡散電流 …………………………………57
   4.2 ドリフト電流 ………………………………………………58
   4.3 拡散電流 ……………………………………………………62
   4.4 拡散方程式 …………………………………………………66
   　　演習問題 ………………………………………………………68

5. pn 接合
- 5.1 pn 接合の性質 …………………………………………71
- 5.2 pn 接合の拡散電流と周波数特性 ……………………78
- 5.3 pn 接合の静電容量 ……………………………………89
- 演習問題 …………………………………………………96

6. 接合トランジスタ
- 6.1 トランジスタの種類と原理 …………………………99
- 6.2 接合トランジスタを流れる電流 ……………………110
- 6.3 接合トランジスタの電流増幅率 ……………………115
- 6.4 接合トランジスタの等価回路 ………………………121
- 演習問題 …………………………………………………126

7. 金属, 半導体, 絶縁物の接触
- 7.1 表面バンド構造の形成 ………………………………129
- 7.2 金属-n 形半導体接触 …………………………………130
- 7.3 金属-p 形半導体接触 …………………………………132
- 7.4 金属-絶縁物-半導体構造 ……………………………132
- 7.5 半導体-半導体接合 …………………………………138
- 演習問題 …………………………………………………141

8. 電界効果トランジスタ
- 8.1 接合形電界効果トランジスタ(JFET) ………………143
- 8.2 MOS 形電界効果トランジスタ(MOS FET) ………147
- 8.3 FET の小信号等価回路 ………………………………154
- 8.4 MOS FET の各種接地方式 …………………………158
- 演習問題 …………………………………………………159

9. 集積回路
- 9.1 集積回路の基礎 ………………………………………161
- 9.2 各種 IC(アナログ IC と論理 IC) ……………………169

9.3　メモリIC(DRAM, SRAM, EPROM 等) ……………………176
　　9.4　フラッシュメモリ ……………………………………………183
　　9.5　強誘電体メモリ(FeRAM, FRAM, Fe-NANDフラッシュ
　　　　 メモリ) ……………………………………………………187
　　9.6　SSD ……………………………………………………………189
　　　　 演習問題 …………………………………………………………190

10.　集積回路製造技術
　　10.1　集積回路(IC) ……………………………………………193
　　10.2　集積回路の製造工程 ………………………………………194
　　10.3　エピタキシー工程 …………………………………………195
　　10.4　酸化工程 ……………………………………………………197
　　10.5　選択的ドーピング工程 ……………………………………198
　　10.6　素子間の分離工程 …………………………………………202
　　10.7　配線工程 ……………………………………………………204
　　10.8　切断およびパッケージング工程 …………………………204
　　　　　演習問題 ……………………………………………………205

11.　光電素子
　　11.1　光電効果 ……………………………………………………207
　　11.2　光-電気変換素子(光センサ,太陽電池 等)………………208
　　11.3　電気-光変換素子(エレクトロルミネセンス,半導体レーザ,
　　　　　発光ダイオード 等)………………………………………216
　　　　　演習問題 ……………………………………………………225

12.　負性抵抗素子
　　12.1　負性抵抗特性 ………………………………………………227
　　12.2　静的負性抵抗素子(エサキダイオード,SCR 等) ………228
　　12.3　動的負性抵抗素子(IMPATTダイオード,ガンダイオード 等)…237
　　12.4　負性抵抗素子の応用 ………………………………………244
　　　　　演習問題 ……………………………………………………247

13. その他の半導体素子

- 13.1 ホール素子 …………………………………… 249
- 13.2 サーミスタ …………………………………… 252
- 13.3 アモルファス太陽電池と多接合型太陽電池 …………… 253
- 13.4 ブルーレイディスク ………………………… 256
- 13.5 薄膜トランジスタ(TFT) …………………… 258
- 13.6 高電子移動度トランジスタ(HEMT) ……… 262
- 13.7 CCDとMOSイメージセンサ …………………… 264
- 13.8 液晶と液晶ディスプレイ ……………………… 267
- 13.9 有機ELディスプレイ ………………………… 269
- 13.10 加速度センサ ………………………………… 270
- 13.11 ICタグ ……………………………………… 272
- 演習問題 …………………………………………… 274

参考図書 ……………………………………………… 275
演習問題解答 ………………………………………… 277
付録 …………………………………………………… 285
- A. 金属の電子論 …………………………………… 285
- B. pn接合のエネルギーバンドの描き方 ……… 289
- C. MOS構造の理論 ………………………………… 294
- D. 半導体製造技術 ………………………………… 305
- E. フラッシュメモリアレイの書込み,読出し,消去 …… 325
- F. 数学公式 ………………………………………… 330
- G. 物理定数,単位の10の整数乗倍の接頭語,周期律表 …… 334

索引 …………………………………………………… 337

記号と単位

記号	内容／定義	単位
a	格子定数	m
B	サセプタンスまたは磁界	S または T
C	容量，キャパシタンス	F
C_d	拡散容量	F
C_T	空乏層の静電容量	F
C_{ox}	酸化膜の静電容量	F
d	距離	m
D_{pB}	ベース内正孔の拡散定数	m^2/s
E	エネルギーまたは電界	eV(J) または V/m
E_A	アクセプタのエネルギーレベル	eV(J)
E_C	伝導帯下端のエネルギーレベル	eV(J)
E_D	ドナーのエネルギーレベル	eV(J)
E_F	フェルミ準位のエネルギーレベル	eV(J)
E_g	バンドギャップエネルギー(禁制帯幅)	eV(J)
E_V	価電子帯上端のエネルギーレベル	eV(J)
f	周波数	Hz
f_b	ベースしゃ断周波数	Hz
$f(E)$	フェルミ分布関数	
g	熱平衡条件下でのキャリアの発生度またはコンダクタンス	m^{-3}/s または S
G	キャリアの発生度またはコンダクタンス	m^{-3}/s または S
g_m	相互コンダクタンス	S
h	プランク定数	J·s

記号	内容／定義	単位
$\hbar$	ディラックの h ($=h/2\pi$)	J·s
I	電流	A
I_s	逆飽和電流	A
j	虚数単位 ($=\sqrt{-1}$)	
J	電流密度	A/m²
k	ボルツマン定数または波数	J/K または m⁻¹
K	偏析係数	
l	結晶の原子間距離	m
L	長さ	m
L_n	電子の拡散距離	m
L_p	正孔の拡散距離	m
m	質量	kg
m_0	真空中の電子質量	kg
m^*	有効質量	kg
n	電子密度	m⁻³
n_0	熱平衡条件下での電子密度	m⁻³
n_i	真性キャリア密度	m⁻³
n_p	p形半導体における電子密度（少数キャリア密度）	m⁻³
n_s	表面電子密度	m⁻²
N	状態密度	m⁻³
N_A	アクセプタ密度	m⁻³
N_C	伝導帯の有効状態密度	m⁻³
N_D	ドナー密度	m⁻³
N_V	価電子帯の有効状態密度	m⁻³
p	正孔密度または運動量	m⁻³ または kg·m/s
p_0	熱平衡条件下での正孔密度	m⁻³

記号	内容／定義	単位
p_n	n形半導体における正孔密度（少数キャリア密度）	m^{-3}
p_s	表面正孔密度	m^{-2}
P_i	入力電力	W
P_o	出力電力	W
q	電子の電荷素量	C
Q_n	表面電荷密度	C/m^2
r	再結合度	m^{-3}/s
r_b	ベース抵抗	Ω
r_d	ドレイン抵抗	Ω
R	電気抵抗または再結合係数	Ω または m^3/s
R_H	ホール係数	m^3/C
R_L	負荷抵抗	Ω
S	断面積	m^2
t	時間	s
T	絶対温度または周期	K または s
u	波動の振幅	m
U	ポテンシャルエネルギー	eV(J)
v	速度	m/s
V	電圧	V
V_C	コレクタ電圧	V
V_{CC}	コレクタ直流電源電圧	V
V_D	拡散電位	V
V_G, V_{GS}	(FETの)ゲート電圧	V
V_{SD}	ソース・ドレイン間の電圧	V
V_{th}	(FETの)しきい値電圧	V
W	ベース幅	m

記号	内容／定義	単位
W_n	n領域の長さ	m
W_p	p領域の長さ	m
x	距離（座標）	m
Y	アドミタンス	S
Z	インピーダンス	Ω
α	電流増幅率	
α^*	コレクタ効率	
β^*	到達率（輸送効率）	
γ	エミッタ効率	
ε	誘電率	F/m
ε_0	真空の誘電率	F/m
ε_s	半導体の誘電率	F/m
η	量子効率	
θ_n, θ_p	ホール角	rad
λ	波長	m
μ_{ec}	エミッタ帰還率	
μ_n	電子の移動度	$m^2/V \cdot s$
μ_p	正孔の移動度	$m^2/V \cdot s$
ν	振動数	Hz
ρ	電気抵抗率または空間電荷密度	$\Omega \cdot m$ または C/m^3
σ	電気伝導率	S/m
$\langle \tau \rangle$	平均緩和時間	s
τ_d	誘電緩和時間	s
τ_n	電子の寿命（ライフタイム）	s
τ_p	正孔の寿命（ライフタイム）	s
ϕ_M	金属の仕事関数に相当するポテンシャル	V
ϕ_s	表面ポテンシャル	V

記号	内容／定義	単位
ϕ_{SEM}	半導体の仕事関数に相当するポテンシャル	V
χ	電子親和力に相当するポテンシャル	V
ϕ, Ψ	電子の波動関数	$m^{3/2}$
ω	角周波数	rad/s

1. 半導体工学の基礎

ダイオードやトランジスタ，ICなどの**電子デバイス**は，半導体で作られている．

本章では，半導体の種類や性質および半導体中の電子状態を取り扱うための**量子力学**などについて述べる．

まず，①半導体の抵抗率が金属と絶縁物との中間にあること，それが光や熱および不純物の混入に対して非常に敏感であることなど，半導体の特徴について述べる．

次に，②半導体中で電流を運ぶ**キャリア**(運搬人)には，**伝導電子**と正の電荷をもつ**正孔**の2種類があること．また，③半導体には，伝導電子の多く存在する**n形半導体**と正孔の多く存在する**p形半導体**があることなどについて述べる．

最後に，④電子の**粒子性**と**波動性**について述べ，⑤波動性に着目した場合の基礎方程式であるシュレディンガー方程式を誘導する．

1.1 半導体とその種類

a． 半導体の特徴

半導体の特徴を列挙すると，次のようになる．
(1) 抵抗率が金属と絶縁物との中間にある(これが半導体の名前の由来である)．**抵抗率**とは，図1.1(a)に示すような，面積$1m^2$の電極で挟まれた長さ$1m$の物体の抵抗値である．

図(b)に示すような導体棒の抵抗率と抵抗の関係は(1.1)のように表わさ

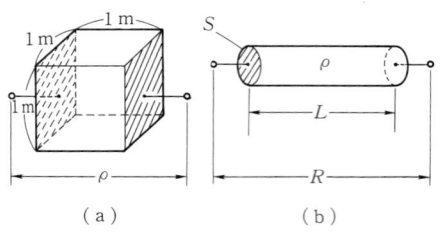

図 1.1 抵抗率と抵抗

れる.

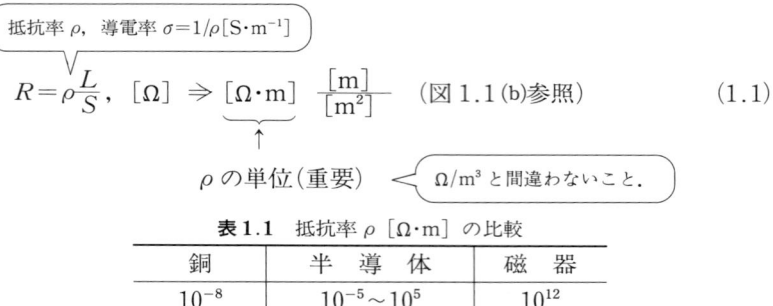

表 1.1 抵抗率 ρ [Ω·m] の比較

銅	半 導 体	磁 器
10^{-8}	$10^{-5} \sim 10^{5}$	10^{12}

(2) 電気抵抗の温度係数が著しく大きく,負の領域が存在する.図 1.2 に金属との比較を示す.金属の抵抗は一般に,温度が上がると大きくなる.これらの理由は後で説明する

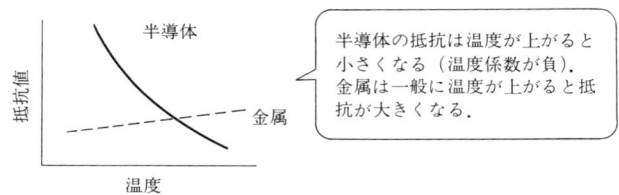

図 1.2 温度に敏感

(3) 光や熱の効果が大きく,図 1.3(a)のように光を当てると容易に抵抗が変化したり,図(b)のように温度差を与えると起電力が発生する.

(4) 不純物の影響が大きく,図 1.4 のように ppm(10^{-6}) オーダーの不純物混入で抵抗率が大幅に変化する.

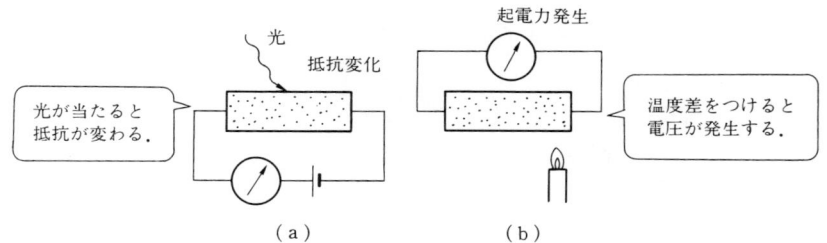

図 1.3 光や熱に敏感

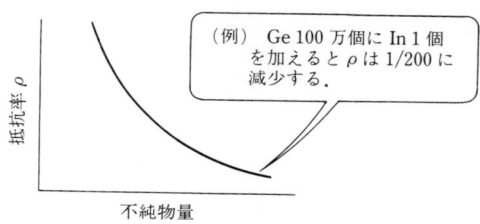

図 1.4 不純物に敏感

b. 半導体材料

工業的に重要な半導体材料と，その主な用途を次に示す．

1) 元素半導体

- IV族　Ge（ダイオード，トランジスタ）　⎫
- 　　　Si（ダイオード，トランジスタ，IC）⎬ 代表的な半導体材料
- VI族　Se（光電池，整流器）

2) 化合物半導体

- II-VI族　ZnO（圧電素子）
- 　　　　ZnS（ELセル）
- 　　　　CdS（光導電セル）
- III-V族　GaAs（マイクロ波発振素子，レーザダイオード）
- 　　　　GaP（発光ダイオード）
- 　　　　GaN（発光ダイオード，トランジスタ）
- IV-IV族　SiC（発光ダイオード，トランジスタ）

c. 半導体結晶

典型的な半導体である Si と Ge の原子模型を図 1.5 に示す．その特徴は次のようにまとめられる．

$$\begin{cases} 価電子 \quad 4 個 \\ 共有結合（電子対結合） \\ ダイヤモンド構造 \end{cases}$$

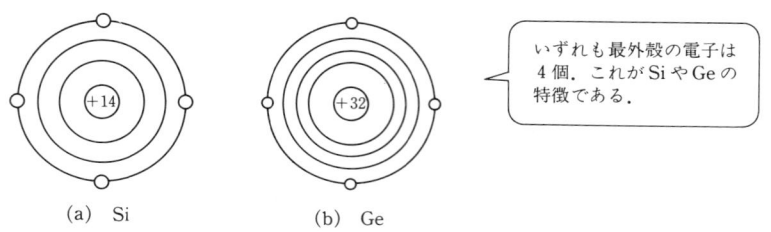

(a) Si (b) Ge

いずれも最外殻の電子は 4 個．これが Si や Ge の特徴である．

図 1.5 Si と Ge の原子模型

これらの Si や Ge は，図 1.6 のように 4 つの他の原子と互いに価電子を共有することによって**共有結合**，すなわち**電子対結合**を作り，安定な結晶を構成している．3 次元空間における実際の結晶構造は，図 1.7 のようなダイヤモンド形結晶である．III-V 族，II-VI 族化合物半導体でも，外殻電子数の合計が 8 個になるので，類似の結晶構造を安定して構成する．

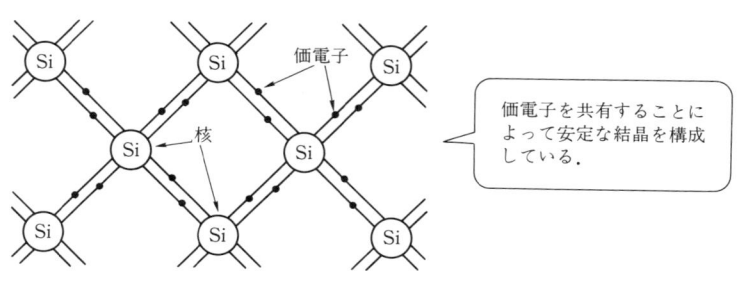

価電子を共有することによって安定な結晶を構成している．

図 1.6 シリコン結晶の平面的模型

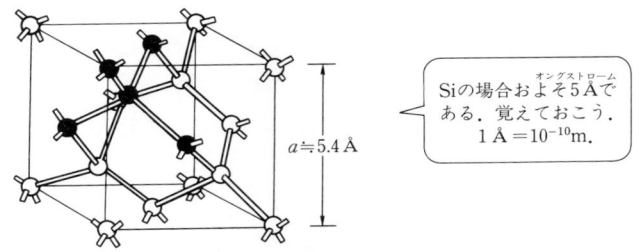

図1.7　半導体結晶のダイヤモンド構造

1) 真性半導体

不純物を含まない純粋な結晶，または不純物に影響されない電気的な特性をもつ半導体をさす．低温ではすべての電子は図1.6のように対結合に組み込まれているが，温度が上昇すると図1.8のように自由電子となって束縛を離れ，抜け穴（正孔）を形成する．

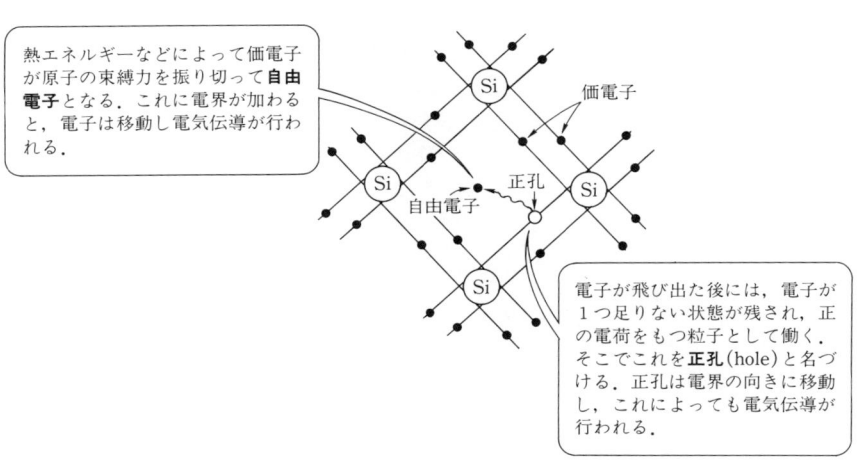

図1.8　真性Si（価電子が自由電子となって正孔を残すので，電子密度 n と正孔密度 p は等しくなる）

特徴　　$n = p$　　真性半導体では，自由電子1つが正孔1つをつくるので，この式が成立する．

〔正孔伝導〕

正孔は，正の質量と正の電荷をもった電子のようにふるまう．

図 1.9(a) のように価電子が 1 つ欠けて正孔が発生したとする．この孔へはすぐ隣の価電子が (+) 電位に引かれて移動してきてうめる (図(b))．隣の電子の抜け穴にはそのまた隣の電子が入り，抜け穴の移動を生じる (図(c))．これと同様なことが繰り返されると，正孔はしだいに右に移動して行き，電気伝導が行われることになる．

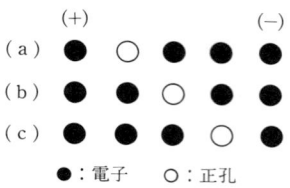

図 1.9 正孔の移動

半導体中で伝導に寄与する**伝導電子**または**正孔**を**キャリア** (carrier) という．

2) n 形半導体（電子伝導）

電気的性質が不純物によって特徴づけられた半導体を**不純物半導体**という．自由電子密度 n が正孔密度 p よりも高い不純物半導体を **n 形半導体**といい，例えば Si の中に Sb などの不純物原子を入れることによって作られる．これは IV 族元素を V 族元素で置換すれば，図 1.10 のように自由電子が生成されるためである．

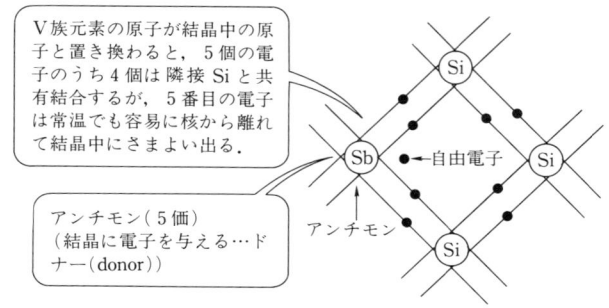

図 1.10 n 形 Si（自由電子の生成）

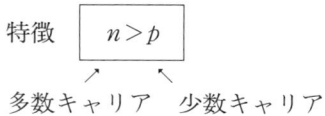

3) p形半導体（正孔伝導）

正孔密度 p が自由電子密度 n よりも高い不純物半導体を **p形半導体** という．これは，例えば Si の中に III 族の元素を添加することによって得られ，価電子の不足によって図 1.11 のように正孔が生成される．

特徴　$\boxed{n<p}$

　　　　↗　　↖
　　少数キャリア　多数キャリア

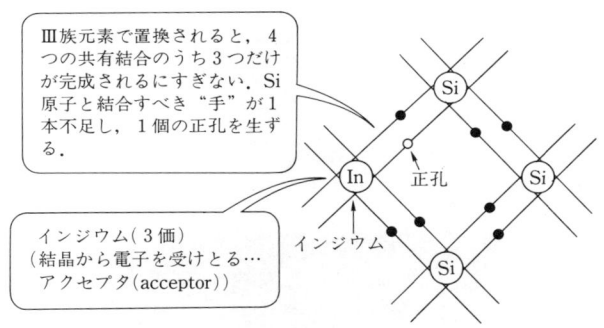

図 1.11 p 形 Si（正孔の生成）

d． 半導体用語

キャリア：伝導に寄与する自由電子または正孔．
ドーピング：希望する電気特性を得るために半導体に不純物を添加すること．
補償形真性半導体：相手の形の不純物の効果を相殺している半導体（ドナーとアクセプタの数が等しくなっているような領域は真性的である）．

1.2 量子力学の基礎

量子力学は，現代物理学の基礎をなす理論体系である．古典力学（ニュートン力学）では扱えない電子や原子などの非常に微小な粒子の集合を取り扱うことができる．

量子力学では，あたかもすべての物理量にはそれぞれ最小単位量，すなわちそれ以上分割し得ない量の粒とでもいうべきものが存在し，すべての量はその

粒(量子)の寄り集まりとして表現される．つまり量子力学とは，物理量の不連続性を強調する力学体系であるということもできる．

a. 粒子性と波動性

電子は光と同様に，粒子としての性質と波動としての性質を兼ね備えている．例えば原子に束縛された電子は，原子番号 Z の原子なら，核の周囲に電子が Z 個存在する．したがって電子の粒子性は，電子が素電荷 q (-1.6022×10^{-19}[C])をもち，質量が m (9.1095×10^{-31}[kg])の粒子であると考えることができる．

粒子としての電子の電磁界におけるふるまいは，ローレンツの式を解くことによって求められる．

$$f = q[E + (v \times B)] \tag{1.2}$$

ここで，f は力 [N]，q は粒子の電荷量 [C]，E は電界 [V/m]，v は粒子の速度 [m/s]，B は磁束密度 [T] である．

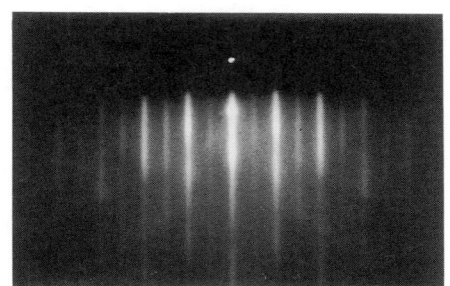

図 1.12 真空中におかれた GaAs 結晶の表面原子によって散乱，回折された電子の干渉パターン．電子の波動性を示している．

一方，波動性の現われる例としては，電子線も X 線と同じような回折を起こすことが挙げられる(図 1.12)．電子のような物質粒子にともなう波を**物質波**といい，質量 m [kg] の粒子が速さ v [m/s] で動くとき，物質波の波長 λ [m] は，

$$\boxed{\lambda = \frac{h}{mv}} \quad \text{これが重要な物質波の波長} \tag{1.3}$$

で与えられる．この式で h はプランク定数である．このような物質波を，提唱者の名に因んで**ド・ブロイ波**という．

b． 波動方程式

1926年シュレディンガーは，ド・ブロイの物質波がどのような方程式に従って行動すべきかを研究し，この波動を表わす関数 $\psi(x,y,z,t)$ の満たすべき微分方程式を見い出した．

$$\left(\frac{\partial^2\psi}{\partial x^2}+\frac{\partial^2\psi}{\partial y^2}+\frac{\partial^2\psi}{\partial z^2}\right)+\frac{2m}{\hbar^2}(E-U)\psi=0 \tag{1.4}$$

ここに U はその粒子の位置のエネルギーで，x,y,z の関数であり，また m は粒子の質量，$\hbar=h/2\pi$（h：プランク定数）である．この式は**波動方程式**（シュレディンガー方程式）と呼ばれ，ψ を**波動関数**という．この方程式は U の関数形が与えられるならば原則的には解くことができ，ψ の関数形とそれに対する E の値とが定まる．

水素原子について波動関数 ψ を計算してみると，その振幅は電子軌道の位置でだけ大きく，それ以外のところでは小さい値をとる．そこで ψ の振幅の2乗は粒子の存在する確率の大きさを与えるものと解釈される．

ニュートンの運動方程式を基礎として古典力学が発達したように，シュレディンガーの波動方程式を基礎とする理論（**波動力学**と呼ばれ，量子力学の最も主要な表現形式）は，電子の波動性が問題となるようなミクロな現象の解析に不可欠である．

c． 波動方程式（シュレディンガー方程式）の誘導

古典力学における x 方向に進む波数 k の平面波

$$u=ae^{j(\omega t-kx)} \quad [\equiv a\sin(\omega t-kx)] \tag{1.5}$$

は，波動方程式

$$\frac{\partial^2 u}{\partial x^2}=\frac{1}{v^2}\frac{\partial^2 u}{\partial t^2}, \quad v=\frac{\omega}{k} \quad (v=\lambda f, \ \lambda=2\pi/k) \tag{1.6}$$

の解である．ここで u を時間を含む項と含まない項に分け，

$$u=ae^{j\omega t}\cdot e^{-jkx}\equiv y(x)e^{j\omega t} \tag{1.7}$$

とすると，

$$\frac{\partial^2 y}{\partial x^2}=-k^2 y \tag{1.8}$$

となり，時間を含まない波動方程式が得られる．この解 y に $e^{j\omega t}$ を付け加えて時間を含む u が求められる．

電子(物質)の波動性にもこの考えが適用できるとして，$\Psi(x,t)=\psi(x)e^{j\omega t}$ とおき，(1.8)で y の代わりに ψ とおくと，

$$\frac{\partial^2 \psi}{\partial x^2} = -k^2 \psi \tag{1.9}$$

となる．

さて，電子の全エネルギー E は運動エネルギー $p^2/2m$ とポテンシャルエネルギー U の和であるから，

$$E = \frac{p^2}{2m} + U \tag{1.10}$$

と表わされ，運動量 p は，

$$p = [2m(E-U)]^{1/2} \tag{1.11}$$

となる．ここで，ド・ブロイの仮説(量子化条件)から，

$$p = \frac{h}{\lambda} = \frac{h}{2\pi}k = \hbar k \tag{1.12}$$

であるので，

$$k^2 = \frac{2m(E-U)}{\hbar^2} \tag{1.13}$$

となり，電子に対する時間を含まない波動方程式(シュレディンガー方程式)は，

$$\frac{\partial^2 \psi}{\partial x^2} + \frac{2m}{\hbar^2}(E-U)\psi = 0 \tag{1.14}$$

で与えられる．3次元では，

$$\left(\frac{\partial^2 \psi}{\partial x^2} + \frac{\partial^2 \psi}{\partial y^2} + \frac{\partial^2 \psi}{\partial z^2}\right) + \frac{2m}{\hbar^2}(E-U)\psi = 0 \tag{1.15}$$

すなわち

$$\boxed{\frac{\hbar^2}{2m}\nabla^2 \psi + (E-U)\psi = 0} \tag{1.16}$$

← これが有名な波動方程式，またの名をシュレディンガー方程式という．

と表記される．この解 ψ に $e^{j\omega t}$ を付け加えると時間を含む Ψ が求められる．ここで，波動関数 Ψ は一般に複素量であり，微小体積 $dxdydz$ に電子が存在する確率は，

$$\Psi^* \Psi \, dxdydz \quad (=|\Psi|^2 \, dxdydz) \tag{1.17}$$

に比例する．また，系に1個の電子が存在する場合は全空間について積分すれば，

$$\int_v \Psi^* \Psi \, dxdydz = 1 \tag{1.18}$$

でなければならない．これを**規格化条件**という．

演 習 問 題

1.1 ある半導体の断面積が 5 mm², 長さが 10 mm, 抵抗値が 4 kΩ であった．この半導体の抵抗率を求めよ．

1.2 半導体の特徴を 4 つ列挙し, 図解せよ．

1.3 半導体材料と用途について述べよ．

1.4 半導体結晶の特徴について述べよ．

1.5 次の語を説明せよ．

(1) ドナー, (2) 少数キャリア, (3) P 形半導体, (4) 真性半導体, (5) ドーピング．

1.6 アクセプタを多数ドープした半導体は何形か．また, その多数キャリアは何か．

1.7 次のドナーとアクセプタとを同時に含む半導体中から n 形半導体をぬき出して, 実効ドナー密度の高い順に並べよ．

	(A)	(B)	(C)	(D)	(E)	(F)
N_D [m⁻³]	2×10^{22}	2×10^{22}	5×10^{22}	0	5×10^{22}	5×10^{22}
N_A [m⁻³]	0	2×10^{22}	2×10^{22}	0	4×10^{22}	6×10^{22}

1.8 図のように電極間隔 $d=10$ mm の平行平板電極に電圧 $V=100$ V が印加されているとき, $t=0$ で陰極を初速度なしで出発した電子が, 陽極に到達する時刻を求めよ．

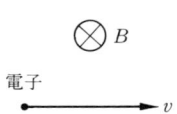

1.9 図のように均一磁界 B に対して垂直に電子が初速度 v で入射したとき, 円運動を行う電子の半径 r の大きさを求めよ．

1.10 100 V の電圧で加速された電子の物質波の波長はいくらか．

参　考

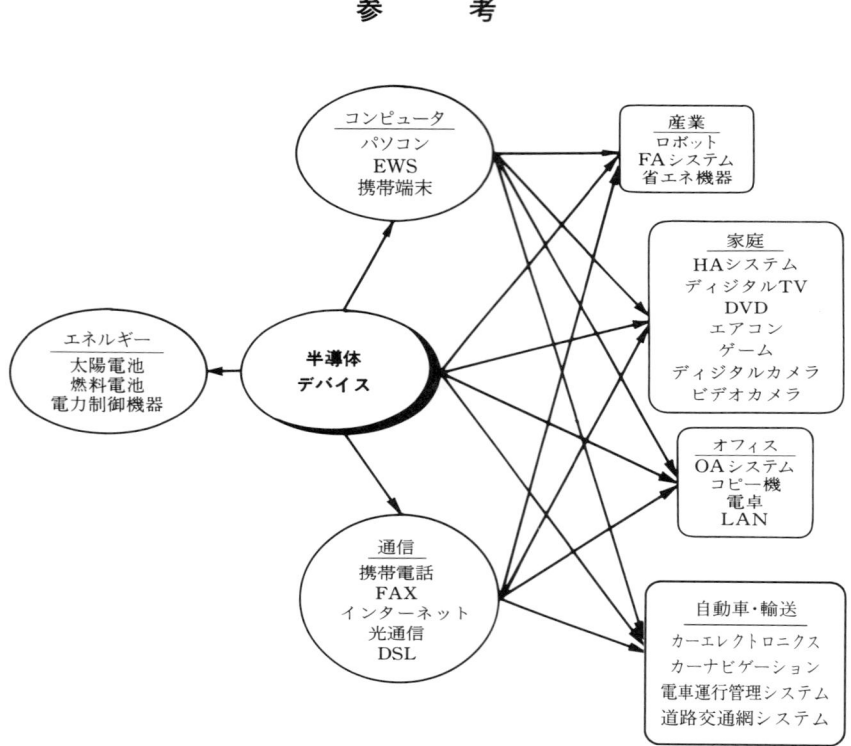

図 1.13　広がる半導体デバイスの応用

2. 固体中の電子のエネルギー準位と運動

水素原子内の電子のエネルギー準位は，図 2.1(a)のような線状のとびとびの値をとる．一方，固体中の電子は図(b)のような**帯状(バンド状)**のとびとびの値をとる．

本章では，①このことを1章で述べた**シュレディンガー方程式**を解くことによって示す．

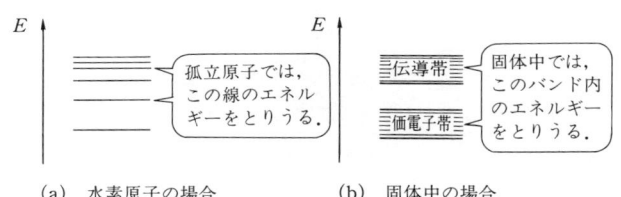

図 2.1 電子のとりうるエネルギー準位

また，そのようなバンド内においては，②電子の速度はバンドの位置によって変化すること，③電子の質量はバンド内で大きく変化し，価電子帯上部では負にもなりうることなどを示す．

2.1 固体のエネルギー帯

半導体素子の動作を理解するには，固体中での電子のふるまいを知らなければならない．ここでは，それに必要な固体のエネルギー帯について学ぶ．

a. 金属の自由電子モデル(自由電子近似)

金属のように自由に動ける電子の数が多く,原子核による束縛が無視できる場合には,おおまかな特性は,ポテンシャルの箱に閉じ込められた自由電子のふるまいに似ている.図2.2に近似の進め方を示した.

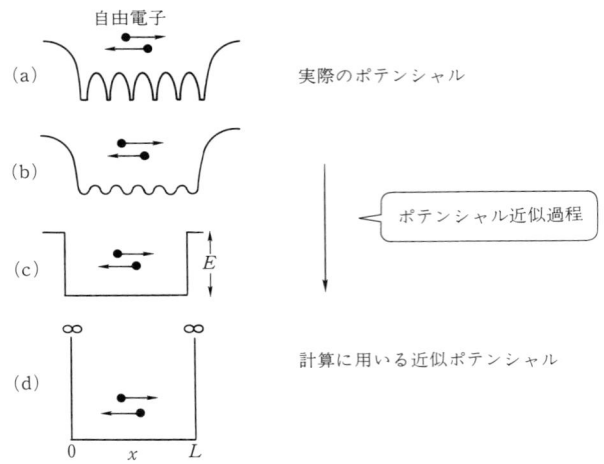

図2.2 原子核による束縛が無視できる場合のポテンシャルの近似

シュレディンガーの方程式を,図2.2(d)において

$$0 < x < L \ \text{で} \ U = 0, \quad x \leq 0 \ \text{および} \ x \geq L \ \text{で} \ U = \infty \tag{2.1}$$

なる境界条件で解く.金属中ではポテンシャルエネルギー U がゼロであるから,

$$\frac{\hbar^2}{2m}\nabla^2\psi + E\psi = 0 \tag{2.2}$$

$$E = \frac{p^2}{2m} = \frac{\hbar^2 k^2}{2m} \tag{2.3}$$

ここで,ψ の一般解は

$$\psi = Ae^{jkx} + Be^{-jkx} \tag{2.4}$$

となるが,境界条件により

$x \leq 0, \ x \geq L$ で $U = \infty$ だから障壁への波の侵入はない.

$x = 0$ で $\psi = 0$ → $A = -B$
$x = L$ で $\psi = 0$ → $\sin kL = 0$, すなわち $\tag{2.5}$

$$k = \frac{n\pi}{L} \quad (n = 0, \pm 1, \pm 2 \cdots) \tag{2.6}$$

が要求され

$$\psi = C \sin\left(\frac{n\pi x}{L}\right) \tag{2.7}$$

の形となる．さらに，規格化条件により

$$\int_0^L |\psi|^2 dx = 1 \quad \text{および} \quad n \neq 0 \tag{2.8}$$

が要請され，

$$\psi = \left(\frac{2}{L}\right)^{1/2} \sin\left(\frac{n\pi x}{L}\right) \quad (n = \pm 1, \pm 2, \cdots) \tag{2.9}$$

が求まる．すなわち，

$$k = \frac{n\pi}{L} \quad (n = \pm 1, \pm 2, \cdots) \tag{2.10}$$

でなければならない．(2.3)を考えると電子のとりうるエネルギーは図2.3のように，2次曲線の上でとびとびになる．(さらに詳しい議論は，巻末に与えた付録Aを参照せよ．)

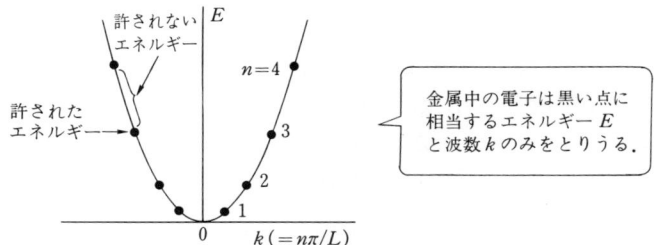

図2.3 金属中の電子がとりうるエネルギー

b．周期場における電子(固体のエネルギー帯)

前節のモデルは，金属のかなりの性質を説明できるが，半導体や絶縁体のように自由電子の少ない場合には無力である．この場合には，周期的なバリヤーのある系における電子のエネルギー状態を考えねばならない．すなわち，金属では 10^{28} m^{-3} のオーダーの電子が存在するが，半導体では $10^{21} \sim 10^{24}$ m^{-3} しか存在しないので，図2.2のポテンシャル箱に電子をつめ込んだ場合に底の凹凸が無視できない(これはちょうど電子という水をプールに注ぎ込んだときの水面

ここでは周期的なポテンシャルを図 2.4 のように
$$U(x) = U(x+nl), \quad l = a+b \tag{2.11}$$
なる形で与える．l は結晶の原子間距離に相当する．

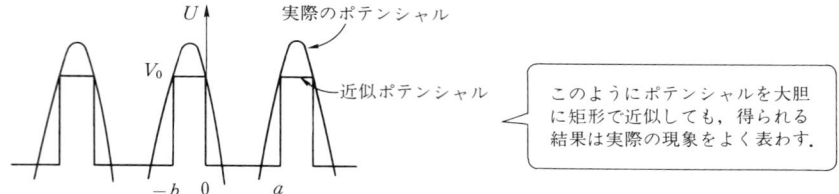

図 2.4 周期ポテンシャルの近似

1) ブロッホの定理

(2.11)の周期ポテンシャルの中の電子のシュレディンガー方程式，
$$\frac{\hbar^2}{2m}\nabla^2\psi + [E - U(x)]\psi = 0 \tag{2.12}$$
を満たす波動関数 ψ は
$$\psi = u(x)e^{\pm jkx} \tag{2.13}$$
$$u(x) = u(x+nl) \tag{2.14}$$
なる形をもつ(証明は略す)．

2) クローニッヒ・ペニーのモデル

① シュレディンガー方程式と一般解

前掲の図 2.4 のような周期ポテンシャルの中の電子のふるまいを簡単のため 1 次元で取り扱う．

$$0 < x < a \text{ で}, \quad \frac{\hbar^2}{2m}\nabla^2\psi + E\psi = 0 \tag{2.15}$$

$$-b < x < 0 \text{ で}, \quad \frac{\hbar^2}{2m}\nabla^2\psi + (E - V_0)\psi = 0 \tag{2.16}$$

の解をブロッホ関数，
$$\psi = u(x)e^{jkx} \tag{2.17}$$
とすれば，(2.15)，(2.16)に代入して，

$$0 < x < a \text{ で}, \quad \frac{d^2u}{dx^2} + 2jk\left(\frac{du}{dx}\right) + (\alpha^2 - k^2)u = 0 \tag{2.18}$$

$-b<x<0$ で, $\dfrac{d^2u}{dx^2}+2jk\left(\dfrac{du}{dx}\right)-(\beta^2+k^2)u=0$ \hfill (2.19)

が得られる．ただし

$$\alpha^2=\dfrac{2mE}{\hbar^2} \hfill (2.20)$$

$$\beta^2=\dfrac{2m(V_0-E)}{\hbar^2} \hfill (2.21)$$

である．

　この方程式の一般解を

$$u_a=Ae^{j(\alpha-k)x}+Be^{-j(\alpha+k)x} \hfill (2.22)$$
$$u_b=Ce^{(\beta-jk)x}+De^{-(\beta+jk)x} \hfill (2.23)$$

とする．ここで u_a, u_b の範囲はそれぞれ

$$0<x<a, \quad -b<x<0$$

である．次に (2.22)，(2.23) の満たすべき条件を示す．

② 境界条件と解の物理的意味

u_a と u_b は1つの連続関数であるから，それぞれの境界でなめらかにつながり，かつ周期性を満足せねばならない．

$$\left.\begin{array}{l} u_a(0)=u_b(0) \\ u_a(a)=u_b(-b) \end{array}\right\} \hfill (2.24)$$

$$\left.\begin{array}{l} \dfrac{du_a}{dx}\bigg|_{x=0}=\dfrac{du_b}{dx}\bigg|_{x=0} \\ \dfrac{du_a}{dx}\bigg|_{x=a}=\dfrac{du_b}{dx}\bigg|_{x=-b} \end{array}\right\} \hfill (2.25)$$

これらの条件から定数 A, B, C, D は次式によって決定される．

$$A+B=C+D \hfill (2.26)$$
$$Ae^{j(\alpha-k)a}+Be^{-j(\alpha+k)a}=Ce^{-(\beta-jk)b}+De^{(\beta+jk)b} \hfill (2.27)$$
$$j(\alpha-k)A-j(\alpha+k)B=(\beta-jk)C-(\beta+jk)D \hfill (2.28)$$
$$\begin{aligned} &j(\alpha-k)Ae^{j(\alpha-k)a}-j(\alpha+k)Be^{-j(\alpha+k)a} \\ &=(\beta-jk)Ce^{-(\beta-jk)b}-(\beta+jk)De^{(\beta+jk)b} \end{aligned} \hfill (2.29)$$

上記係数行列は線形同時方程式であるから，A, B, C, D がゼロ以外の解をもつためには，その係数の行列式がゼロでなければならない．この条件が周期場における電子のエネルギーに制限を課すことになる．すなわち

$$\frac{\beta^2-\alpha^2}{2\alpha\beta}\sinh\beta b \sin \alpha a + \cosh\beta b \cos\alpha a = \cos k(a+b) \qquad (2.30)$$

が必要となる．この条件を簡略化するため $V_0 \cdot b$ を一定のまま $V_0 \to \infty$, $b \to 0$ (このとき $a \to l$ となり, a は原子間隔とみなせる) なる極限をとると, (2.30)は,

$$P\frac{\sin\alpha a}{\alpha a}+\cos\alpha a=\cos ka \qquad (2.31)$$

のようになる．ここに,

$$P=\frac{mV_0 ba}{\hbar^2} \qquad (2.32)$$

は，電子がポテンシャルのくぼみにとらえられる度合を示す．この P が一定値をとるとき, αa を横軸として(2.31)の左辺を図示すれば図2.5のようになる．

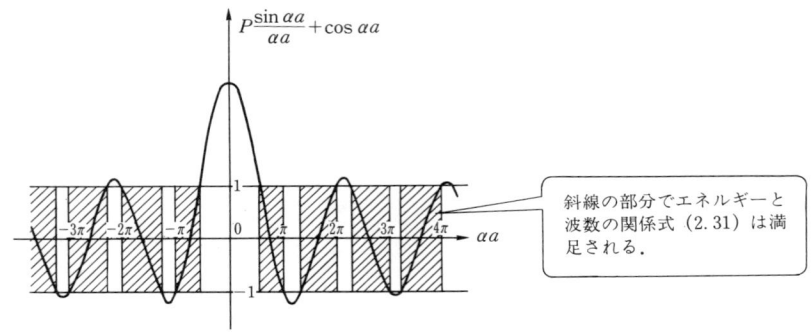

図 2.5 (2.31)の解の存在範囲

一方，右辺は ± 1 の範囲しかとれないので，(2.31)を満足するのは図2.5の αa の斜線区間に限定される．

以上より，周期場を満足する電子の性質として次のようなことがいえる．

(1) (2.20)に示した

$$\alpha=\left(\frac{2mE}{\hbar^2}\right)^{1/2} \qquad (2.33)$$

なる関係から，特定の E の区間にのみ解が存在し，その境界は $\cos ka=\pm 1$ となる点，すなわち，

$$k=\frac{n\pi}{a} \qquad (n=\pm 1, \pm 2, \cdots) \qquad (2.34)$$

である．エルギー E はこのところで不連続となる．E に許された連続領域

（これを**許容帯**という）に対応する k のうち，n の小さいものから順次第1，第2，…の**ブリルアン領域**という．

(2) E の増大とともに許容帯の幅が広くなる．

(3) $P \to \infty$ の極限では，(2.31) で $\sin \alpha a = 0$ のとき，すなわち，
$$\alpha a = n\pi \quad (n = \pm 1, \pm 2, \cdots) \tag{2.35}$$
のときのみ解をもつ．(2.20) からエネルギー値は，
$$E \equiv E_n = \left(\frac{\pi^2 \hbar^2}{2ma^2}\right) n^2 \quad (n = \pm 1, \pm 2, \cdots) \tag{2.36}$$
となって線スペクトルとなり，孤立原子の場合に対応する．

(4) $P \to 0$ の極限では，$\alpha = k$ より
$$E = \frac{\hbar^2 k^2}{2m} \tag{2.37}$$
となって，前章で説明した自由電子の場合に対応する．

(5) なお，(2.17) で与えた関数は，
$$k_n = k_0 + \frac{2\pi n}{a} \tag{2.38}$$
においても，$-2\pi n/a$ だけ移動すれば，
$$\begin{aligned}\psi(x) &= e^{j(k_n - 2\pi n/a)x} u(x) \quad \text{［ブロッホ関数］} \\ &= e^{jk_n x} e^{-j(2\pi n/a)x} u(x) \\ &= e^{jk_n x} u(x)\end{aligned} \tag{2.39}$$
となって変化しない．逆にいえば，k のとりうる範囲を
$$-\frac{\pi}{a} \leq k \leq \frac{\pi}{a} \tag{2.40}$$
なる領域に制限しても表現内容は同一である．このように，制限された波数ベクトル領域だけで表示する方法を**還元表示**という．

以上を参考にして定性的に電子がポテンシャルのくぼみに閉じ込められる度合 P と電子のエネルギー E との関係を描いてみると図 2.6 のようになる．また電子の波数 $\boldsymbol{k}$ とエネルギー E との関係 $E = \hbar^2 k^2 / 2m$ は $k = n\pi/a$ での不連続性を考慮して図 2.7 のようになる．なお，図 2.7 では簡便のために連続的な曲線で示されているが，実際には図 2.3 のように $n\pi/L$ ごとの点の集合である*．

---

* L と a の大きさに注意せよ．L は金属または半導体全体の寸法，例えば 10^{-3} m を考えている↗

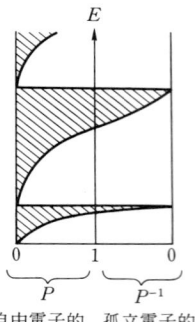

図 2.6 P によるエネルギーバンド幅の変化

図2.7の結果を2次元に拡張すると図2.8のようになる．(a)〜(d)は等エネルギー面を2次元で等高線表示し，(e), (f)は特定な切断面における等エネルギー面の切り口を示している．

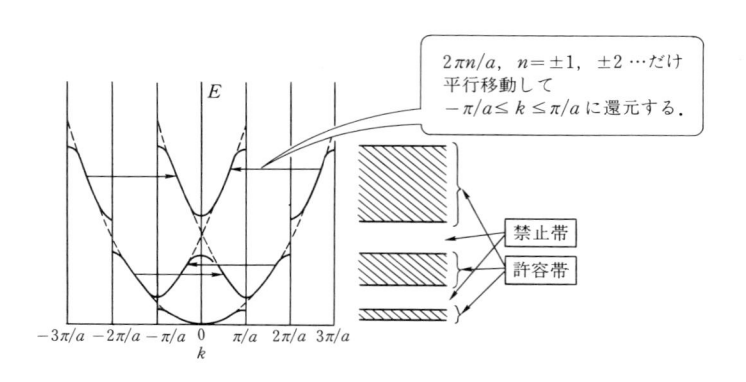

図 2.7 周期場中の電子の波数とエネルギーの関係．還元表示．点線は自由電子に対応．右図は実空間表示

が a は原子間距離（$b \to 0$ のとき）で 10^{-10} m のオーダーである．π/a は π/L よりも 10^7 程度大きいので横軸に π/a を目盛った図2.7では π/L ごとの細かな不連続は無視されている．実際の半導体デバイスの性質を考えるときは π/L ごとの不連続性は無視して，π/a ごとの不連続性のみを考慮すればよい場合が多い．

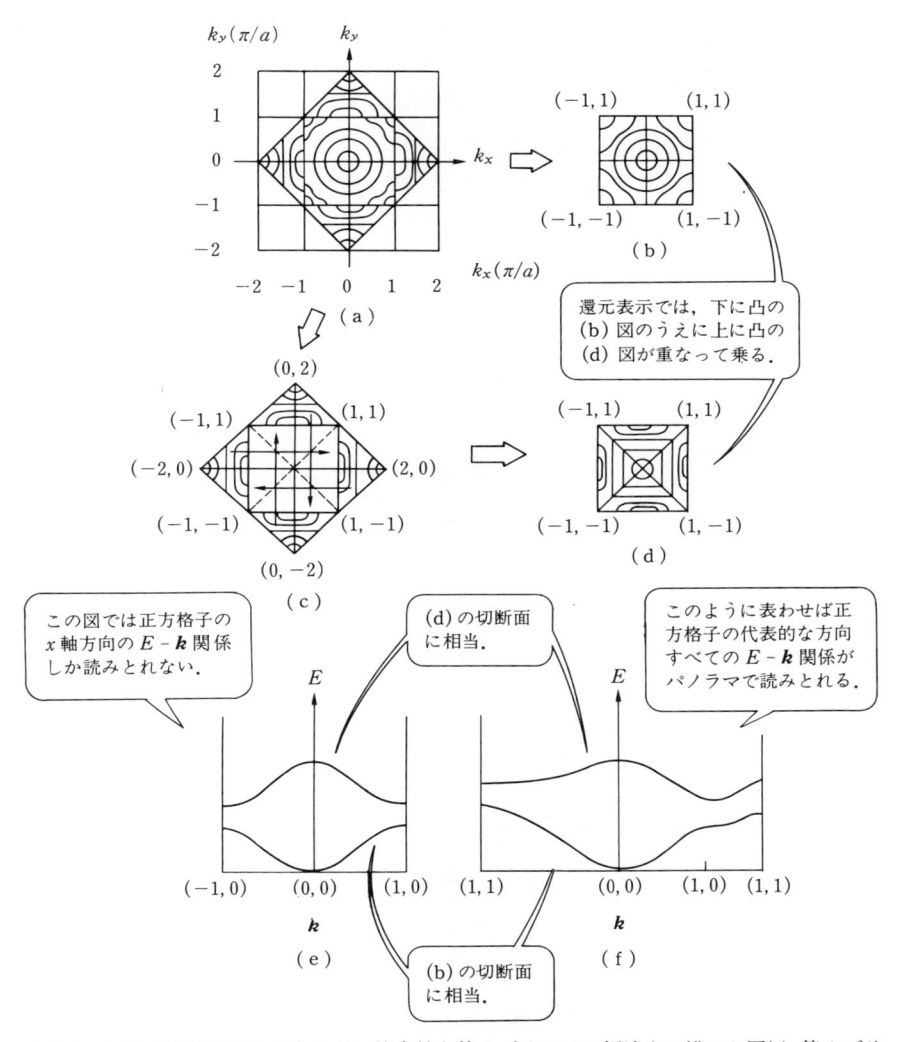

図 2.8 2次元正方格子のエネルギー等高線を第2ブリルアン領域まで描いた図(a), 第1ブリルアン領域(b), 第2ブリルアン領域(c), 第2ブリルアン領域を第1ブリルアン領域に還元する(d). ここで, 図(d)は図(b)の上に重なっている. k_x, k_y の座標の単位は π/a である. 2次元正方格子のエネルギー帯を $(-1,0)$ から $(1,0)$ に沿って描いたもの(e). $(1,1) \rightarrow (0,0) \rightarrow (1,0) \rightarrow (1,1)$ に沿って描いたもの(f). (f)の図を見れば対称性を利用して2次元正方格子のすべての方向の E-$\boldsymbol{k}$ 関係がわかる. 第3以上のブリルアン領域はさらにこの上に重なって還元される.

c. 実際の半導体結晶のバンド図

実際の結晶でも本質的なエネルギー帯の構造は変わらないが，3次元であることや，その物質特有の結晶構造，その対称性，構成元素の質量数，結合状態などによって物質ごとに異なり，若干複雑になっている．

代表的な半導体である Si と GaAs について，エネルギー帯の構造（バンド図）を図 2.9 に示す．図の縦軸はエネルギーで，横軸の Γ，K，L，X は，単位格子におけるブリルアン領域中特別な対称性をもった点であり，Γ はその中心（$\boldsymbol{k}=0$）に相当する．

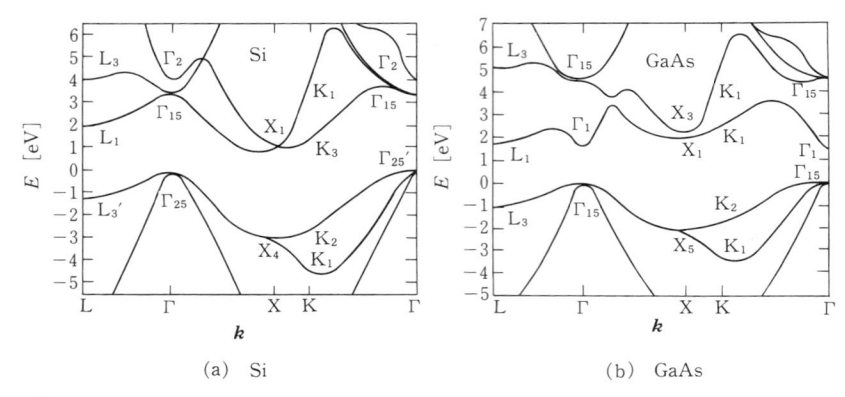

(a) Si

(b) GaAs

図 2.9 Si と GaAs のバンド図（これらの横軸は図 2.8(f) と同じように 3 次元の特定な切断面を示しており，図中の曲線は等エネルギー面のパノラマである）

2.2 結晶中の電子の運動（自由電子近似）

この節では，半導体結晶中の電子が外部電界のもとでどのようにふるまうか考察し，半導体素子の動作原理を理解する基礎を与える．

a. 自由電子の場合（真空中の電子）

2.1 節で示したように，境界の拘束のない電子，例えば真空中の電子は，エネルギーと運動量の間に次の関係をもつ．

$$E=\frac{p^2}{2m}=\frac{\hbar^2}{2m}k^2 \tag{2.41}$$

これを k で微分すると，

$$\frac{dE}{dk} = \frac{\hbar^2}{m}k = \frac{\hbar}{m}p = \hbar v \tag{2.42}$$

が得られる．これより電子の速度は，

$$v = \frac{1}{\hbar}\frac{dE}{dk} \tag{2.43}$$

と表わされる．また，k の2階微分をとれば，

$$\frac{d^2E}{dk^2} = \frac{\hbar^2}{m} \tag{2.44}$$

が得られる．これより電子の質量は，

$$m = \hbar^2 \left(\frac{d^2E}{dk^2}\right)^{-1} \tag{2.45}$$

で与えられる．

以上の事柄を図で示せば図 2.10 のようになり，直観的なイメージと一致している．

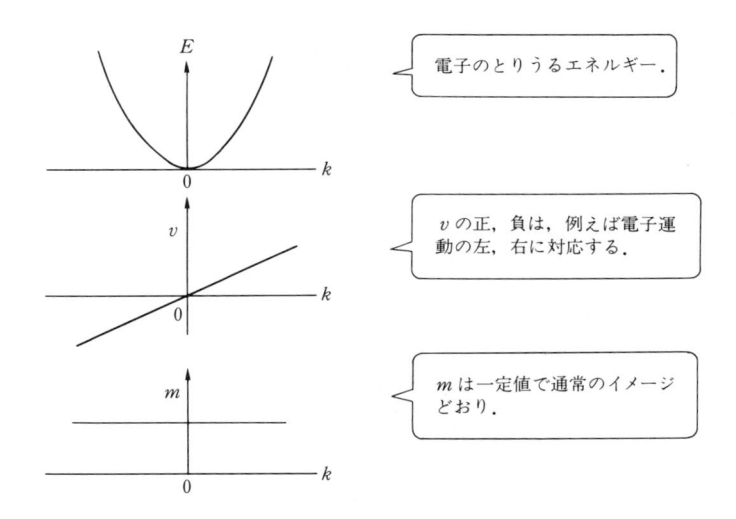

図 2.10 中の吹き出し：
- 電子のとりうるエネルギー．
- v の正，負は，例えば電子運動の左，右に対応する．
- m は一定値で通常のイメージどおり．

図 2.10 真空中の電子のエネルギー，速度，質量

b. 周期場中の電子の場合（半導体，絶縁体中の電子）

自由電子の速度と質量を求めた 2.2 a 項の方法を，2.1 節で求めた周期的ポテ

ンシャル中の電子における E と k の関係(クローニッヒ・ペニーのモデル)に適用すると，図 2.11 のように結晶中の電子の速度と質量が得られる．

ここで，結晶中の電子の質量は，(2.45)に対応してエネルギー帯の曲率半径に対応したものになっているため，電子のもつ運動量とともに変化して自由電子の場合と異なる．しかし，

$$m^* = \hbar^2 \left(\frac{d^2E}{dk^2}\right)^{-1} \quad (2.46)$$

m^* は E-k の曲線の曲率半径にほぼ比例する．$E = \frac{\hbar^2}{2m^*}k^2$ であることを考えると m^* が小さいほど k の 2 次関数の形がシャープになることと一致．

なる**有効質量**をもった粒子として取り扱うと，周期ポテンシャル中の電子の運動方程式を自由空間の場合と同様に取り扱うことができる．

さて，速度は(2.43)から

$$v = \frac{1}{\hbar}\frac{dE}{dk} \quad (2.47)$$

であるから，結晶中の電子の加速度 α は，

$$\begin{aligned}
\alpha &= \frac{dv}{dt} = \frac{1}{\hbar}\frac{d}{dt}\left(\frac{dE}{dk}\right) \\
&= \frac{1}{\hbar}\frac{dk}{dt}\frac{d}{dk}\left(\frac{dE}{dk}\right) \\
&= \frac{1}{\hbar^2}\frac{d(\hbar k)}{dt}\frac{d}{dk}\left(\frac{dE}{dk}\right) \\
&= \frac{1}{\hbar^2}F\frac{d^2E}{dk^2} \quad (2.48)
\end{aligned}$$

$$F = \frac{dp}{dt} = \frac{d(\hbar k)}{dt}$$

ゆえに

$$F = \hbar^2\left(\frac{d^2E}{dk^2}\right)^{-1}\alpha \quad (2.49)$$

となる．そこで，力＝質量×加速度であるから，

$$\hbar^2\left(\frac{d^2E}{dk^2}\right)^{-1} \quad (2.50)$$

は質量に相当する次元をもち，このような仮想質量を導入すると，本来は量子力学的に取り扱わねばならぬ結晶中の電子の運動を古典的なニュートン方程式

で近似できることがわかる．この方法を**有効質量による自由電子近似**という．
図 2.11 に結晶中で電子がとりうるエネルギー，速度，質量をまとめている．

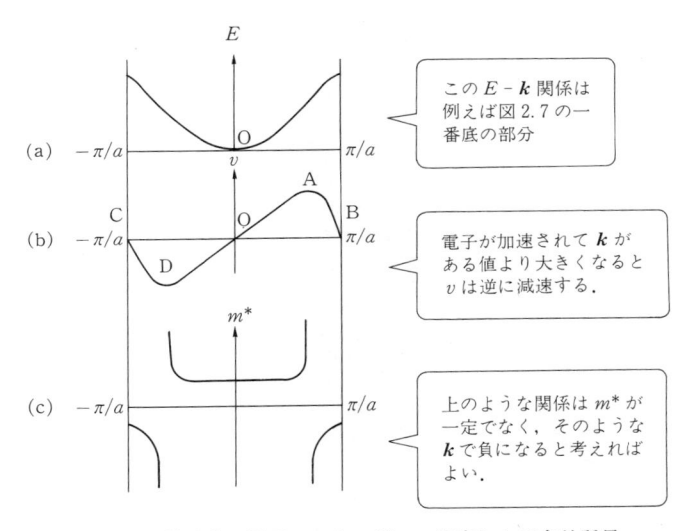

図 2.11 結晶中の電子のエネルギー，速度および有効質量

(a) この E-k 関係は例えば図 2.7 の一番底の部分

(b) 電子が加速されて k がある値より大きくなると v は逆に減速する．

(c) 上のような関係は m^* が一定でなく，そのような k で負になると考えればよい．

次に図 2.11 のようなエネルギー帯に電子をつめてゆく場合を考える．

エネルギー帯がすべて電子で占有されている場合（例えば内殻電子）には，電界がかかっても電子の分布状態に変化がない（空スペースがない）ので，電流は流れない．

少数の電子が存在する場合は，エネルギーの低い下端から順次詰まっていき，帯の大部分は空いたままになる．

このような状態で電界 $-E_x$ がかかると qE_x なる力で電子が x 方向に加速され k 空間で k_x 方向に移動する（$p_x = \hbar k_x$）．電子は図 2.11 で O→A→B→C→D→O と移動し，電流は発振するはずである（**ブロッホ発振**という）．

しかし，実際の結晶中では，加速された電子は何らかの原因で衝突，散乱されて平衡状態に戻されるため，全体としては $+k_x$ 方向の運動量をもった電子が Δk_x 相当分だけ統計的に増加するだけである．この状態を，電子が少数しか存在しない上側の許容帯（これを**伝導帯**という）と，ほとんどが電子に占有されている下側の許容帯（これを**価電子帯**という）について図 2.12 (a)，図 2.13 (a) に示す．図 2.13 (a) で電子に占有されていない部分が正孔である．

26 2. 固体中の電子のエネルギー準位と運動

　電界のない状態では，$-x$ 方向と $+x$ 方向の運動量をもつ電子の数が等しいので全体としては電流は流れないが，直流電界がかかった場合は図 2.12 (b)，13 (b)のように，Δk_x 相当分だけ $+x$ 方向の運動量をもった電子が増加するため直流電流が流れる．

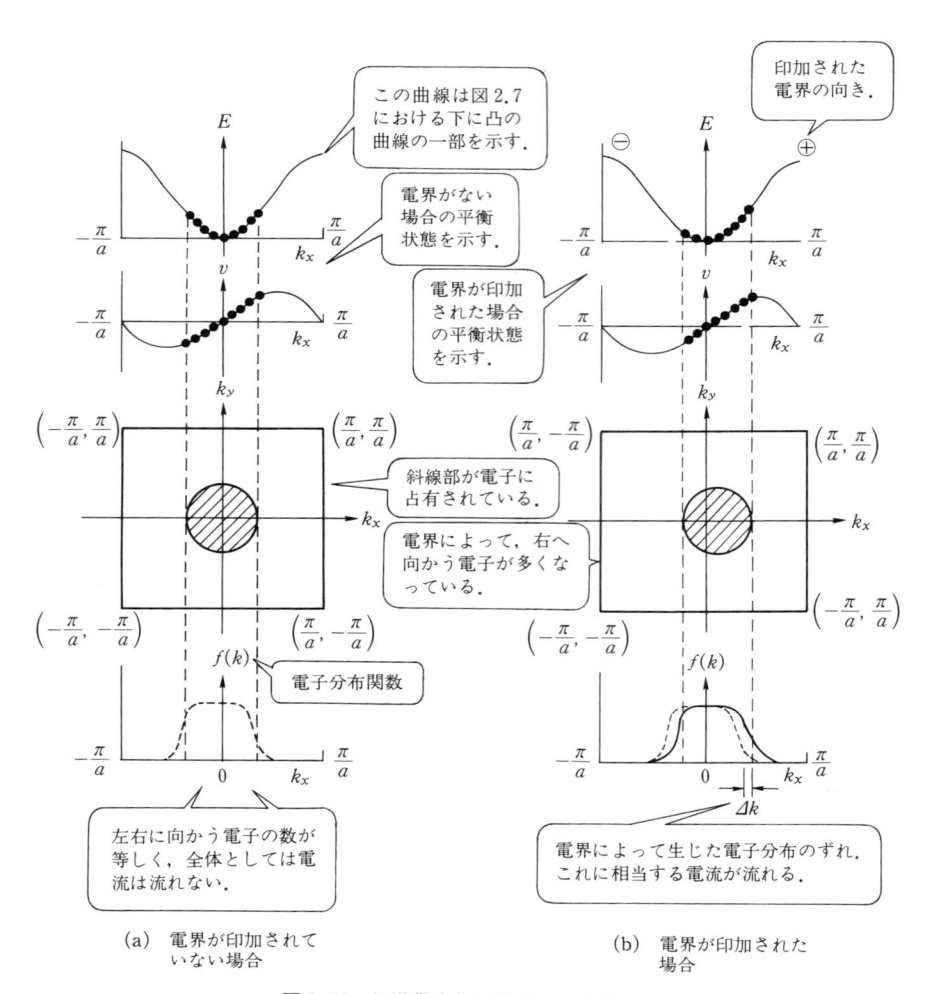

図 2.12　伝導帯底部の電子のふるまい

(a) 電界が印加されていない場合

(b) 電界が印加された場合

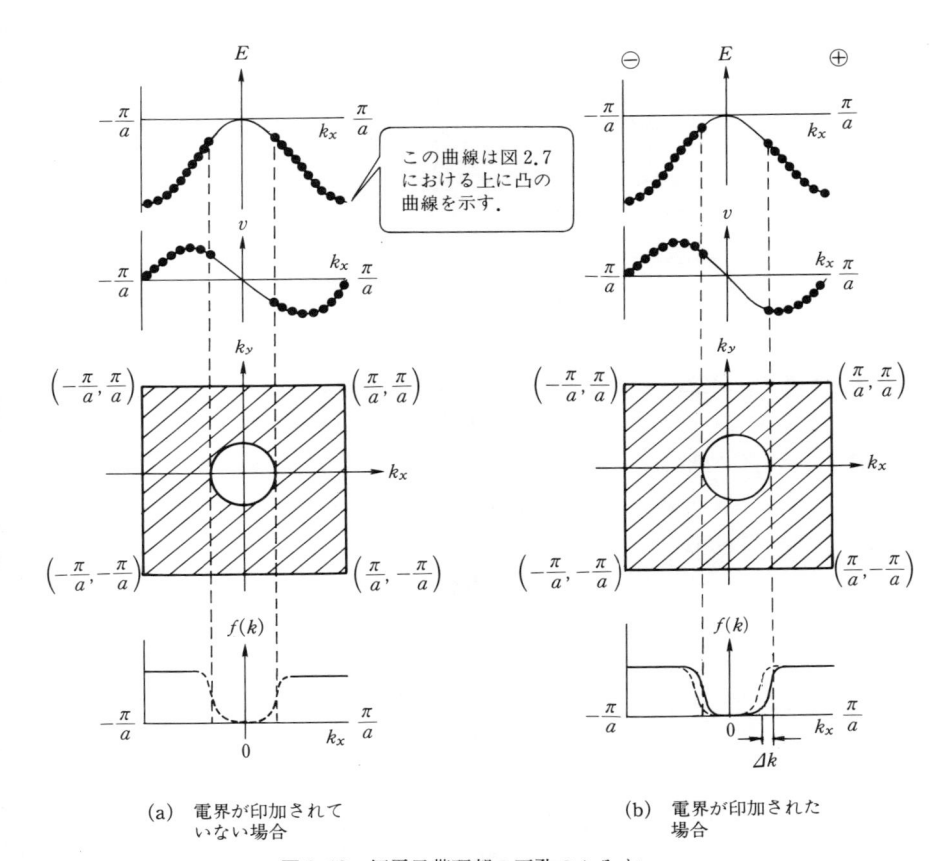

(a) 電界が印加されて　　　　(b) 電界が印加された
　　 いない場合　　　　　　　　　 場合

図 2.13　価電子帯頂部の正孔のふるまい

c. 半導体中の電子の特殊な運動

1) バンド内遷移

　実際の半導体結晶における電子のエネルギー帯構造は 2.1 節で示したように，同一バンド内でも波数ベクトル $\boldsymbol{k}$ の方向によって物質固有なバレイ（谷）構造をとっている．GaAs を例にとると，その主要部分は図 2.14 のように表わされる．このようなエネルギー帯構造においては，Γ における電子の有効質量 m_1^* は L のバレイにおける m_2^* よりもはるかに小さい（$m_1^* = 0.07 m_0$, $m_2^* = 1.2 m_0$. ただし，m_0 は真空中の電子の質量）．もし伝導帯 Γ の電子が外部電界によって

図 2.14 バンド内遷移

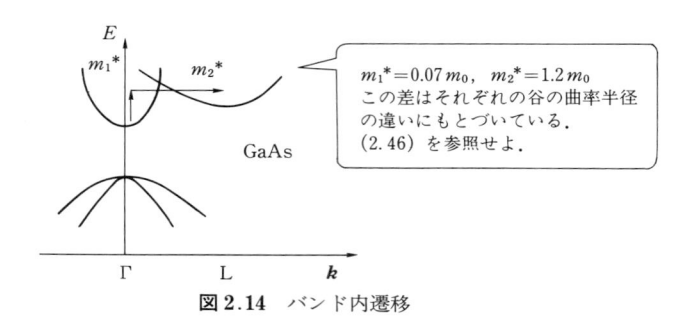

$m_1^* = 0.07 m_0$, $m_2^* = 1.2 m_0$
この差はそれぞれの谷の曲率半径の違いにもとづいている.
(2.46) を参照せよ.

加速されると，運動エネルギーの増大に従い伝導帯Lのバレイへ遷移する確率が高くなる．このようなバンド内遷移が生じると，電子のエネルギーが小さい低電界では有効質量が軽く，外部電界の増大とともに有効質量が重くなるようなふるまいが現われる．──→ガンダイオード(12.3節)の原理．

2) バンド間遷移

外部から入射した光(フォトン)と相互作用してバンド内の電子が大きなエネルギーを得たならば，価電子帯から伝導帯へ電子が遷移する．このときの遷移の生じやすさ(遷移確率)はバンド構造に依存しており，図2.15に示したGaAsのような場合と，図2.16のSiのような場合では異なっている．なお，図2.15, 16は，図2.9のバンド図のうちΓ付近の主要部分のみを示したものである．

フォトンは，エネルギーは大きいが波数 k は小さく(光の波長は結晶格子の大きさに比べてはるかに大きい)，これと相互作用した電子は ΔE が大で Δk が小なるように遷移する(垂直遷移)．GaAsのようなバンド構造の場合は，価電

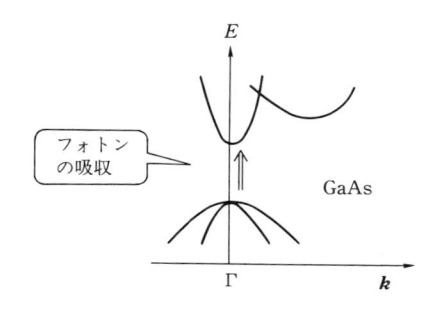

図 2.15 GaAs の場合のバンド間遷移

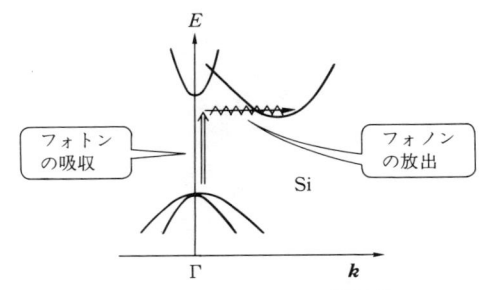

図 2.16 Si の場合のバンド間遷移

子帯頂部と伝導帯下部の波数 k が一致しているので, 遷移確率が大きく 1 回の相互作用のみで電子の移動が可能である. このような半導体を **直接遷移形半導体** という.

一方, Si のようなバンド構造では価電子帯頂部から伝導帯の最低エネルギーレベルに遷移するためには, フォトンのみならず ΔE が小さく Δk は大きい第 3 の粒子との相互作用の助けを借りなければならない. このような粒子として格子振動 (フォノン) がある. フォノンは速度が非常に小さいので, k が大きくてもエネルギー E は小さい. すなわち, フォノンとの相互作用は ΔE が小で Δk が大なるような遷移を生じる (水平遷移). 遷移にフォトンおよびフォノンの組み合わせによる 2 段階の相互作用を必要とする半導体を **間接遷移形半導体** といい, この遷移確率は前述の直接遷移に比べて小さい. ──→ 発光ダイオード, レーザ (11.3 節) の原理

なお, 図 2.15, 図 2.16 はともに価電子帯から伝導帯へ電子が励起される「光の吸収」過程を示しているが, 逆に, 伝導帯の電子が価電子帯へ遷移する過程は「光の放出」を伴う.

演習問題

2.1 式 (2.4) がシュレディンガーの方程式 (2.2) の一般解となることを確かめよ.
2.2 ブロッホの定理を証明せよ.
2.3 式 (2.30) を導出せよ.
2.4 クローニッヒ・ペニーのモデルを使ってどのような結果が得られたか.

2.5 エネルギー帯の波数 k とエネルギー E の関係から，負の有効質量および正孔を説明せよ．

2.6 ブロッホ発振について説明せよ．

2.7 半導体の電気伝導について，バンド図から考察せよ．

2.8 直接遷移形半導体と間接遷移形半導体を説明せよ．

2.9 下記のバンド図の半導体(ア)，(イ)，(ウ)について設問に答えよ．

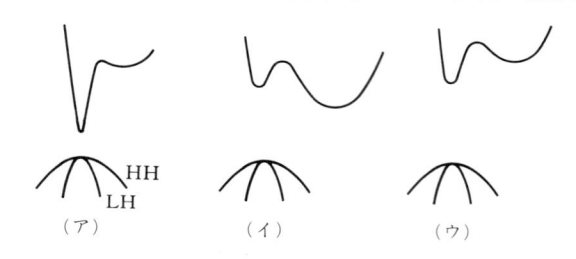

(ア) (イ) (ウ)
（価電子帯に HH, LH の表示）

(1) バンドギャップエネルギーの大きい順に並べよ．
(2) 伝導帯下端の有効質量が最も大きいものはどれか．
(3) バンド端での光吸収効率が最も低いものはどれか．

なお，いずれの半導体の価電子帯も，曲率半径が大きい谷と小さい谷の2つがエネルギー的に重なっているが，このことは有効質量の重い正孔［ヘビーホール(HH)］と軽い正孔［ライトホール(LH)］が共存していることを示している．

3. 半導体中のキャリア密度とキャリアのふるまい

　前章では，半導体中の電子のとりうるエネルギーはバンド(帯)状になることを示した．

　本章では，①バンド内での**電子密度分布**はバンド中央部で高くなること，②真性半導体では電子密度は温度上昇とともに指数関数的に増大するが，不純物半導体では複雑な温度特性を示すこと．また，③半導体中ではキャリアの**発生・散乱・再結合**がランダムに繰り返されているが，平均値に着目すればそれらの定量的取り扱いが可能であることなどを述べる．

3.1　半導体中のキャリア密度

　半導体デバイスの電気的特性を理解するには，図3.1に示すような半導体中に電流を担うキャリアがいくつあるかを知る必要がある．ここでは電気伝導に寄与する電子や正孔の密度を，不純物密度や温度の関数として求める．

a．　電子・正孔密度

　図3.1(a)のように半導体棒の両端に電池をつなぐと，電子は⊕極に，正孔は⊖極に向かって流れる．このうち電子は図(b)のように伝導帯の下部を流れ，正孔は価電子帯の上部を流れる．図(c)はバンド中の電子と正孔密度の分布を示す．

　次項ではこれらの分布を求める手順について述べる．

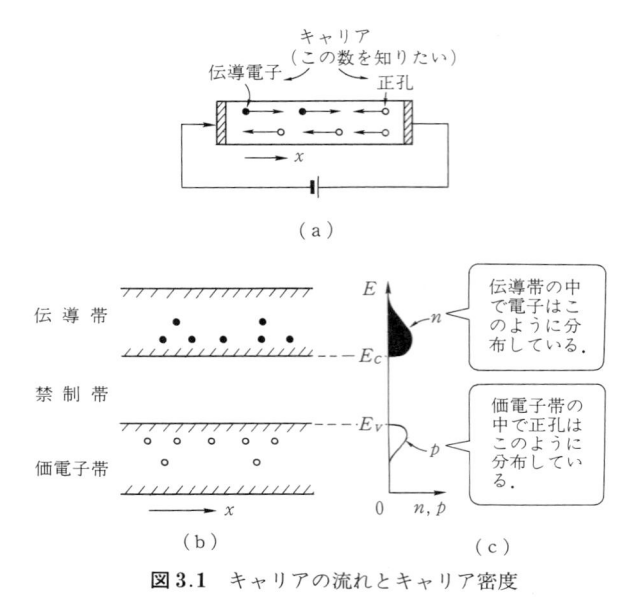

図3.1 キャリアの流れとキャリア密度

b. 計算手順

計算手順を図3.2に示すようなアパートの入居者数を推定する場合を例にとって説明する．

いま，アパートの E 階の入居可能な人数を $N(E)$ とし，その階に入居者がいる確率を $f(E)$ とすれば，E 階の入居者数 $n(E)$ は図3.2に示すように

$$n(E) = N(E) \cdot f(E) \tag{3.1}$$

で求められる．各階について同様な計算を行い，加え合わせればアパート全体の入居者数が求められる．

半導体中の各バンドにおける電子の数をエネルギーの関数として求める場合には

　　入居可能数を**状態密度**　$N(E)$
　　入居確率を**分布関数**　$f(E)$
　　入居者数を**電子密度**　$n(E)$

に対応させ，上式と同様に

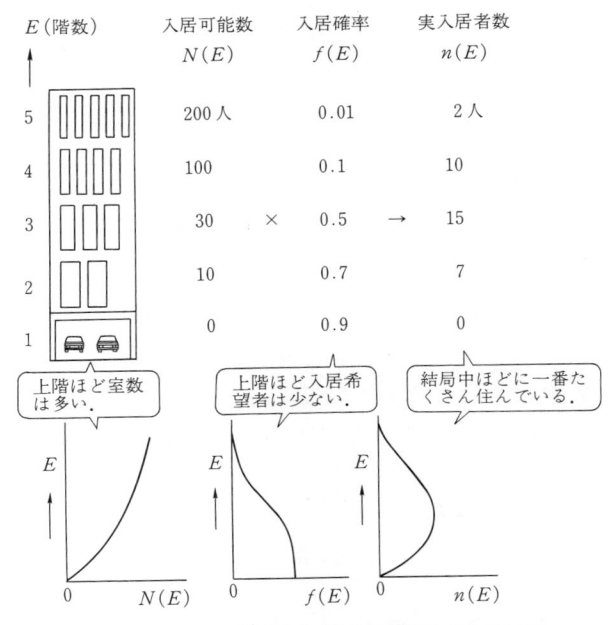

図 3.2 キャリア密度分布(実入居者数)の計算手順

$$n(E) = N(E) \cdot f(E) \tag{3.2}$$

によって計算できる．以下において状態密度，分布関数，キャリア密度と順に計算していく．

c. 状態密度(単位体積・単位エネルギー当たりの状態の数)

状態密度はアパートの入居可能数に対応するもので，エネルギー帯のエッヂ付近では図 3.3 のように

$$N(E) = \frac{1}{2\pi^2 \hbar^3}(2m_n^*)^{3/2}(E-E_c)^{1/2} \cdots\cdots \text{(伝導帯の底部)} \tag{3.3}$$

$$N(E) = \frac{1}{2\pi^2 \hbar^3}(2m_p^*)^{3/2}(E_v-E)^{1/2} \cdots\cdots \text{(価電子帯の頂部)} \tag{3.4}$$

で与えられる(付録 A 参照)．ここで m_n^*，m_p^* は，半導体中の電子，正孔の有効質量である．

34 3. 半導体中のキャリア密度とキャリアのふるまい

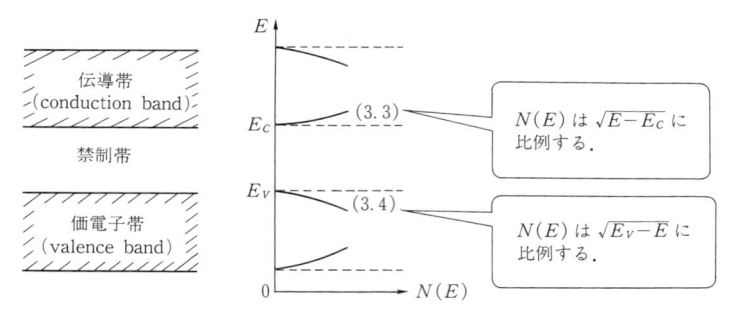

図 3.3 バンドエッヂ付近の状態密度

右側の吹き出し: $N(E)$ は $\sqrt{E-E_C}$ に比例する．(3.3)

$N(E)$ は $\sqrt{E_V-E}$ に比例する．(3.4)

d. 分布関数(固体内の電子がエネルギー E の状態に存在する確率)

分布関数は入居確率に対応するもので，状態密度にこれを掛ければ，その状態に存在する電子の密度が求められる．

1) 電子に対する分布関数

フェルミ-ディラックの統計により，電子の分布関数は

$$f(E)=\frac{1}{1+e^{(E-E_F)/kT}} \tag{3.5}$$

で与えられる．ここで，k：ボルツマン定数，E_F：フェルミ準位(フェルミレベル，分布関数の値が $1/2$ となるエネルギーの値)である．

特に，$T=0$ では，

$$f(E)=\begin{cases}\dfrac{1}{\infty}=0 & (E>E_F\cdots\cdots\text{電子は存在しない})\\[2mm]\dfrac{1}{1}=1 & (E<E_F\cdots\cdots\text{電子で満ちている})\end{cases} \tag{3.6}$$

$T\neq 0$ では図 3.4 に示すように変化する．

2) マクスウェル-ボルツマン分布による近似

図 3.4 の $T\neq 0$ における分布で，特に $E-E_F \gg kT$ (エネルギーの高いところ)では，

$$f(E)\fallingdotseq \underbrace{e^{E_F/kT}}_{\downarrow}\cdot e^{-E/kT}$$
$$=A\cdot e^{-E/kT} \tag{3.7}$$

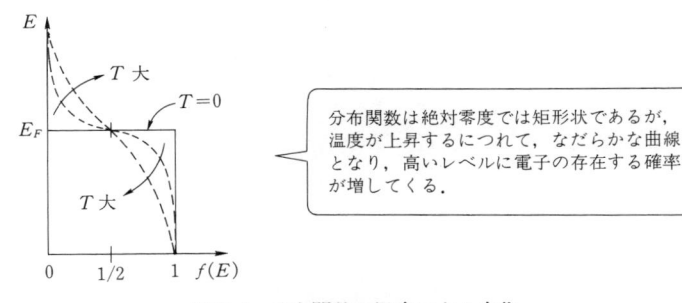

図 3.4 分布関数の温度による変化

分布関数は絶対零度では矩形状であるが，温度が上昇するにつれて，なだらかな曲線となり，高いレベルに電子の存在する確率が増してくる．

エネルギーの高いところ($E \gg E_F$)では，電子の分布関数をこの簡単な式で近似できる．

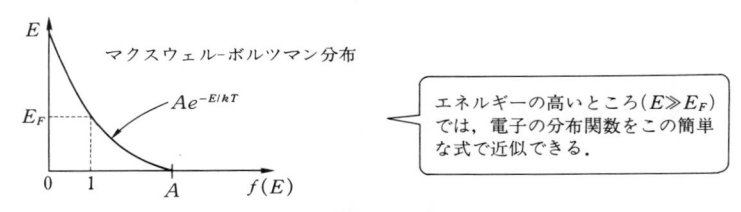

図 3.5 分布関数の近似

で近似できる．これはマクスウェル-ボルツマン分布で図 3.5 のようになる．

3) 正孔の存在する確率と密度分布

$$\begin{aligned}
\text{正孔の存在する確率} &= \text{価電子帯の空である確率} \\
&= \text{電子の存在しない確率} \\
&= 1 - f(E) \\
&= \frac{1}{1 + e^{(E_F - E)/kT}}
\end{aligned} \tag{3.8}$$

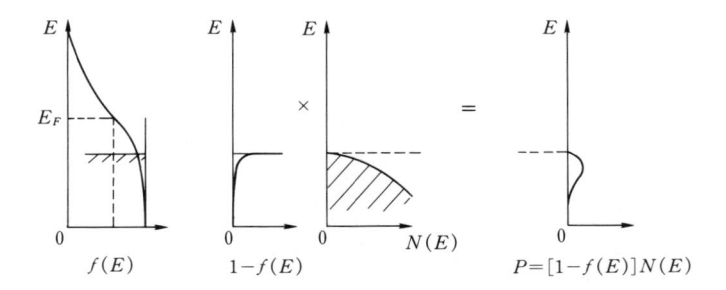

図 3.6 正孔密度計算手順

e. キャリア密度(固体の単位体積内に存在するキャリアの数)

アパートの各階の入居者数は，その階の入居可能数と入居確率との積で与えられた．それと同様に，あるエネルギーをもつ電子の密度は，状態密度 $N(E)$ と分布関数 $f(E)$ との積 $N(E) \cdot f(E)$ で与えられる．そして，ある範囲のエネルギー帯に存在する電子数は，$N(E) \cdot f(E)$ をエネルギーについて積分することによって求められる．

1) 伝導帯内の電子密度

伝導帯内に存在する電子の密度を計算する場合，エネルギーの積分範囲は図3.7のようになる．

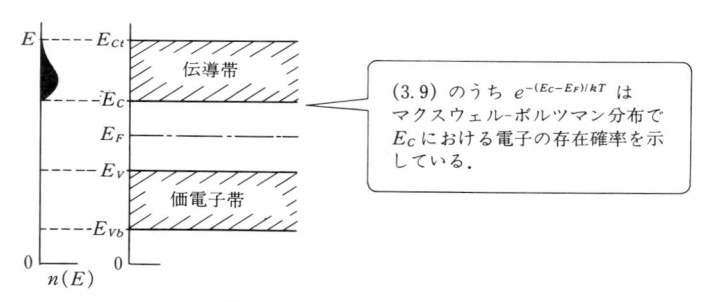

図3.7 伝導帯内の電子密度

(3.9) のうち $e^{-(E_c-E_F)/kT}$ はマクスウェル-ボルツマン分布で E_c における電子の存在確率を示している．

$$\begin{aligned}
n &= \int_{E_c}^{E_{ct}} N(E) \cdot f(E) dE \\
&= \int_{E_c}^{E_{ct}} \frac{1}{2\pi^2 \hbar^3} (2m_n^*)^{3/2} (E-E_c)^{1/2} \frac{dE}{1+e^{(E-E_F)/kT}} \\
&\fallingdotseq \int_{E_c}^{\infty} \frac{1}{2\pi^2 \hbar^3} (2m_n^*)^{3/2} (E-E_c)^{1/2} e^{(E_F-E)/kT} dE \\
&= \frac{(2m_n^*)^{3/2}}{2\pi^2 \hbar^3} \int_0^{\infty} (E-E_c)^{1/2} e^{(E_F-E)/kT} dE \\
&\quad\quad\quad\quad\quad \boxed{x \equiv (E-E_c)/kT} \\
&= \frac{(2m_n^*)^{3/2}}{2\pi^2 \hbar^3} (kT)^{3/2} e^{(E_F-E_c)/kT} \int_0^{\infty} x^{1/2} e^{-x} dx \\
&= \frac{(2m_n^*)^{3/2}}{2\pi^2 \hbar^3} (kT)^{3/2} e^{(E_F-E_c)/kT} \frac{\sqrt{\pi}}{2} \\
&= 2 \left(\frac{m_n^* kT}{2\pi \hbar^2} \right)^{3/2} e^{(E_F-E_c)/kT}
\end{aligned}$$

$$n = N_c e^{-(E_C - E_F)/kT} \quad \text{非常に重要} \tag{3.9}$$

(3.9)において，N_c は伝導帯内のすべての電子が E_c のエネルギー準位にあると考えたときの実効的な状態密度であって，**有効状態密度**(等価状態密度)と呼ばれる．

2) 正孔密度

同様に，価電子帯内に存在する正孔の密度は，

$$p = 2\left(\frac{m_p^* kT}{2\pi \hbar^2}\right)^{3/2} e^{-(E_F - E_V)/kT}$$

$$p = N_v e^{-(E_F - E_V)/kT} \quad \text{非常に重要}$$

$$= N_v [1 - f(E_V)] \tag{3.10}$$

となる．ただし，N_v は正孔に対する有効状態密度である．

以上の計算手続きを図示すれば図3.8のようになる．

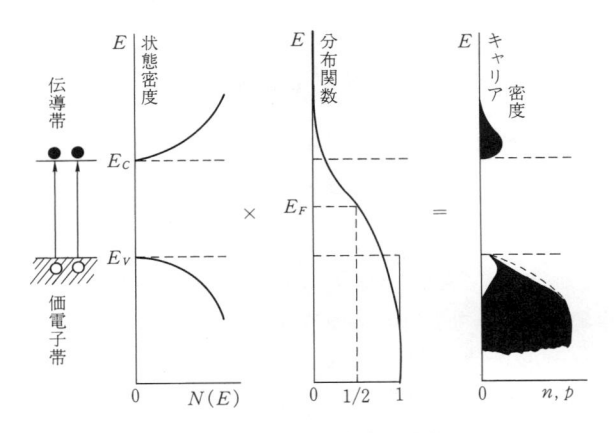

図3.8 キャリア密度の計算

3.2 キャリア密度の温度依存性

半導体中のキャリア密度は温度によって変化する．これはキャリア密度を決める分布関数が(3.5)のように温度 T とフェルミレベル E_F とに関係するからである．したがってキャリア密度の温度依存性を知るには，まず，フェルミレ

ベルの温度依存性 $E_F(T)$ を求めて，それを(3.9)または(3.10)に代入すればよいことになる．

a. 真性半導体のキャリア密度
1) 真性半導体のフェルミレベル

真性半導体の性質より

$$n = p \tag{3.11}$$

であるから，(3.9)＝(3.10)と置いて E_F について解くと次式が得られる．

$$E_F = \frac{E_V + E_C}{2} - \frac{3}{4}kT \ln \frac{m_n^*}{m_p^*} \tag{3.12}$$

ここで，$m_n^* = m_p^*$ の場合を考えると

$$\boxed{E_F = \frac{E_V + E_C}{2}} \tag{3.13}$$

となり，E_F の位置は図3.9のように，E_V と E_C との中央にある．

真性半導体のフェルミレベルはほぼ禁制帯の中央にある．覚えておこう．

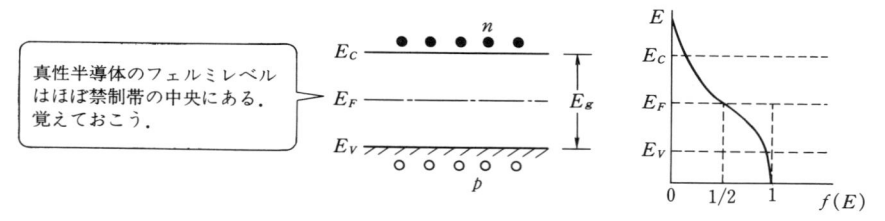

図3.9 真性半導体のフェルミレベルと分布関数

2) 真性半導体のキャリア密度の温度依存性

(3.13)からわかるように真性半導体では，フェルミレベルは近似的に温度に無関係である．そのため，分布関数 $f(E)$ は(3.9)からわかるように温度 T に対して単に指数関数的に変化する(図3.10(b))．したがって電子・正孔密度ともに温度が上がれば，図(c)の点線のように変化する．

特に，真性半導体の場合は $n = p$ であるから，それを n_i と書くと $pn = n_i^2$ となり，(3.9)，(3.10)より

$$n_i = \sqrt{N_C N_V}\, e^{-(E_g/2kT)} \tag{3.14}$$

が得られる．ここに $E_g = E_C - E_V$ は禁制帯のエネルギー幅であり，**バンドギャップエネルギー**という．

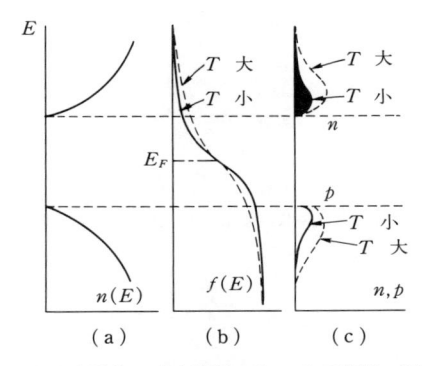

図 3.10 真性半導体の分布関数とキャリア密度の温度変化

Si の場合について N_c, N_v, E_g の数値を代入すれば，真性電子密度は次式

$$n_i = 3.87 \times 10^{22} \times T^{3/2} e^{-7000/T} \tag{3.15}$$

のように表わされる．

真性 Si, Ge の電子密度の温度による変化を図 3.11 に示す．

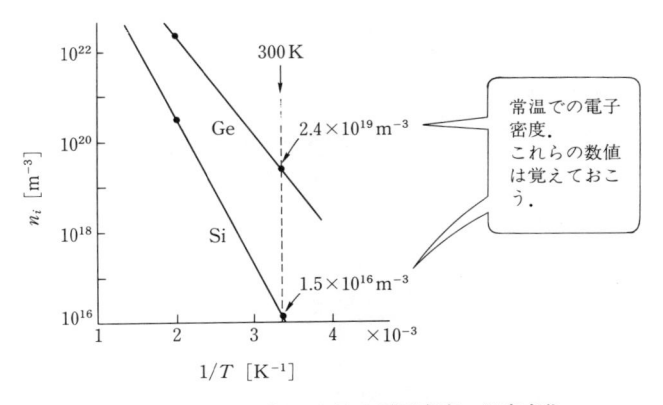

図 3.11 Ge と Si における電子密度の温度変化

(常温での電子密度．これらの数値は覚えておこう．)

b. 不純物レベル

不純物を添加した半導体には，電子の存在しうる特定のエネルギーレベル（不純物レベル）が発生する．これは不純物半導体中のキャリア密度の温度特性に関係するので，まず，ここで取り上げておく．

この不純物レベルは不純物の種類によって異なる．ドナーをドープした場合に発生するレベルをドナーレベル，アクセプタをドープしたときに発生するレベルをアクセプタレベルという．

1) ドナーレベル

ドナーの電子はイオン化エネルギーを得て伝導帯に上がるから，ドナー電子は伝導帯の下縁よりもイオン化エネルギーだけ低い状態にあると考えられる．このエネルギーレベルを**ドナーレベル**といい，図 3.12 のように表わされる．

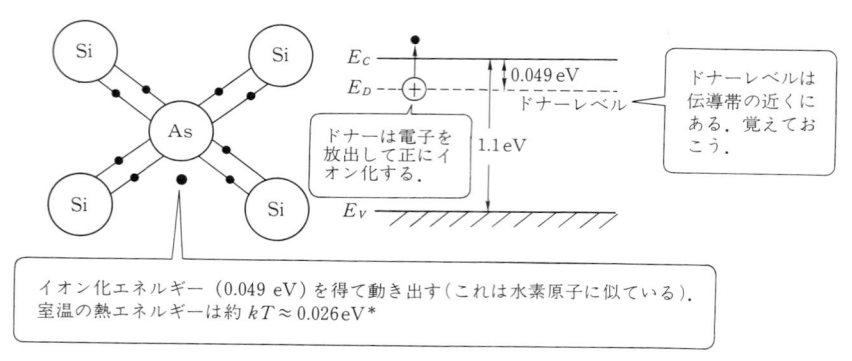

図 3.12 ドナーレベル

2) アクセプタレベル

アクセプタは価電子を受けとるのであるから，価電子帯の上縁よりもイオン化エネルギーだけ高いレベルにある．このレベルを**アクセプタレベル**といい，

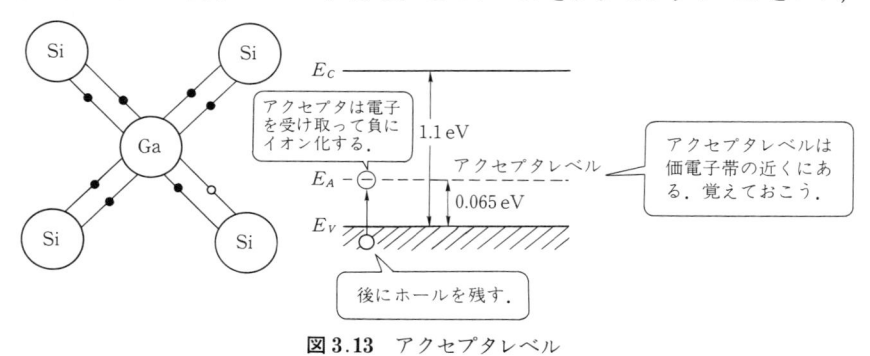

図 3.13 アクセプタレベル

---

* 電子が電位差 1 ボルトの 2 点間で加速されたときのエネルギーを単位として，これを 1 電子ボルト（1 eV）という． 1 eV＝1.6022×10^{-19} J．

図3.13のように表わされる．

なお，室温 (300 K) では，電子には $kT = 1.381 \times 10^{-23} \times 300/1.602 \times 10^{-19} = 0.026\,\text{eV}$ なる熱エネルギーが与えられるので，不純物原子はほとんどイオン化していると考えてよい．

c. 不純物半導体のキャリア密度

まず，キャリア密度に大きく関係するフェルミレベルの温度依存性について考察する．

1) 不純物半導体のフェルミレベル

n形半導体における電子，正孔，ドナー不純物密度の関連を図3.14に示す．

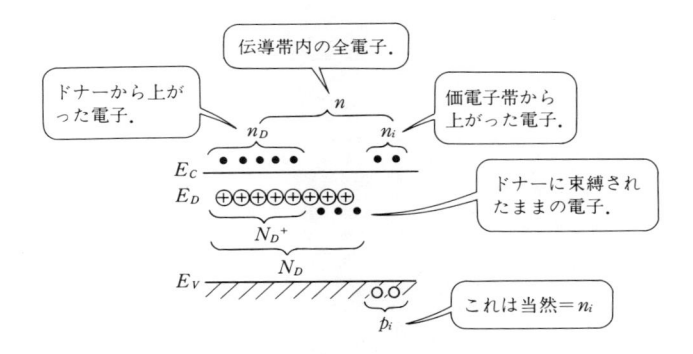

図3.14 n形半導体におけるキャリア密度

この場合の伝導帯内の電子は，ドナーから上がった電子 n_D と価電子帯から上がった真性キャリアの電子 n_i とからなっている．すなわち，

$$n = n_D + n_i \tag{3.16}$$

である．ここで，ドナー N_D のうちの N_D^+ だけがイオン化されて n_D が発生するので

$$n_D = N_D^+ = N_D[1 - f(E_D)] \tag{3.17}$$

となる．ここで $f(E_D)$ は (3.5) で与えられる．また，価電子帯からの電子 n_e は同数の正孔を価電子帯に残すので，

$$n_i = p_i \tag{3.18}$$

である．ここで n_i は (3.14) で与えられている．(3.16) に (3.17)，(3.18) を代入すると，

42 3. 半導体中のキャリア密度とキャリアのふるまい

$$\underbrace{N_C e^{-(E_C-E_F)/kT}}_{n=(3.9)} = \underbrace{N_D\left\{\frac{1}{1+e^{-(E_D-E_F)/kT}}\right\}}_{n_D=(3.17)} + \underbrace{\sqrt{N_C N_V} e^{-(E_C-E_V)/2kT}}_{n_i=(3.14)} \qquad (3.19)$$

が得られ，フェルミ準位 E_F が不純物密度や温度の関数として求められる．

① 低　　　温

温度が低いのでほとんどのドナーは電子を放出しておらず E_F は E_D のわずかに上にある．このとき $E_F - E_D > kT$ ($e^{-(E_D-E_F)/kT} \gg 1$) および $E_C - E_V \gg 2kT$ ($n_i \fallingdotseq 0$) であることを考慮して(3.19)を解くと，次式が得られる．

$$E_F = \frac{1}{2}(E_D + E_C) - \frac{1}{2}kT \ln\frac{N_C}{N_D} \qquad (3.20)$$

低温では E_F は E_D と E_C のほぼ中央にあることがわかる．

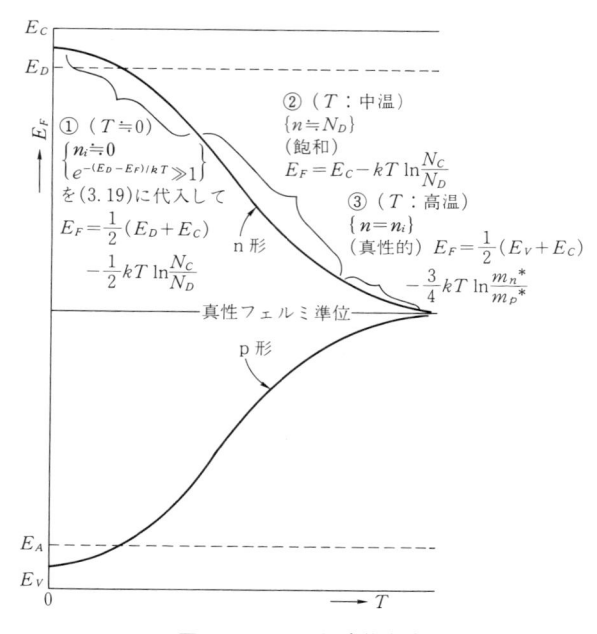

温度が上がるにつれてこの項がきき，E_F はしだいに低くなる．

① ($T \fallingdotseq 0$)
$\begin{Bmatrix} n_i \fallingdotseq 0 \\ e^{-(E_D-E_F)/kT} \gg 1 \end{Bmatrix}$
を(3.19)に代入して
$E_F = \frac{1}{2}(E_D + E_C)$
$\quad -\frac{1}{2}kT \ln\frac{N_C}{N_D}$

② (T：中温)
$\{n \fallingdotseq N_D\}$
(飽和)
$E_F = E_C - kT \ln\frac{N_C}{N_D}$

③ (T：高温)
$\{n = n_i\}$
(真性的) $E_F = \frac{1}{2}(E_V + E_C)$
$\quad -\frac{3}{4}kT \ln\frac{m_n^*}{m_p^*}$

n 形

真性フェルミ準位

p 形

図 3.15　E_F の温度依存性

② 中　　温

温度が上がって E_F は E_D の下にくるが $E_c-E_v \gg 2kT$ は変わらない．このとき $E_D-E_F < kT$ ($e^{-(E_D-E_F)/kT} \ll 1$) および $n_i \fallingdotseq 0$ となり，(3.19)より

$$n \fallingdotseq n_D \fallingdotseq N_D \tag{3.21}$$

となる．これを考慮して(3.19)を解くと

$$E_F = E_c - kT \ln \frac{N_c}{N_D} \tag{3.22}$$

となって E_F は温度上昇につれてさらに下がることがわかる．

③ 高　　温

価電子帯から励起される電子の方が大部分を占め，真性的となる．すなわち $n \fallingdotseq n_e \gg n_D$ となり，E_F は真性半導体に対するものと同じになる．

$$E_F = \frac{E_v + E_c}{2} - \frac{3}{4}kT \ln \frac{m_n^*}{m_p^*} \tag{3.23}$$

（$m_n^* \fallingdotseq m_p^*$ と考えると2項は無視できるから，E_F は E_v と E_c の中央，すなわち禁制帯の中央にあることがわかる．）

（$m_n^* = m_p^*$ のとき，この項は0．）

以上の関係をまとめれば，図3.15のようになる．

2) **n形半導体の電子密度の温度依存性**

簡単のため3つの温度領域に分けて考察する．各温度における電子密度は，

$$n = N_c e^{-(E_c-E_F)/kT} \tag{3.24}$$

に各温度における E_F を代入すれば計算できる．

① 低　　温

(3.20)を(3.24)に代入すると電子密度は，

$$n = N_c e^{-(E_c-E_D)/2kT} \cdot e^{-\frac{1}{2}\ln\frac{N_c}{N_D}} = \sqrt{N_c N_V}\, e^{-(E_c-E_D)/2kT} \tag{3.25}$$

となる．この状態の電子の発生過程を図3.16に示す．

② 中　　温（飽和領域）

ドナーはほとんどすべてイオン化されて

$$n \fallingdotseq N_D \tag{3.26}$$

44　3. 半導体中のキャリア密度とキャリアのふるまい

図 3.16 低温での電子密度

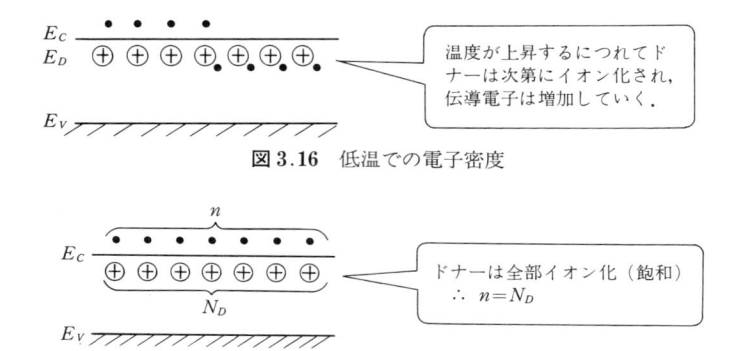

（吹き出し）温度が上昇するにつれてドナーは次第にイオン化され，伝導電子は増加していく．

図 3.17 中温での電子密度

（吹き出し）ドナーは全部イオン化（飽和）∴ $n=N_D$

となる．この温度ではまだ価電子帯から熱励起される電子はほとんどなく，電子とドナーの関係は図 3.17 のようになる．

　この $n \fallingdotseq N_D$ の成立する領域を**飽和領域**という．ほとんどの半導体は室温で飽和領域にあり，$n=N_D$ であると考えてよい．

③　高　　温（真性領域）

電子密度は (3.14) と同じ

$$n_i = \sqrt{N_C N_V}\, e^{-E_g/2kT} \tag{3.27}$$

で与えられる．伝導帯には図 3.18 に示すように，ドナーから放出された電子の他，価電子帯から熱励起された圧倒的多数の電子が存在するようになる．

（吹き出し）これが次第に優勢になり，真性領域に入る．

（吹き出し）温度が上昇するにつれて価電子帯から熱励起される電子が増加していく．ついにはドナーからの電子よりも優勢となり，真性的となる．

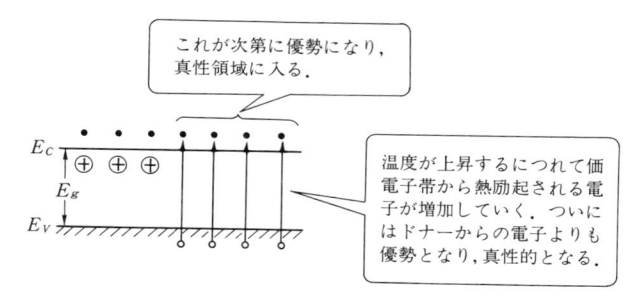

図 3.18 高温での電子密度

これらの関係を，縦軸に電子密度の対数，横軸に絶対温度の逆数をとって図示すると図 3.19 のようになる．

　p 形半導体についても同様な関係が成り立つ．

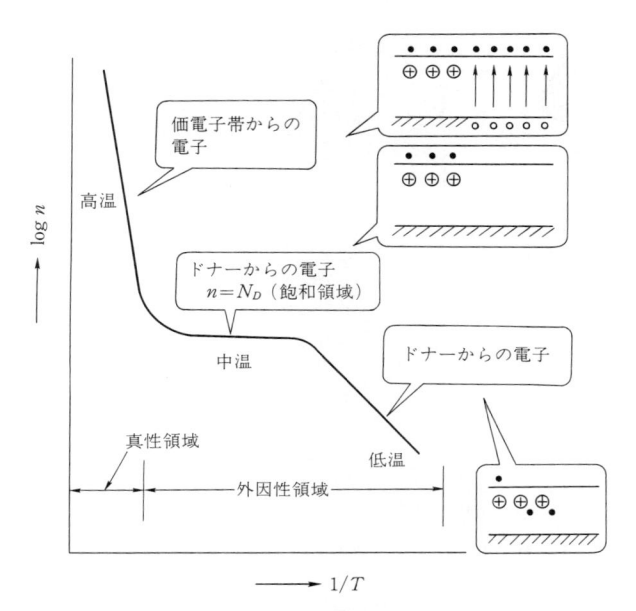

図 3.19 電子密度の温度依存（n 形半導体）

d．少数キャリア密度

以上では n 形半導体での電子密度，すなわち多数キャリア密度について詳述した．

ここでは少数ながらデバイスの特性を左右する少数キャリア密度の計算法について述べる．

まず，フェルミレベルが E_F である半導体の電子密度と正孔密度の積 np は式(3.9)×(3.10)より

$$np = N_C N_V \, e^{-E_g/kT} \tag{3.28}$$

となる．これは図 3.20 に示すように，E_F に無関係に pn 積が温度で決まる一定値をもつことを示している．すなわち，不純物を入れれば E_F が変化し，n，p の値は変化するが，それらの積 np は不変であることを意味している．その値は $T = 300 \, \text{K}$ において，

真性　　　n形　　　p形

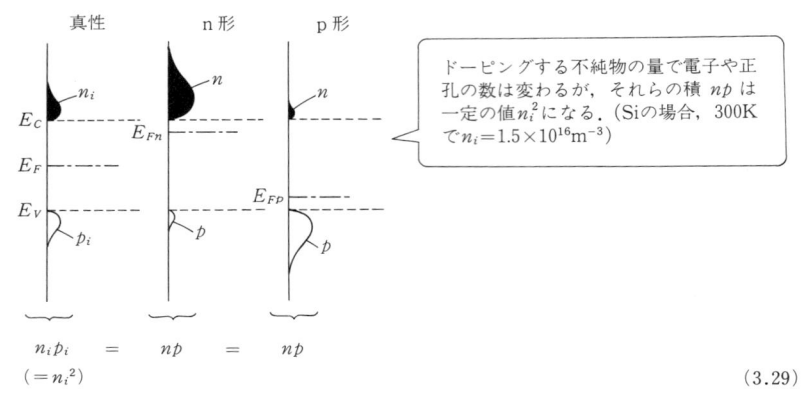

ドーピングする不純物の量で電子や正孔の数は変わるが，それらの積 np は一定の値 n_i^2 になる．（Siの場合，300K で $n_i = 1.5 \times 10^{16} \mathrm{m}^{-3}$）

$$n_i p_i = np = np \quad (=n_i^2) \tag{3.29}$$

図 3.20 少数キャリア密度の計算

$$np = n_i^2 = \begin{cases} (1.5 \times 10^{16})^2 \, \mathrm{m}^{-6} & \mathrm{Si} \\ (2.4 \times 10^{19})^2 \, \mathrm{m}^{-6} & \mathrm{Ge} \end{cases} \tag{3.30}$$

不純物量に無関係に np 積は一定になる（材料と温度で決まる一定値になる）．

である．

すなわち，例えば多数キャリア n がわかれば，少数キャリア密度 p は $p = n_i^2/n$ によって求めることができる．

特に，飽和温度領域にある半導体の少数キャリア密度は以上の関係を使って，次のように簡単に求められる．

1) n形半導体の場合

$$np \fallingdotseq N_D p = n_i^2$$

飽和温度領域においては多数キャリア密度は $n \fallingdotseq N_D$ であることを使用(3.21)．

$$\therefore \quad \boxed{p = \frac{n_i^2}{N_D}} \tag{3.31}$$

2) p形半導体の場合

$$np \fallingdotseq n N_A = n_i^2$$

飽和温度領域では $p \fallingdotseq N_A$．

$$\boxed{n = \frac{n_i^2}{N_A}} \tag{3.32}$$

3) 計算例

ドナー密度が $10^{19}\,\mathrm{m^{-3}}$ の n 形 Si がある．室温での電子密度と正孔密度を求める．

$$n \fallingdotseq N_D = 10^{19}\,\mathrm{m^{-3}}$$

$$p = \frac{n_i^2}{N_D} = \frac{(1.5 \times 10^{16})^2}{10^{19}} = 2.25 \times 10^{13}\,\mathrm{m^{-3}}$$

3.3 半導体中のキャリアのふるまい

半導体の中ではキャリアは図 3.21 のように不規則な発生，散乱，再結合を繰り返しているが，ここでは，それらの平均的な値に着目して種々の計算を行う．

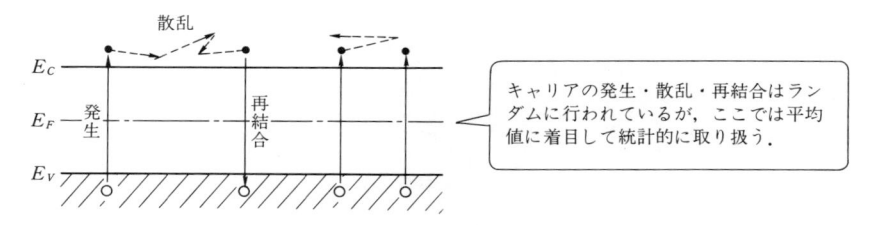

図 3.21 キャリアのふるまい

キャリアの発生・散乱・再結合はランダムに行われているが，ここでは平均値に着目して統計的に取り扱う．

特に，熱平衡状態ではキャリア密度は(3.9)，(3.10)より，

$$n = N_C e^{-(E_C - E_F)/kT} \tag{3.33}$$

$$p = N_V e^{-(E_F - E_V)/kT} \tag{3.34}$$

となっており．(3.30)より

$$\boxed{np = n_i^2} \tag{3.35}$$

が成立している．逆に(3.35)が成立している状態を**熱平衡状態**という．

a．キャリアの発生・散乱・再結合

1) キャリアの発生

半導体のキャリアの発生機構には次のようなものがある．

① 熱や光による励起

価電子帯の原子や不純物に束縛された電子は，図 3.22 のように熱や光で励起

されて伝導帯に上がり，キャリアとなる．

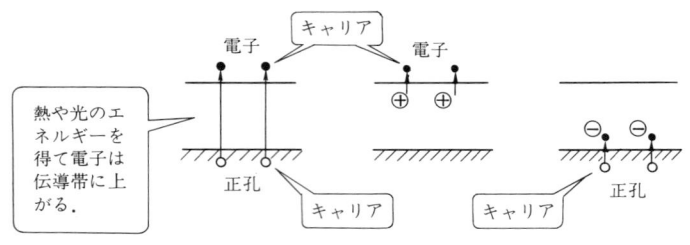

図 3.22　キャリアの発生

② 電極からの注入

半導体外部もしくは伝導形の異なる領域から電界によって強制的に注入されるキャリアもある．このようなメカニズムを図 3.23 に示す．

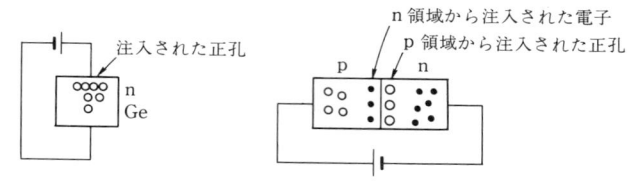

図 3.23　キャリアの注入

2) キャリアの散乱（運動の向きが変わること）

半導体中のキャリアの散乱では，次の 2 つが特に重要である．

① 格子散乱

結晶格子を形づくる原子は，熱エネルギーによって振動している．この格子振動（フォノン）との衝突によってキャリアの運動の向きが図 3.24 のように変えられる．このような散乱過程は，振動が激しくなる高温ほど顕著になる．

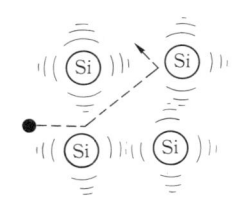

図 3.24　格子による散乱

② 不純物散乱

不純物イオンのクーロン力によってキャリアの運動の向きが図 3.25 のよう

に変えられる．このような散乱過程は，キャリアの熱速度 $\left(\frac{1}{2}mv^2 = \frac{3}{2}kT\right)$ が低速になってイオンの近くをゆっくり移動する低温で激しくなる．

その他，結晶格子欠陥による散乱，表面・界面による散乱やキャリア相互間の散乱などがある．

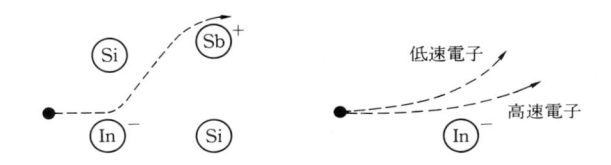

(a) 反発と吸引による散乱　　(b) 低速電子ほどよく曲げられる

図3.25　不純物イオンによる散乱

3) 再結合（伝導電子が正孔と結びついて消滅すること）

再結合の機構には図3.26に示す3つがある．

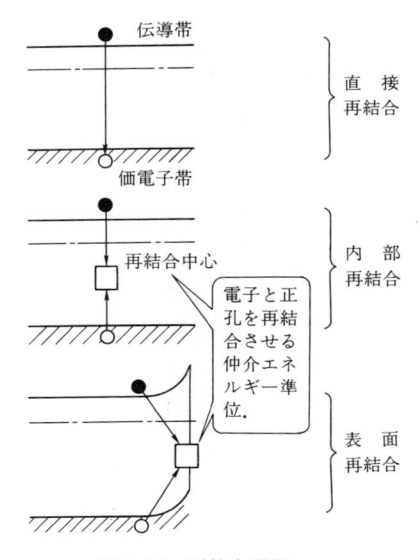

図3.26　再結合過程

b. 熱平衡状態

熱平衡状態では，キャリアの発生と再結合する割合が等しくなっており，次

式が成立している．

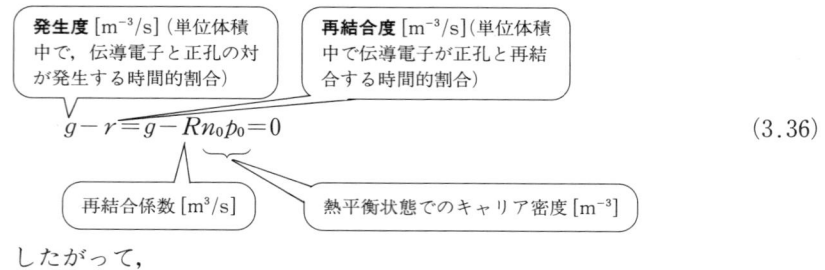

発生度 [m⁻³/s]（単位体積中で，伝導電子と正孔の対が発生する時間的割合）

再結合度 [m⁻³/s]（単位体積中で伝導電子が正孔と再結合する時間的割合）

$$g - r = g - Rn_0p_0 = 0 \tag{3.36}$$

再結合係数 [m³/s]

熱平衡状態でのキャリア密度 [m⁻³]

したがって，
$$g = r = Rn_0p_0 = Rn_i^2 \tag{3.37}$$
が成立する．

[例] 300 K における，再結合中心を含まない真性半導体に対する g の値
$g = 2.0 \times 10^{15}$ m⁻³/s （Si）
$g = 3.5 \times 10^{19}$ m⁻³/s （Ge）

c． 不平衡状態（熱平衡状態よりキャリアが余分に存在するような状態）

過剰少数キャリア

半導体にバンドギャップエネルギーよりも大きいエネルギーをもつ光が入射すれば，図 3.27 のように $\Delta n = \Delta p$ なる過剰キャリアが発生する．p 形半導体の場合には電子が少数キャリアであるから，Δn の方を過剰少数キャリアといい，電気的特性を大きく支配する．

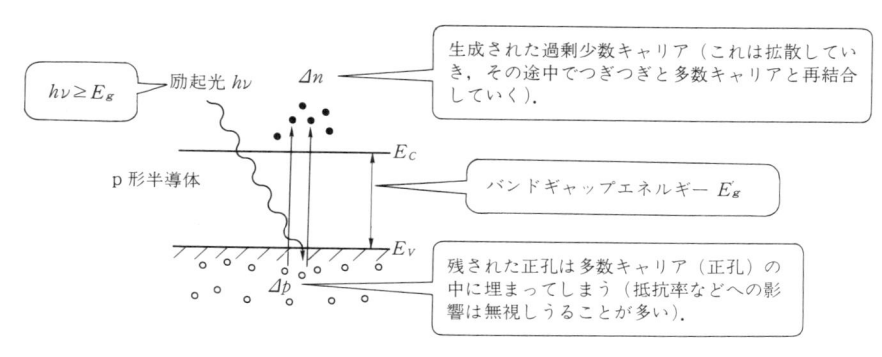

$h\nu \geq E_g$ ―励起光 $h\nu$

Δn — 生成された過剰少数キャリア（これは拡散していき，その途中でつぎつぎと多数キャリアと再結合していく）．

p 形半導体

E_c

バンドギャップエネルギー E_g

E_v

Δp — 残された正孔は多数キャリア（正孔）の中に埋まってしまう（抵抗率などへの影響は無視しうることが多い）．

図 3.27　過剰少数キャリア Δn の発生

1) 過剰キャリア密度

生成された過剰キャリアは、外部からの励起エネルギーが断たれると、時間とともに再結合して消滅していく．

単位体積中での過剰電子数の時間的変化割合は、図 3.28 のように

発生度(励起エネルギーが断たれた後も半導体の温度に相当した熱エネルギーによって発生し続けている ($g=Rn_0p_0$))．

$$\frac{\partial \Delta n}{\partial t} = g - r \tag{3.38}$$

再結合度(熱平衡時より一時的に大きくなる)．

で表わされる．

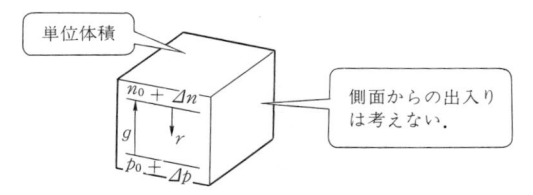

図 3.28 過剰キャリアの消滅

(3.37) より，再結合度 r は，単位体積内の両キャリア密度の積に比例するから，

$$\begin{aligned}\frac{\partial \Delta n}{\partial t} &= Rn_0p_0 - R(n_0+\Delta n)(p_0+\Delta p) \\ &= Rn_0p_0 - R[n_0p_0+(n_0+p_0)\Delta n + \Delta n \Delta n] \\ &= -R(n_0+p_0)\Delta n\end{aligned} \tag{3.39}$$

$\Delta p = \Delta n$ だから

微小量どうしの積だから無視

と表わされる．すなわち

$$\boxed{\frac{\partial \Delta n}{\partial t} = -R(n_0+p_0)\Delta n} \tag{3.40}$$

が得られる．これが過剰電子密度 Δn の時間的変化を支配する微分方程式である．

この微分方程式を初期条件 $t=0$ で $\Delta n = \Delta n_0$ の下で解くと，

$$\Delta n = \Delta n_0 e^{-t/\tau_n} \tag{3.41}$$

となり，図 3.29 のような時間特性が得られる．ただし，

$$\tau_n \equiv \frac{1}{R(n_0+p_0)} \tag{3.42}$$

とおいた．これは**キャリアの寿命（ライフタイム）**と呼ばれる．

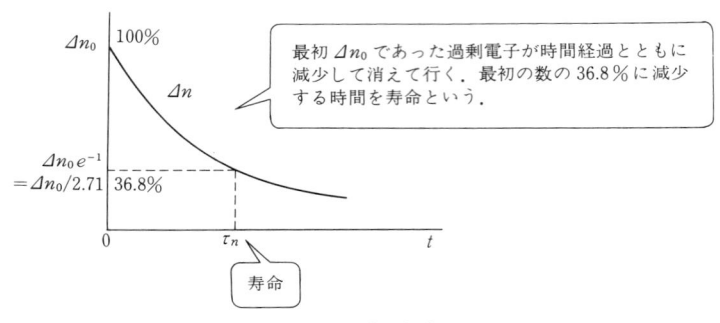

最初 Δn_0 であった過剰電子が時間経過とともに減少して消えて行く．最初の数の 36.8% に減少する時間を寿命という．

図 3.29 過剰電子密度の減少

[計　算　例]

真性 Si 内の電子の 300 K における寿命を求める．(3.42)に $g = R n_0 p_0 = R n_i^2$ を代入すると，寿命は

$$\tau_n = \frac{n_i^2}{g(n_0+p_0)}$$

で計算されることになる．真性半導体では

$$n_0 = p_0 = n_i$$

であるから

$$\tau_n = \frac{n_i}{2g}$$

となる．これに，

$n_i = 1.5 \times 10^{16}\,\mathrm{m^{-3}}$　(Si)

$g = 2 \times 10^{15}\,\mathrm{m^{-3}/s}$　(Si)

を代入すると

$$\tau_n = \frac{n_i}{2g} = \frac{1.5 \times 10^{16}}{2 \times 2 \times 10^{15}} = 3.75\,\mathrm{s} \quad (\mathrm{Si})$$

が得られる．すなわち理想的な真性 Si の中では，電子は 3.75 s の寿命をもつことがわかる．ただし実測値はこれより 3 桁ほど小さく，このことは現実の半導体には後述する再結合中心が多数残留していることを示している．

以上は過剰電子のみに関するものであった．全電子密度の変化については (3.40) と同じ

$$\frac{\partial \Delta n}{\partial t} = -R(n_0 + p_0)\Delta n \tag{3.43}$$

に

$$n = n_0 + \Delta n, \quad \tau_n = \frac{1}{R(n_0 + p_0)} \tag{3.44}$$

を代入して得られる．すなわち，

$$\boxed{\frac{\partial n}{\partial t} = -\frac{n - n_0}{\tau_n}} \tag{3.45}$$

（n_0：熱平衡時のキャリア密度）
（τ_n：そのキャリアの寿命）

が成立する．

光などの熱以外の原因によって，キャリアが発生し続ける場合には，その発生割合を $G[\mathrm{m}^{-3}/\mathrm{s}]$ とすると，

$$\boxed{\frac{\partial n}{\partial t} = G - \frac{n - n_0}{\tau_n}} \tag{3.46}$$

が成立する．

[例] 熱平衡状態にある p 形 Si に時刻 $t=0$ から均一な光を照射した．キャリア発生の割合 G が Si 全域にわたって一様であるとして，キャリア密度の時間的変化を求める．

解を

$$n = Ae^{Bt} + C \tag{3.47}$$

と仮定して，(3.46) に代入すると，

$$ABe^{Bt} = G - \frac{1}{\tau_n}(Ae^{Bt} + C - n_0) \tag{3.48}$$

となり，e^{Bt} の係数より

$$B = -\frac{1}{\tau_n} \tag{3.49}$$

が求められる．また定数項より

$$C = G\tau_n + n_0 \tag{3.50}$$

が得られる．また，$t=0$ で $n=n_0$ とおくと，(3.47)と(3.50)から

$$\begin{aligned}A &= n_0 - C \\ &= -G\tau_n\end{aligned} \tag{3.51}$$

が得られる．

(3.49)〜(3.51)を(3.47)に代入すると，

$$n = G\tau_n[1 - \exp(-t/\tau_n)] + n_0 \tag{3.52}$$

となる．この関係を図 3.30 に示す．

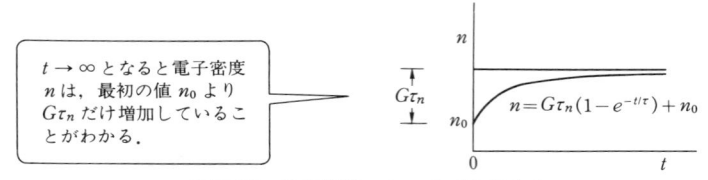

図 3.30 光照射後のキャリア密度変化

(3.52)において $t=\infty$ とすると $n = G\tau_n + n_0$ となる．このことから，キャリアが一定の割合 $G[\mathrm{m^{-3}/s}]$ で発生していれば，定常的には，半導体の中で

$$\Delta n = G\tau_n[\mathrm{m^{-3}}] \tag{3.53}$$

だけキャリアが増加していることがわかる．

2) 再結合中心と捕獲中心

不純物半導体の不純物密度とキャリア寿命との関係を図 3.31 に示す．不純物が再結合中心となるので，不純物密度が増すとそれにほぼ反比例して寿命は短くなっている．

なお，**再結合中心**（recombination center）は，電子と正孔とを再結合させる仲介エネルギー準位である．これに対し，**捕獲中心**（trapping center）は，キャ

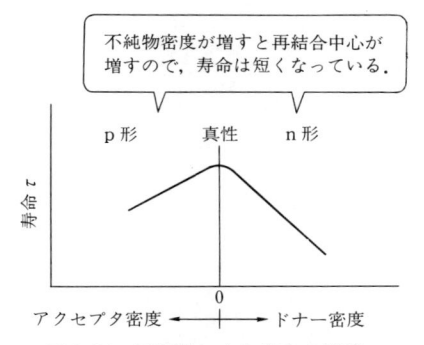

図 3.31 不純物による寿命の短縮

リアを一時的に捕獲し，再結合する前に再びそれを放出するエネルギー準位のことである．これらの準位のエネルギー位置を図 3.32 に示す．

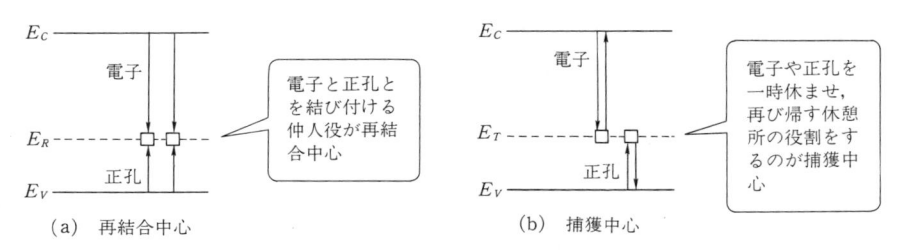

(a) 再結合中心　　(b) 捕獲中心

図 3.32 キャリアの再結合と捕獲

演習問題

3.1 次の語について説明せよ．
(1) 状態密度，(2) 有効状態密度，(3) フェルミレベル．
3.2 フェルミ-ディラックの分布関数とは何か，また温度依存性はどうか．
3.3 フェルミレベルから $0.05\,\mathrm{eV}$ 上の準位が電子により占有される確率を求めよ．ただし，$T = 300\,\mathrm{K}$ とする．
3.4 n 形半導体のキャリア密度の温度依存性を分布関数の変化を用いて説明せよ．
3.5 真性 Si の 300 K における電子密度の値を求めよ．

3.6 n_i-T 曲線の勾配から，常温付近における Si の E_g を求めよ．ただし，等価状態密度は温度に依存しないものとする．

3.7 次の語について説明せよ．
(1) ドナーレベル，(2) アクセプタレベル，(3) 飽和温度領域，(4) 真性半導体のフェルミレベル，(5) 不純物半導体のフェルミレベル．

3.8 真性半導体のフェルミレベルを E_i とするとき，伝導帯中の電子密度 n，価電子帯中のホール密度 p はそれぞれ次式で示されることを説明せよ．ただし，$m_n^* = m_p^*$ とする．

$$n = n_i \exp\left(\frac{E_F - E_i}{kT}\right), \quad p = n_i \exp\left(\frac{E_i - E_F}{kT}\right)$$

3.9 Si の常温(300 K)における pn 積の値を求めよ．

3.10 少数キャリア密度の求め方について説明せよ．

3.11 ドナー密度が 10^{22} m^{-3} の Ge の常温における多数キャリアおよび少数キャリア密度を求めよ．

3.12 $N_D = 10^{22}$ m^{-3} の n 形 Ge がある．常温(300 K)における n_n，p_n および E_F を求めよ．ただし，$n_i = 2.4 \times 10^{19}$ m^{-3}，$m_n^* = \dfrac{m_0}{4}$，$N_C = 4.83 \times 10^{21} \left(\dfrac{m_n^*}{m_0}\right)^{3/2} T^{3/2}$ [m^{-3}]

3.13 次の事項を図解せよ．
(1) キャリアの発生機構
(2) キャリアの散乱機構とその温度依存性
(3) キャリアの再結合機構
(4) キャリアの寿命の定義
(5) 再結合中心と捕獲中心

3.14 熱平衡状態にある 300 K の Si の中では，単位体積当たり何個の電子が発生し，また何個の電子が消滅しているか．

3.15 ドナー密度が $N_D = 10^{21}$ m^{-3} の n 形 Si 内の電子の寿命を求めよ．ただし，温度は 300 K とする．

3.16 Ge に均一な光が当たり，$G = 10^{23}$ m^{-3}/s の割合で電子が発生し続けている．電子の寿命を $\tau = 100$ μs とするとき，光によって電子密度はいくら増加しているか．

4. 半導体中の電流

　半導体中を流れる電流は，キャリアが電界に引かれて流れる**ドリフト電流**と，キャリアの密度差による**拡散電流**とからなっている．

　本章では，①ドリフト電流がキャリアの**移動度**(電界1V/m当たりの速度)と電界の積として表現されること，②その移動度が不純物密度や温度によって大きく変わること，③したがって抵抗率も大きく変わることなどが示されている．

　また，④拡散電流はキャリア密度の勾配に比例すること，⑤そしてその勾配は**拡散方程式**を解くことによって求められることなどについて述べる．

4.1　ドリフト電流と拡散電流

半導体中の電流は，図4.1に示すように

(a)　ドリフト電流　　　　(b)　拡散電流

電子が(+)極に引かれて流れる．

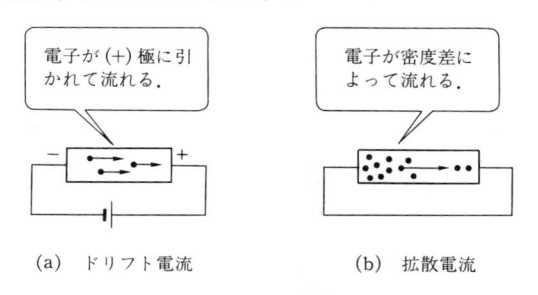

電子が密度差によって流れる．

図4.1　電流の種類

(1) キャリアが電界に引かれて流れる**ドリフト電流**と，
(2) キャリアの密度勾配によって流れる**拡散電流**

とに大別できる．

ここでは，ドリフト電流と拡散電流の計算法について述べる．

4.2 ドリフト電流

a． 電界によるドリフト

荷電粒子の電磁界による移動を**ドリフト**(drift)という．半導体中のキャリアは図 4.2 のように散乱を繰り返しながら電界に引かれて移動する．

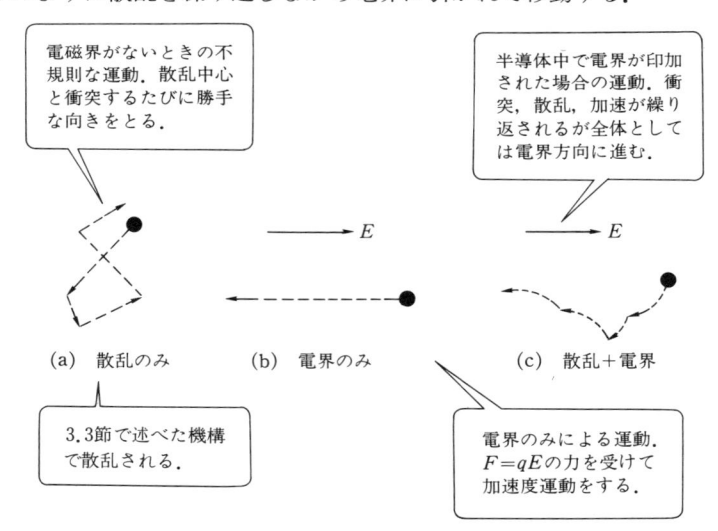

電磁界がないときの不規則な運動．散乱中心と衝突するたびに勝手な向きをとる．

半導体中で電界が印加された場合の運動．衝突，散乱，加速が繰り返されるが全体としては電界方向に進む．

(a) 散乱のみ　(b) 電界のみ　(c) 散乱＋電界

3.3 節で述べた機構で散乱される．

電界のみによる運動．$F=qE$ の力を受けて加速度運動をする．

図 4.2　ドリフト電流の生成

1) ドリフト速度

ドリフト速度 v_d は，電界がとくに強くない限り，電界の強さ E に比例し，

電界 [V/m]

$$v_d = \mu E \,[\text{m/s}] \tag{4.1}$$

比例係数で**移動度**[m²/V·s] という．

のように表わされる．

表 4.1　300 K における移動度 [m²/V·s]

半導体	電子移動度 μ_n	正孔移動度 μ_p
Si	0.14	0.05
Ge	0.38	0.18
GaAs	0.86	0.04

> 電子の方が正孔よりドリフトしやすいことがわかる．

2)　移動度の温度依存性

ドリフト移動度は，電子の動きやすさを示すパラメータであるから電子の有効質量 m^* に反比例し，散乱を受けずに移動することができる時間 $\langle \tau \rangle$（**衝突緩和時間**という）に比例する．

$$\mu = \frac{q}{m^*} \langle \tau \rangle \tag{4.2}$$

> 移動度が大きい材料では，有効質量が軽く，散乱が少ない．

ここで，いろいろな要因による電子の散乱の程度をそれぞれ R_i と表わし，それによって決まる散乱の緩和時間を $\langle \tau_i \rangle$ と表わすと，両者の間には

$$R_i = \frac{1}{\langle \tau_i \rangle} \tag{4.3}$$

なる関係が成り立つ．そこで総合的な緩和時間 $\langle \tau \rangle$ は

$$\frac{1}{\langle \tau \rangle} = R = \sum_i R_i = \sum_i \frac{1}{\langle \tau_i \rangle} \tag{4.4}$$

のように表わされ，移動度は

$$\frac{1}{\mu} = \sum_i \frac{1}{\mu_i} \tag{4.5}$$

となる．もし散乱要因として格子散乱と不純物散乱のみを考えた場合，(4.5) は

$$\frac{1}{\mu} = \frac{1}{\mu_L} + \frac{1}{\mu_I} \tag{4.6}$$

> 格子散乱に支配される**格子散乱移動度** μ_L．

> 不純物散乱に支配される**不純物散乱移動度** μ_I．

と表わされる．

高温では格子振動が激しくなるので，(4.6) の μ は $\mu_L \ll \mu_I$ なる μ_L で支配されるようになる．ここで μ_L の温度依存性は

$$\mu_L \propto T^{-1.5} \quad \text{［温度が上昇すると } \mu_L \text{ は小となる．すなわちキャリアは動き難くなる．］} \tag{4.7}$$

となることが理論的に求められている．

低温では格子振動が弱くなるので，(4.6) の μ は $\mu_L \gg \mu_I$ なる μ_I で支配されるようになる．ここで μ_I の温度依存性は

$$\mu_I \propto T^{1.5} \quad \text{［温度が上がると，イオン化不純物の近傍を速い速度で通過するため，影響を受けにくくなり，} \mu_I \text{ は大きくなる．］} \tag{4.8}$$

のように与えられる．また，この散乱は不純物密度に比例するので，μ_I と N_D の関係は図 4.3 のようになる．

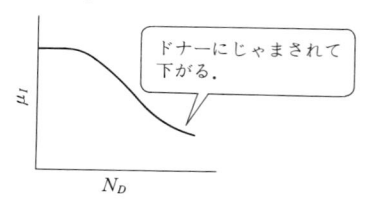

図 4.3 ドナーによる移動度の減少

以上を総合して，不純物密度の異なる半導体の移動度について温度変化を示せば図 4.4 のようになる．

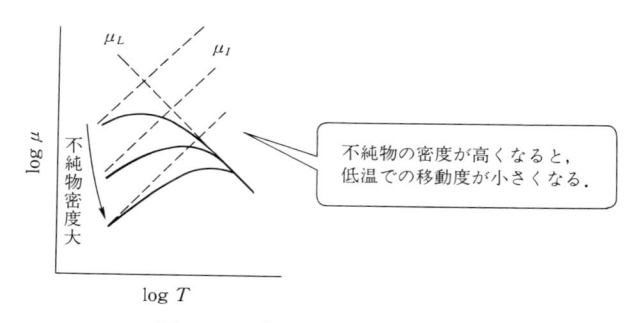

図 4.4 温度による移動度の変化

b. ドリフト電流密度

正孔(密度 p)が速度 v_{dp} で単位面積を通過している様子を図4.5に示す。1秒間に通過する電荷量は、

$$qpv_{dp} \quad \text{(1秒間に単位面積を通過する正孔数)} \tag{4.9}$$

で表わされる。1秒間当たり $Q[\mathrm{C}]$ の電荷の流れは、$Q[\mathrm{A}]$ の電流に相当するから、正孔電流密度は

$$\begin{aligned}J_p &= qpv_{dp} \\ &= qp(\mu_p E)\end{aligned} \tag{4.10}$$

となる。したがって全ドリフト電流密度は、

$$\boxed{J = J_n + J_p = q(\mu_n n + \mu_p p)E} \tag{4.11}$$

（電子電流密度）（正孔電流密度）

となる。

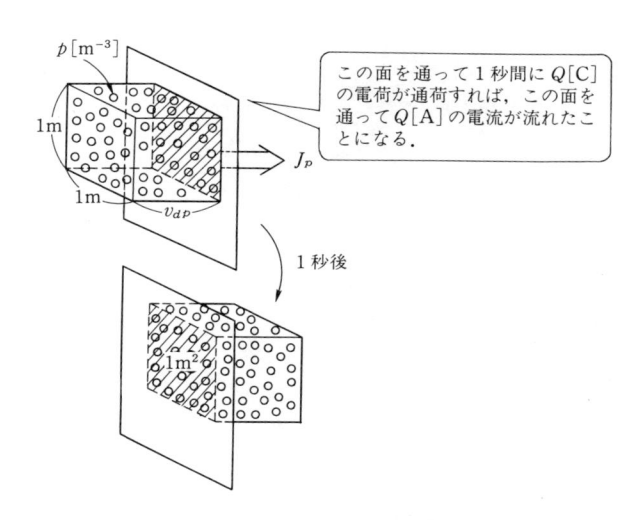

図4.5 ドリフト電流密度の計算

c. 半導体の抵抗率

抵抗率 ρ の半導体に，電界がかかったときに流れる電流密度は，図 4.6 に示すように

$$J = \frac{1}{\rho} E \tag{4.12}$$

と表わされる．これと (4.11)

$$J = q(\mu_n n + \mu_p p) E \tag{4.13}$$

とを比較すれば，

$$\boxed{\rho = \frac{1}{q(\mu_n n + \mu_p p)}} \quad \text{（重要）} \tag{4.14}$$

であることがわかる．

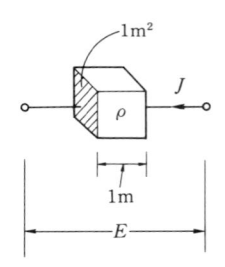

図 4.6 電流密度，電界，抵抗率の関係

なお，キャリア移動度 μ_n, μ_p，キャリア密度 n, p にはそれぞれ 3.2, 4.2 節で説明したような温度依存性がある．そのため抵抗率 ρ と絶対温度の逆数 T^{-1} の関係は図 4.7 のようになる．

4.3 拡 散 電 流

タバコをふかすと煙は密度のうすい方へ拡散して行く．もしも煙の粒子が電荷をもっていれば，煙の拡散に伴って電流が流れることになる．

a. 拡散電流（キャリア密度不均一に基づく電流）

もし $x=0$ に高密度のキャリアが存在し，$x=\infty$ でゼロとなるとすれば，図 4.8 のようにキャリアが移動する．この拡散によって電流が流れる．

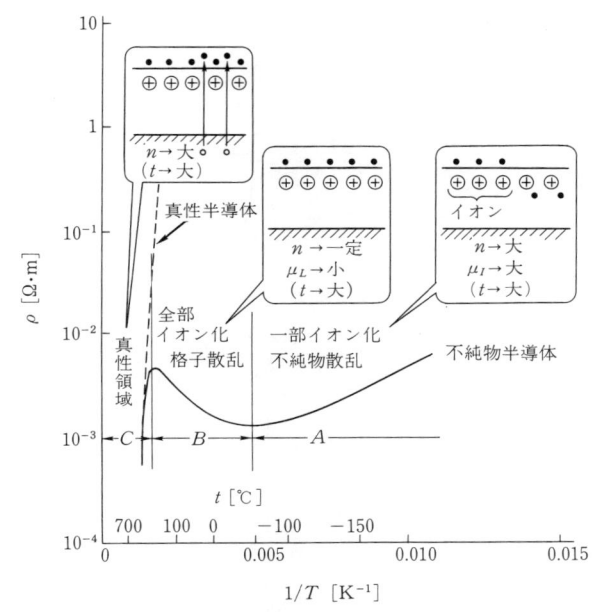

図 4.7　抵抗率の温度変化

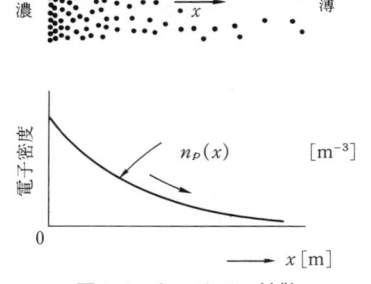

図 4.8　キャリアの拡散

b. 拡散電流密度

図 4.8 に示すキャリア分布は，例えば図 4.9 に示すように，p, n 両タイプの半導体を接触させたときに生じる．すなわち n 形半導体中には高密度な電子が

64 4．半導体中の電流

存在するが，p形半導体中にはほとんど存在しない．そこで接合面を通じて電子がp形半導体へ，正孔がn形半導体へ拡散する．

① ドリフト
（多数キャリアによる電流が優勢）

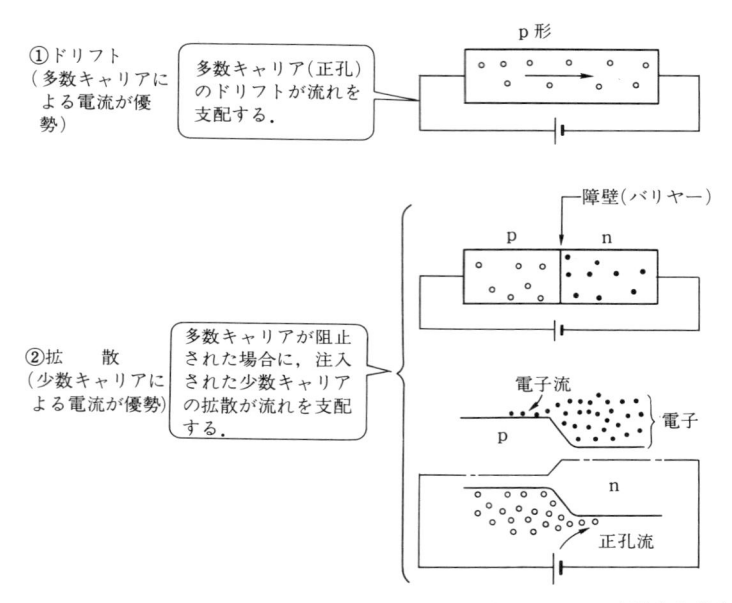

多数キャリア（正孔）のドリフトが流れを支配する．

[p形]

② 拡　散
（少数キャリアによる電流が優勢）

多数キャリアが阻止された場合に，注入された少数キャリアの拡散が流れを支配する．

障壁（バリヤー）

電子流
電子
正孔流

図4.9　電流を多数キャリアが支配する場合と少数キャリアが支配する場合

1) キャリアが電子の場合

図4.8のような電子密度分布がある場合，拡散電流密度は次のように表わされる．

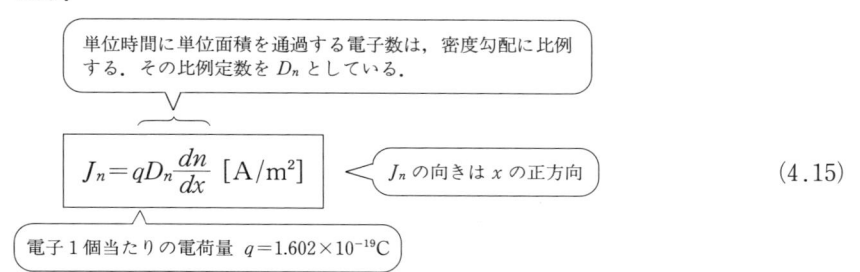

単位時間に単位面積を通過する電子数は，密度勾配に比例する．その比例定数を D_n としている．

$$J_n = qD_n \frac{dn}{dx} \ [\text{A/m}^2] \tag{4.15}$$

J_n の向きは x の正方向

電子1個当たりの電荷量 $q = 1.602 \times 10^{-19}$ C

4.3 拡散電流

ここで D_n は**拡散定数**[m^2/s]である．なお $dn/dx<0$ であるから(4.15)から，J_n は負となる．これは電流の向きが電子の拡散する向きと逆になっていることを示す．

表 4.2 300 K における拡散定数[m^2/s]

半導体	電子拡散定数 D_n	正孔拡散定数 D_p
Si	0.0036	0.0013
Ge	0.0098	0.0047

> 電子の方が正孔より拡散しやすいことがわかる．

2） キャリアが正孔の場合

この場合は図 4.10 に示すように $dp/dx<0$ であるから，電流の正の向きを x の向きとするためには，(4.16)のように負号をつける必要がある．

> 負号が必要．負号をつけると左辺，右辺とも正値となる．

$$J_p = -qD_p \frac{dp}{dx} \quad (4.16)$$

> 負 値

3 次元では，

$$\begin{aligned} \boldsymbol{J}_p &= -qD_p\left(\frac{\partial p}{\partial x}\boldsymbol{i} + \frac{\partial p}{\partial y}\boldsymbol{j} + \frac{\partial p}{\partial z}\boldsymbol{k}\right) \\ &= -qD_p \mathrm{grad}\, p \\ &= -qD_p \nabla p \end{aligned} \quad (4.17)$$

となる．

> n 形半導体中の正孔密度（少数キャリア）

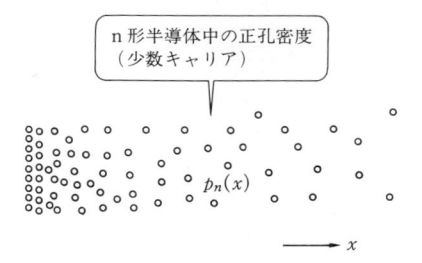

$p_n(x)$

図 4.10 正孔の拡散

c. ドリフトと拡散による電流

全電流はドリフト電流と拡散電流の和として

$$J_p = q\mu_p p \boldsymbol{E} - qD_p \nabla p \tag{4.18}$$

（$q\mu_p p \boldsymbol{E}$：ドリフト電流密度、J_p：正孔電流密度、$qD_p\nabla p$：拡散電流密度）

となる。ただし，

$$\nabla p = \left(\boldsymbol{i}\frac{\partial}{\partial x} + \boldsymbol{j}\frac{\partial}{\partial y} + \boldsymbol{k}\frac{\partial}{\partial z}\right)p \tag{4.19}$$

である.

d. 拡散定数と移動度との関係

熱平衡状態では，次のアインシュタインの関係式が成立する．

$$\frac{D}{\mu} = \frac{kT}{q} \tag{4.20}$$

（D と μ が比例関係にあることを示す．すなわちキャリアが拡散しやすい物質ではドリフトも起こりやすいことを表わしている．）

4.4 拡散方程式

キャリアが拡散しているときのキャリア密度分布を支配する微分方程式を拡散方程式という．

拡散電流は，キャリアの密度分布 $n_p(x)$ または $p_n(x)$ がわかれば前節の式より計算できる．ここでは，これらの密度分布の求め方について述べる．

1) キャリア連続の式

原点 O における正孔電流密度を $\boldsymbol{J}_p$ とするとき，図 4.11 のように単位体積から流出する電流は，

$$\text{div}\,\boldsymbol{J}_p = \frac{\partial J_x}{\partial x} + \frac{\partial J_y}{\partial y} + \frac{\partial J_z}{\partial z} \tag{4.21}$$

で与えられる．電流がこの割合で流出するということは，

$$\frac{1}{q}\text{div}\,\boldsymbol{J}_p \quad [\text{個}/\text{m}^3] \tag{4.22}$$

だけの正孔が単位時間に流出していることに相当する．電流流出による正孔の

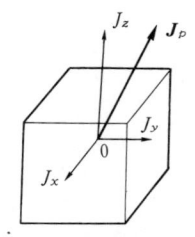

図 4.11 原点における電流密度とその成分

増加割合は,

$$G = -\frac{1}{q}\text{div } \boldsymbol{J}_p \tag{4.23}$$

となる.したがって,単位体積中で単位時間に増加する正孔の数は,(3.46)より

$$\frac{\partial p}{\partial t} = -\frac{1}{q}\text{div } \boldsymbol{J}_p - \frac{p - p_0}{\tau_p} \tag{4.24}$$

◁ キャリア連続の方程式

となる.

2) 拡散方程式

ここで正孔電流が拡散のみによるとすれば,

$$\boldsymbol{J}_p = -qD_p\text{grad } p \tag{4.25}$$

であるから,

$$\text{div } \boldsymbol{J}_p = -qD_p\text{div grad } p$$
$$= -qD_p\nabla^2 p \tag{4.26}$$

となり,(4.24)は

$$\boxed{\frac{\partial p}{\partial t} = -\frac{p - p_0}{\tau_p} + D_p\nabla^2 p} \tag{4.27}$$

◁ これが重要な拡散方程式である.

となる.ただし,

$$\nabla^2 = \frac{\partial^2}{\partial x^2} + \frac{\partial^2}{\partial y^2} + \frac{\partial^2}{\partial z^2} \tag{4.28}$$

である.(4.27)を解けば,正孔が拡散するときの正孔密度分布 $p(x)$ を求めることができる.この方程式を**拡散方程式**という.

定常状態 ($\partial p/\partial t = 0$),1次元では拡散方程式は,

$$-\frac{p-p_0}{\tau_p} + D_p \frac{d^2 p}{dx^2} = 0 \tag{4.29}$$

となる．$x=0$ で $p-p_0=\Delta p_0$，$x=\infty$ で $p-p_0=0$ とすると，この解は，

$$p-p_0=\Delta p=\Delta p_0 \exp\left(\frac{-x}{\sqrt{D_p \tau_p}}\right) \tag{4.30}$$

となり，$x=\sqrt{D_p \tau_p}$ のところで Δp は Δp_0 の $1/e$ になる．この x を**拡散距離**という．すなわち，

$$\boxed{L_p = \sqrt{D_p \tau_p}} \tag{4.31}$$

となる．解 (4.30) を図 4.12 に示す．

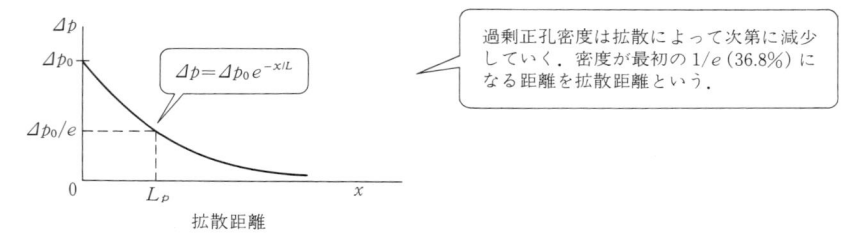

過剰正孔密度は拡散によって次第に減少していく．密度が最初の $1/e$ (36.8％) になる距離を拡散距離という．

図 4.12 キャリアの拡散距離

演 習 問 題

4.1 ドリフト電流，拡散電流について，その違いと特徴を述べよ．

4.2 長さ 2×10^{-2} m の半導体結晶の一端から少数キャリアを注入したところ，長さ方向に 10^{-2} m 離れた点までドリフトするのに 74.1 μs を要した．キャリアの移動度を求めよ．ただし，印加電圧は 15 V である．

4.3 長さ 2.5×10^{-2} m の n 形 Si 結晶の両端に 10 V の電圧を加えたときの電子のドリフト速度および電子が両端間を移動するのに要する時間を求めよ．ただし，電子移動度は 0.14 m^2/V·s とする．

4.4 半導体中でのキャリア散乱機構とこれによって決定される移動度について，温度依存性を含めて考察せよ．

4.5 不純物半導体の抵抗率の温度依存性について説明せよ．

4.6 n-Ge，p-Ge の少数キャリアの寿命が 200 μs のとき，各キャリアの拡散距離を求

めよ．ただし，$\mu_n = 0.365 \text{ m}^2/\text{V·s}$，$\mu_p = 0.155 \text{ m}^2/\text{V·s}$ とし，Ge は常温(300 K)におかれているものとする．

4.7 アインシュタインの関係式 $\dfrac{D}{\mu} = \dfrac{kT}{q}$ を導出し，その意味するところを述べよ．

参　考

Si の性質 (300 K)

項目	数値	項目	数値
移動度 (cm²/V·s)		屈折率	3.4
正孔	470	誘電率	12
電子	1400	結晶構造	ダイアモンド
有効質量 (m^*/m_0)		格子定数 (nm)	0.543
正孔	0.56	原子密度 (cm⁻³)	5.0×10^{22}
電子	0.32	原子量	28.09
有効状態密度 (cm⁻³)		密度 (g/cm³)	2.33
価電子帯	1.1×10^{19}	ポアソン比	0.42
伝導帯	2.8×10^{19}	線膨張係数 (℃⁻¹)	2.6×10^{-6}
禁制帯幅 (eV)	1.1	ヤング率 (kg/mm²)	10,900
少数キャリア寿命 (s)	2.5×10^{-3}	ねじり率 (kg/mm²)	4050
真性キャリア密度 (cm⁻³)	1.5×10^{10}	熱伝導率 (W/cm·℃)	1.5
真性抵抗率 (Ω·cm)	2.3×10^5	比熱 (J/g·℃)	0.7
降伏電界強度 (V/cm)	3×10^5	融点 (℃)	1412
電子親和力 (V)	4.1	蒸気圧が 1 Pa になる温度 (℃)	1650

4. 半導体中の電流

室温におけるSiのキャリア移動度と抵抗率

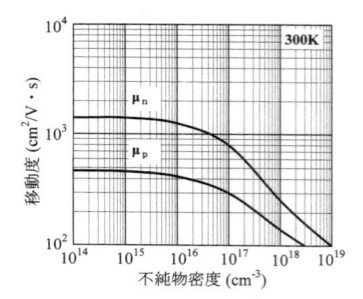

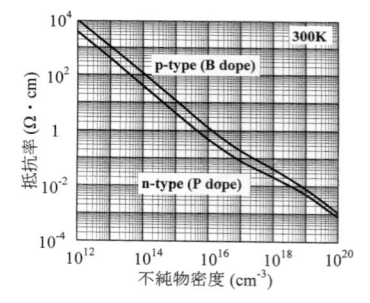

5. pn 接合

　固体電子デバイスの多くは，p 形と n 形半導体との接合の特殊な性質を利用している．したがって種々の電子デバイスを理解するには，pn 接合の特性を十分理解することが必要である．

　pn 接合は，固体電子デバイスの最も重要な基本構造といえる．

　本章では，①接合には両領域の不純物密度で定まる内部電位(**拡散電位**という)が発生し，②**整流作用**が生じること，③それは接合部における少数キャリアの拡散を考えることによって説明できること，④逆バイアス状態にすれば接合に空乏層が生じ，一種のコンデンサとして働くこと，⑤接合電圧の極性が切り替わった場合，少数キャリアは瞬時には消滅せず，一定の時間蓄積状態が続く．この**少数キャリア蓄積効果**のため，高速動作が制限されることなどについて述べる．

5.1　pn 接合の性質

a．pn 接合の不純物分布

　pn 接合は，Ge や Si 中のドナーやアクセプタ密度が場所的に変わり，したがって 1 つの試料中で図 5.1 のように，p 形より n 形への転換がある場合に生ずる．

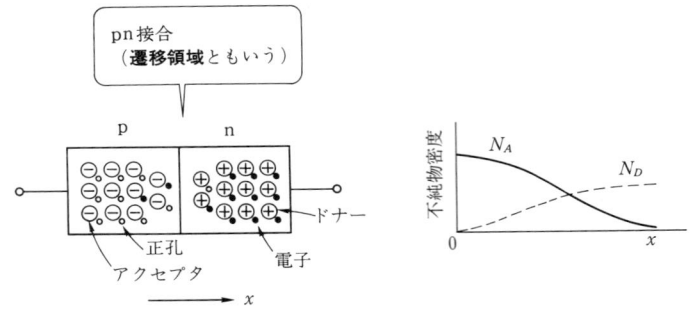

図 5.1 pn 接合の不純物分布

b． pn 接合の性質

pn 接合の性質を知るために，p 形半導体と n 形半導体を原子的寸法で接触させたとき，どのような現象が起きるかを考えてみる．

(1) p 形半導体と n 形半導体を接合させる．
(2) 正孔（○）が n 形へ，電子（●）が p 形へ拡散する（図 5.2）．
(3) これはフェルミレベルが一致するまで続く（ちょうど水が水面の一致するまで移動するのと似ている（図 5.3））．

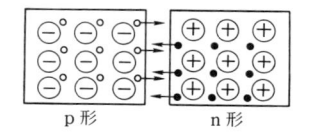

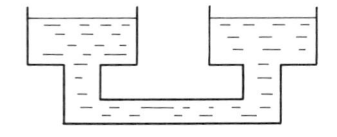

図 5.2 p 形と n 形半導体の接合　　**図 5.3** フェルミレベル（水面）の一致

(4) 正孔，電子は拡散によって移動すると，再結合して消滅する．
(5) 取り残されたドナーとアクセプタがイオン化して，電気二重層を形成する（図 5.4）．

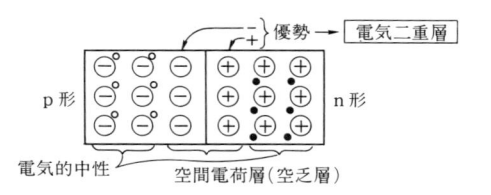

図 5.4 電気二重層の発生

(6) そのため電位(接触電位差,拡散電位)が発生する(図5.5).

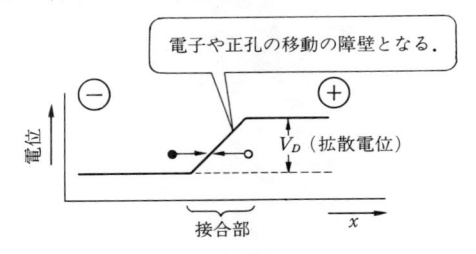

図5.5 拡散電位の発生

(7) この電位は,正孔,電子の拡散を妨げる障壁となる.
(8) 拡散電位による電界(内部電界)が発生する(図5.6).
(9) 接合部に正孔,電子を置くと,内部電界により左,右に追いやられるので,キャリア数の少ない領域(空乏層)ができる.

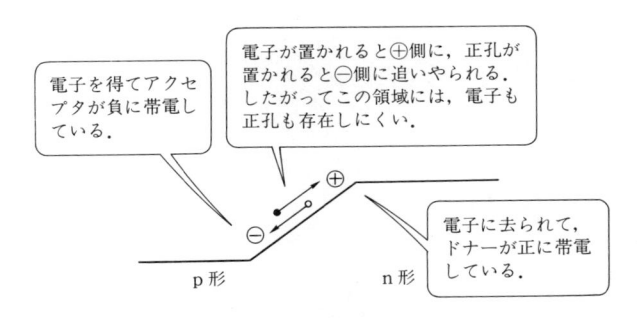

図5.6 空乏層の発生

p形とn形の半導体を2つ接触させただけでは,表面にできている酸化物や,表面の粗さなどのために本当のpn接合は得られない.そこで実際には,1つの単結晶の中でp形領域とn形領域とを隣接させてpn接合を作る(付録B参照).

c. 拡散電位

ここでは拡散電位 V_D を不純物密度 N_A, N_D の関数として求める.

図3.15より,常温ではp形半導体のフェルミレベルは価電子帯の近くに,またn形半導体のフェルミレベルは伝導帯の近くにある.したがってpn接合のエネルギーバンドは図5.7のようになる.ここでp形およびn形領域における

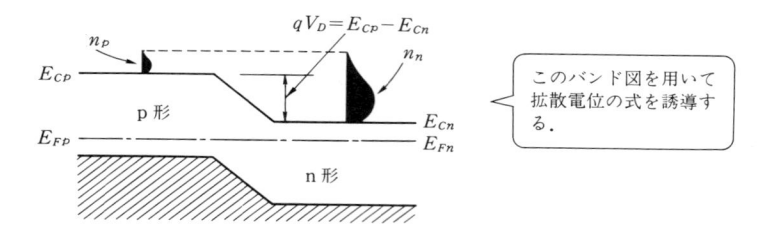

図5.7 pn接合のエネルギーバンド図(平衡時)

電子密度は(3.9)より,それぞれ次のように表わされる.

$$n_p = N_c e^{-(E_{cp}-E_{Fp})/kT} \tag{5.1}$$

$$n_n = N_c e^{-(E_{cn}-E_{Fn})/kT} \tag{5.2}$$

熱平衡状態では,

$$E_{Fp} = E_{Fn} \tag{5.3}$$

であるから,

$$\frac{n_p}{n_n} = e^{(E_{cn}-E_{cp})/kT}$$

$$= e^{-qV_D/kT} \tag{5.4}$$

両辺の対数をとると

$$-qV_D = kT \ln\left(\frac{n_p}{n_n}\right) \tag{5.5}$$

ここで,常温では

$$\left.\begin{array}{l} n_n = N_D \\ n_p = (n_i^2/N_A) \end{array}\right\} \tag{5.6}$$

ゆえに,

$$\boxed{\begin{aligned} V_D &= \frac{kT}{q} \ln \frac{n_n}{n_p} \\ &= \frac{kT}{q} \ln \frac{N_A N_D}{n_i^2} \end{aligned}} \tag{5.7}$$

d. 整 流 性

1) 順バイアス状態

順バイアス状態のpn接合における電子と正孔の移動を図5.8に示す.両

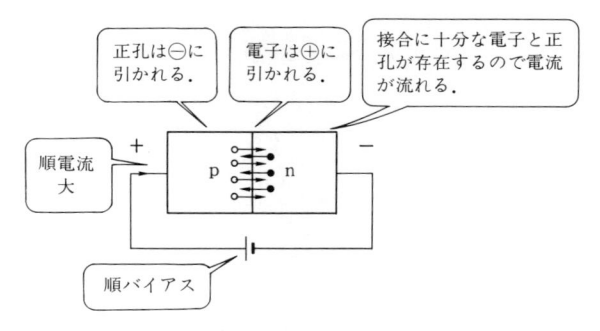

図5.8　順バイアス状態

キャリアが接合面を通過して流入し，電流が流れることがわかる．

2) 逆バイアス状態

逆バイアス状態のpn接合における電子と正孔の移動を図5.9に示す．両キャリアが左右に分離して電流が流れにくいことがわかる．

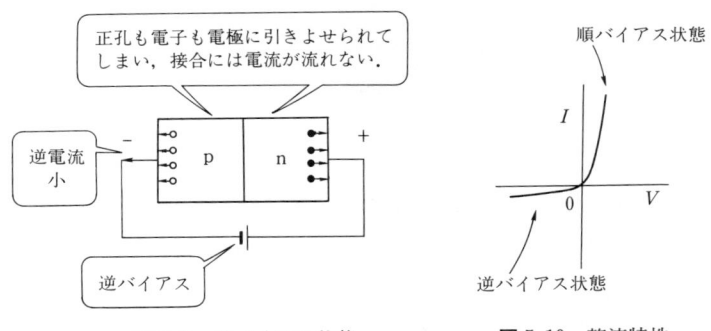

図5.9　逆バイアス状態　　　図5.10　整流特性

3) 電流電圧特性

順，逆バイアスにおける電流特性を図5.10に示す．このように順バイアスのときだけ電流が流れる特性を**整流特性**という．

e．整流特性の導出

1) 平衡状態

外部からバイアスが印加されていない平衡状態におけるp，n各領域の電子密度を図5.11に示す．この状態では，接合面を越えてp→n，n→pの領域へ移動する電子の数は等しい（平衡状態）ので，外部に電流は流れない．

76 5. pn接合

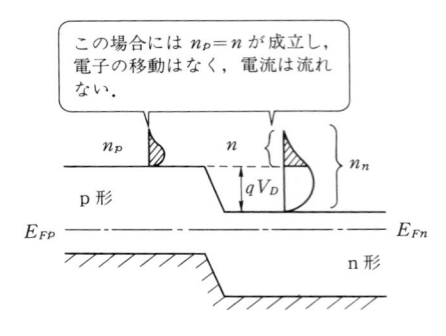

図5.11 平衡状態(電圧 0)

(図中の吹き出し: この場合には $n_p = n$ が成立し、電子の移動はなく、電流は流れない.)

ここで、後の計算に用いるため、p, n両領域の少数キャリア密度を求めておく. 拡散電位の式

$$V_D = \frac{kT}{q} \ln \frac{n_n}{n_p} \tag{5.8}$$

から、p領域における電子密度は、

$$n_p = n = n_n e^{-qV_D/kT} \tag{5.9}$$

となる. 同様にn領域における正孔密度は、

$$p_n = p = p_p e^{-qV_D/kT} \tag{5.10}$$

となる.

2) 順バイアス状態

図5.12のように順電圧 V (p領域に正)を印加した場合の、障壁を越えうるn領域の電子密度 n は、V を印加した状態で平衡に必要なp領域における仮想的な電子密度 n_p' に等しい. この値は(5.9)における平衡時の V_D を $V_D - V$ で置き換えて、

$$\begin{aligned} n &= n_p' \\ &= n_n e^{-q(V_D-V)/kT} \\ &= n_n e^{-qV_D/kT} e^{qV/kT} \end{aligned} \tag{5.11}$$

$$\therefore \boxed{n = n_p e^{qV/kT}}$$

((5.11)の吹き出し: (5.9)を代入)
(下段の吹き出し: 対向領域の少数キャリア密度とバイアス電圧 V とで表わされている(**重要**).)

で与えられる. 実際にはp領域の電子密度は n_p であるから、両領域の電子密度差(注入電子密度)は、

5.1 pn接合の性質　77

[図5.12: 順バイアス状態の図]
- この差の電子がp領域に注入される．
- p領域が正となり，電子の存在しやすい状態となる．したがってp領域のバンドは下がる．
- この点の電位を電位の基準(0V)にとる．

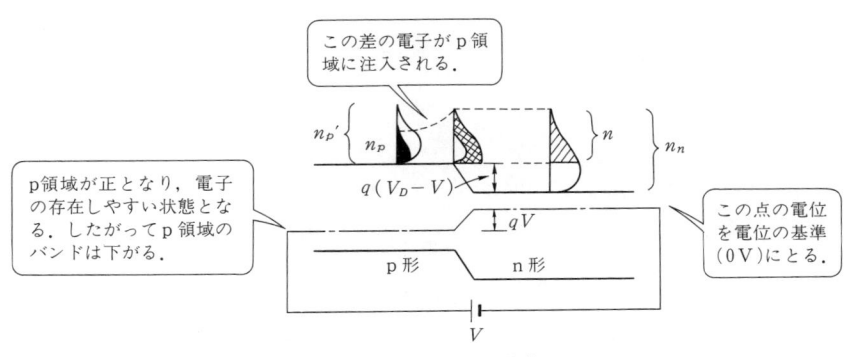

図5.12 順バイアス状態

$$n - n_p = n_p(e^{qV/kT} - 1) \tag{5.12}$$

となり，電子は拡散によってn領域からp領域へと流れる．これを**順電流**という．(5.12)の $n - n_p$ は，電圧 V に対して図5.13のようになる．

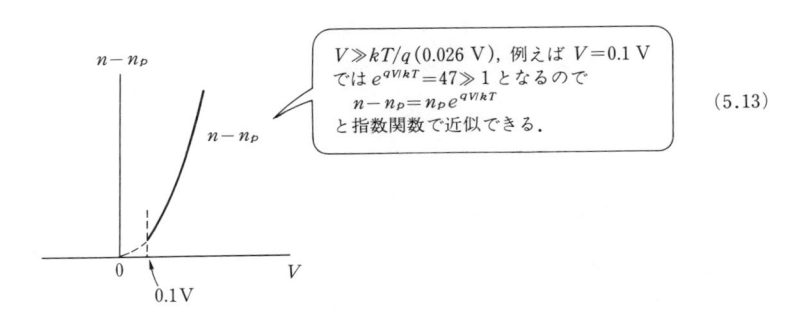

[図5.13: $n-n_p$ vs V の指数関数的特性曲線]

$V \gg kT/q\,(0.026\,\mathrm{V})$，例えば $V = 0.1\,\mathrm{V}$ では $e^{qV/kT} = 47 \gg 1$ となるので
$$n - n_p = n_p e^{qV/kT} \tag{5.13}$$
と指数関数で近似できる．

図5.13 順方向特性

3) 逆バイアス状態

図5.14のように，逆電圧 $V < 0$（p領域に負）を印加したときの両領域の電

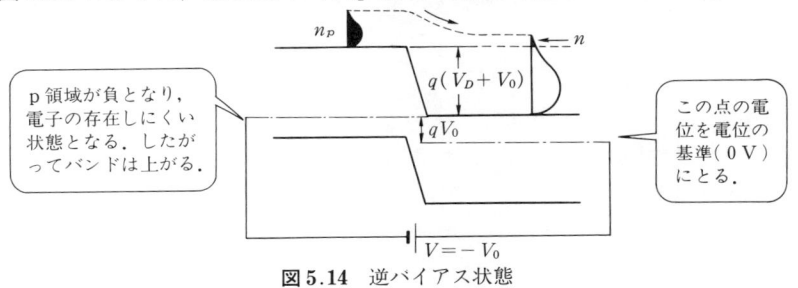

[図5.14: 逆バイアス状態の図]
- p領域が負となり，電子の存在しにくい状態となる．したがってバンドは上がる．
- この点の電位を電位の基準(0V)にとる．
- $V = -V_0$

図5.14 逆バイアス状態

子密度の差は，(5.12) より

$$n_p - n = n_p(1 - e^{-qV_0/kT}) \tag{5.14}$$

（V が大きくなるとこの項は 0 に近づく．）

と表わされる．この値は V が負で大きくなると，図 5.15 のようにまもなく一定値 n_p となる．このわずかな差による電流を**逆飽和電流**という．

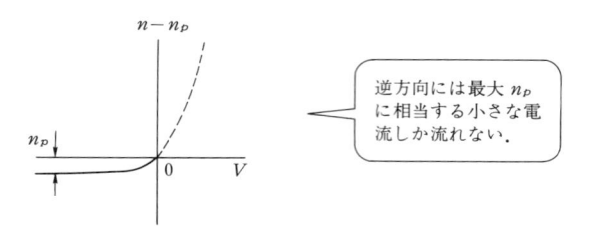

（逆方向には最大 n_p に相当する小さな電流しか流れない．）

図 5.15 逆方向特性

順バイアスを加えたときのように，**少数キャリア**の密度を熱平衡の状態より**増加**させることを**注入**といい，逆バイアスを加えたときのように，**減少**させることを**注出**という．

5.2　pn 接合の拡散電流と周波数特性

a．拡散電流の計算法

p, n 各領域の抵抗が小さく，そこでの電圧降下が無視できる場合は，ダイオードを流れる電流が拡散電流で近似できる．

図 5.16 のような pn 接合に順電圧を加えると，n 領域に向かう正孔と p 領域に向かう電子からなる電流が流れる．ここでは正孔と電子電流とを別々に求め，最後に両者をまとめる．

まず，正孔について拡散方程式を解き，それによって得られた正孔分布を拡散電流の式に代入して正孔電流を求める．

正孔密度分布 $p(x)$ を求めるには，拡散方程式を解く必要がある．そのために次のような境界条件を用いる．

5.2 pn接合の拡散電流と周波数特性

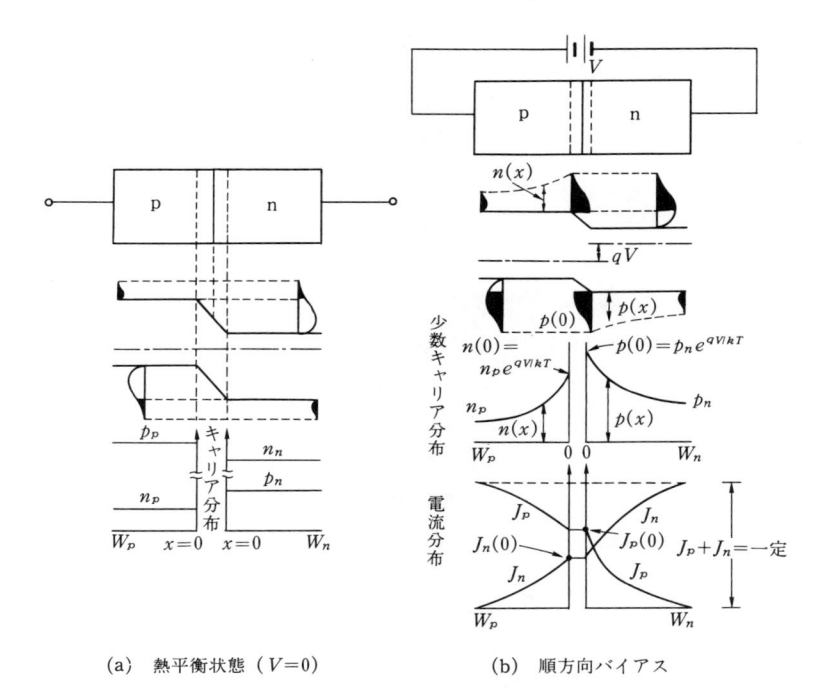

図 5.16 拡散電流の計算

(a) 熱平衡状態 ($V=0$)　　(b) 順方向バイアス

(条件1) $x=0$ においては(5.11)と同様に

$$p = p_n e^{qV/kT} \tag{5.15}$$

(条件2) $x = W_n$(n領域の右端)においては $W_n \gg L_p$ として

$$p = p_n \tag{5.16}$$

> $W_n \gg L_p$ すなわち正孔の拡散距離に比べてn領域の長さを十分に長くすると，注入された正孔は電極に達するまでに再結合して消滅する．したがって残るは熱平衡時のホール密度のみとなる．

これらの境界条件を用いて拡散方程式を解き，正孔密度分布を求める．

1) 正孔密度分布の計算

n領域における正孔の分布を支配する拡散方程式は，(4.29)から

$$\boxed{\frac{d^2p}{dx^2} - \frac{p-p_n}{L_p^2} = 0} \quad \text{←熱平衡状態における n 領域の正孔密度.} \tag{5.17}$$

となる．この一般解は，

$$p - p_n = Ae^{x/L_p} - Be^{-x/L_p}$$

と書かれる．積分定数 A, B を上述の 2 つの境界条件によって決定すると，

$$A = \frac{p_n(e^{qV/kT}-1)}{1-e^{2W_n/L_p}}, \qquad B = \frac{-p_n(e^{qV/kT}-1)}{1-e^{-2W_n/L_p}}$$

となり，正孔密度分布

$$\boxed{p(x) = p_n - p_n(1-e^{qV/kT})\frac{\sinh[(W_n-x)/L_p]}{\sinh(W_n/L_p)}} \tag{5.18}$$

が得られる．

$$W_n \gg L_p, \quad W_n - x \gg L_p$$

を仮定すると，(5.18)は

$$\boxed{p(x) = p_n + p_n(e^{qV/kT}-1)e^{-x/L_p}} \tag{5.19}$$

となる．この分布を図 5.17 に示す．

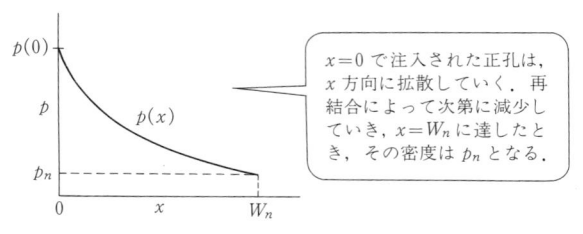

図 5.17 正孔の拡散

$x=0$ で注入された正孔は，x 方向に拡散していく．再結合によって次第に減少していき，$x=W_n$ に達したとき，その密度は p_n となる．

2) 拡散電流

上で求めた正孔密度(5.19)を拡散電流の式

$$J_p = -qD_p\frac{dp(x)}{dx} \tag{5.20}$$

に代入し，$x=0$ とすると，接合における拡散電流密度が得られる．すなわち

5.2 pn接合の拡散電流と周波数特性

$$J_{p(0)} = \frac{qD_p p_n}{L_p}(e^{qV/kT} - 1) \tag{5.21}$$

となる．

電子についても同様になり，全電流は

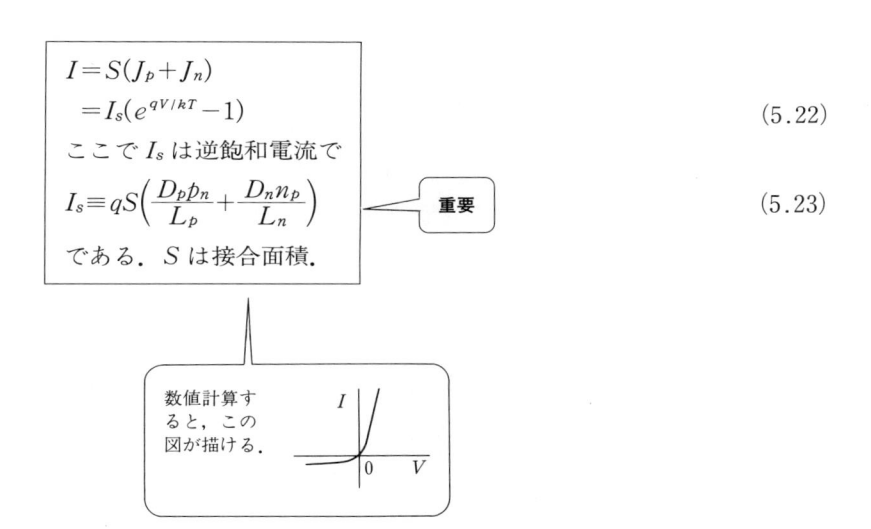

$$\begin{aligned} I &= S(J_p + J_n) \\ &= I_s(e^{qV/kT} - 1) \end{aligned} \tag{5.22}$$

ここで I_s は逆飽和電流で

$$I_s \equiv qS\left(\frac{D_p p_n}{L_p} + \frac{D_n n_p}{L_n}\right) \tag{5.23}$$

である．S は接合面積．

重要

数値計算すると，この図が描ける．

$N_A \gg N_D$ ならば $n_p \ll p_n$ であるから

$$I \fallingdotseq I_p = I_{ps}(e^{qV/kT} - 1) \tag{5.24}$$

と近似される．ただし

$$I_{ps} \equiv \frac{qSD_p p_n}{L_p} \tag{5.25}$$

である．

また，(5.23)によって与えられた I_s は

$p_n = \frac{n_i^2}{N_D}$
$n_p = \frac{n_i^2}{N_A}$

$$I_s = qS\left(\frac{D_p p_n}{L_p} + \frac{D_n n_p}{L_n}\right)$$

$$= qSn_i^2\left(\frac{D_p}{L_p N_D} + \frac{D_n}{L_n N_A}\right)$$

$L_n = \sqrt{D_n \tau_n}$
$L_p = \sqrt{D_p \tau_p}$

$$= qSn_i^2\left(\frac{1}{N_D}\sqrt{\frac{D_p}{\tau_p}} + \frac{1}{N_A}\sqrt{\frac{D_n}{\tau_n}}\right) \tag{5.26}$$

ここで
$$np = n_i^2 = N_C N_V e^{-E_g/kT}$$
であるから
$$I_s = qSN_C N_V e^{-E_g/kT}\left(\frac{1}{N_D}\sqrt{\frac{D_p}{\tau_p}} + \frac{1}{N_A}\sqrt{\frac{D_n}{\tau_n}}\right) \tag{5.27}$$
となる.

なお, (5.22)の整流特性は, 接合面を通過する電流が拡散電流であるという条件で導出した. しかし, 接合面に再結合中心が含まれる場合, n 領域からの電子と p 領域からの正孔の一部はこれを介して再結合する. この効果は外部電圧が加わった非平衡状態のキャリア密度が平衡状態の値に戻す方向に働き, 導出の詳細は省くが, 整流特性は次のように修正される.

$$I = I_s(e^{qV/nkT} - 1)$$

n はダイオード因子と呼ばれ, 接合面を通過する電流が完全に拡散電流で支配される場合に $n=1$, 再結合電流で支配される場合に $n=2$ となる. 実際のダイオードでは $1 \leq n \leq 2$ であるが, 以下の記述では簡単のために $n=1$ として扱う.

b. 順電流と逆電流の近似式

pn 接合の電流を与える(5.22)は, 次のように近似される.

1) 順 電 流

順電圧 V の大きい領域では $e^{qV/kT} \gg 1$ であるから, (5.22)は
$$I_f \fallingdotseq I_s e^{qV/kT} \tag{5.28}$$
と近似される.

2) 逆 電 流

逆電圧 V が負の大きな値となる領域では $e^{qV/kT} \ll 1$ であるから, (5.22)は
$$I_r \fallingdotseq -I_s \tag{5.29}$$
と近似される.

(5.28), (5.29)を図に示すと, 図 5.18 のようになる.

さらに，(5.28)の両辺の対数をとれば

$$\ln I_f = \ln I_s + \frac{q}{kT}V \tag{5.30}$$

となって，図5.19に示すように，切片からI_sがわかる．

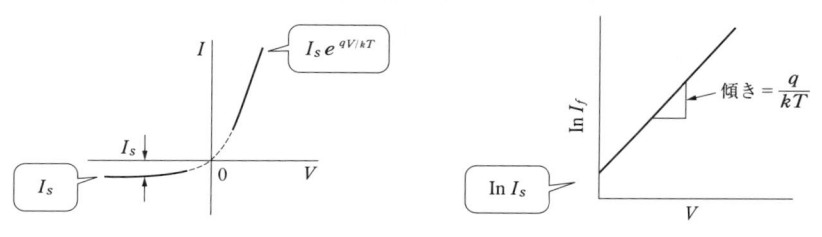

図5.18 近似式によるV-I特性

図5.19 飽和電流I_sの算出

c. 交直重畳電流（小信号解析）

図5.20のように，直流電圧と交流電圧との和

$$\boxed{V = V_0 + V_1 e^{j\omega t} \qquad (V_1/V_0 \ll 1)} \tag{5.31}$$

を印加したときに，pn接合に流れる電流を求める．

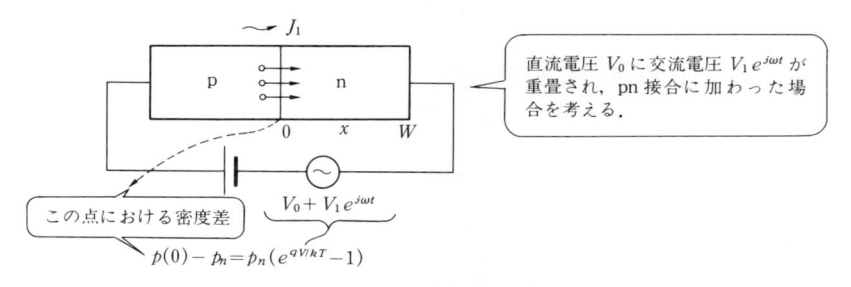

図5.20 交流電圧の重畳

まず，電圧Vが印加されたときの$x=0$における正孔密度差は(5.12)から

$$p(0) - p_n = p_n(e^{qV/kT} - 1) \tag{5.32}$$

であることがわかる．ここで，

$$p_n e^{qV/kT} = p_n e^{q(V_0 + V_1 e^{j\omega t})/kT}$$

であり，$V_1 \ll kT/q$ のとき，

5. pn接合

> テーラー展開（$a \gg h$ の場合）
> $f(a+h) \fallingdotseq f(a) + hf'(a)$

$$p_n e^{qV/kT} \fallingdotseq p_n e^{qV_0/kT} + p_n \frac{qV_1}{kT} e^{qV_0/kT} e^{j\omega t}$$

と書ける．これを(5.32)に代入してまとめると，

> 直流分　　　交流分の振幅

$$\underbrace{p(0) - p_n}_{\substack{x=0\text{ の点から注入}\\\text{される全正孔密度．}}} = p_0 + p_1 e^{j\omega t} \tag{5.33}$$

となる．ここで，

$$p_0 = p_n(e^{qV_0/kT} - 1) \tag{5.34}$$

> 正孔の直流分は，直流電圧 V_0 で決まることがわかる．

$$p_1 = p_n \frac{qV_1}{kT} e^{qV_0/kT} \tag{5.35}$$

> 正孔の交流分は，交流電圧 V_1 に比例することがわかる．

である．(5.33)は，直流電圧 V_0 に重畳して交流電圧 V_1 が加わると，$x=0$ で注

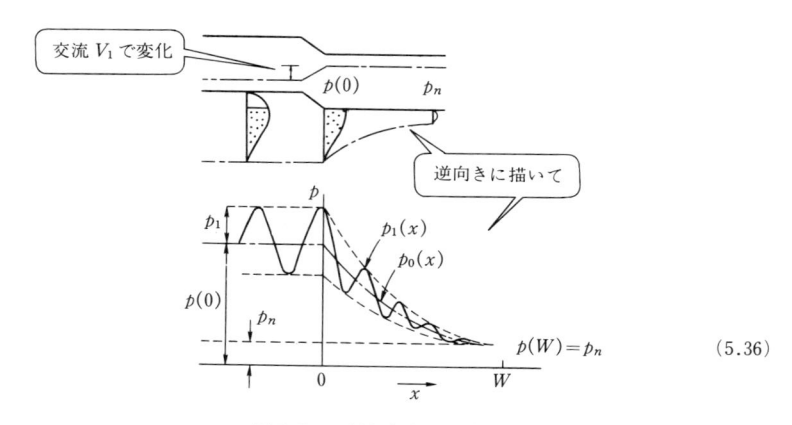

> 交流 V_1 で変化
> 逆向きに描いて

$$p(W) = p_n \tag{5.36}$$

図 5.21 交流成分の減衰

入される正孔密度も V_1 と同じ周波数で変化することを示す．そして接合からはなれるにしたがって交流分も直流分とともに減衰していく．この様子を図 5.21 に示す．

任意の時刻 t，位置 x における正孔密度を

$$p(x, t) = p_0(x) + p_1(x) e^{j\omega t} \tag{5.37}$$

と書き，図 5.21 に示した境界条件 (5.33), (5.36) を用いて拡散方程式を解けば，

$$\frac{\partial p}{\partial t} = -\frac{p - p_n}{\tau_p} + D_p \frac{\partial^2 p}{\partial x^2} \tag{5.38}$$

ここで

$$\frac{\partial p}{\partial t} = j\omega p_1 e^{j\omega t}, \qquad \frac{\partial^2 p}{\partial x^2} = \frac{\partial^2 p_0}{\partial x^2} + \frac{\partial^2 p_1}{\partial x^2} e^{j\omega t}$$

を (5.38) に代入して，

$$D_p \frac{\partial^2 p_0}{\partial x^2} - \frac{p_0 - p_n}{\tau_p} + \left(D_p \frac{\partial^2 p_1}{\partial x^2} - j\omega p_1 - \frac{p_1}{\tau_p} \right) e^{j\omega t} = 0$$

となる．上式が時間 t に無関係に成立するためには

$$D_p \frac{\partial^2 p_0}{\partial x^2} - \frac{p_0 - p_n}{\tau_p} = 0 \quad \text{(4.29) と同じ}$$

$$\Rightarrow \quad p_0 = p_n + p_n (e^{qV_0/kT} - 1) e^{-x/L_p}$$

交流分に対し

$$D_p \frac{\partial^2 p_1}{\partial x^2} - j\omega p_1 - \frac{p_1}{\tau_p} = 0$$

$$\Rightarrow \quad p_1 = p_n \frac{qV_1}{kT} e^{qV_0/kT} e^{-\frac{x}{L_p}\sqrt{1 + j\omega \tau_p}}$$

が得られる．ここで，

$$J_p = -qD_p \frac{\partial p}{\partial x}$$

$$= -qD_p \left(\frac{\partial p_0}{\partial x} + \frac{\partial p_1}{\partial x} e^{j\omega t} \right)$$

$$= J_{p_0} + J_{p_1} e^{j\omega t}$$

である．

以上の式より，正孔の直流分による $x = 0$ における正孔電流密度 J_{p_0} は

$$J_{p_0} = \frac{qD_p p_n}{L_p}(e^{qV_0/kT} - 1)$$

となる．また正孔の交流分による $x=0$ における正孔電流密度 J_{p_1} は

$$J_{p_1} = \frac{qD_p p_n \sqrt{1+j\omega\tau_p}}{L_p} \frac{qV_1}{kT} e^{qV_0/kT}$$

となる．同様に $J_n = J_{n_0} + J_{n_1}$ を求め，

$$J = J_p + J_n$$
$$= (J_{p_0} + J_{n_0}) + (J_{p_1} + J_{n_1})e^{j\omega t}$$

とするならば，

$$\boxed{\begin{aligned} &\text{直流分}: J_0 = J_{p_0} + J_{n_0} = \left(\frac{qD_p p_n}{L_p} + \frac{qD_n n_p}{L_n}\right)(e^{qV_0/kT} - 1), \\ &\text{交流分}: J_1 = J_{p_1} + J_{n_1} \\ &\qquad = \frac{q^2 V_1}{kT} e^{qV_0/kT} \left(\frac{D_p p_n \sqrt{1+j\omega\tau_p}}{L_p} + \frac{D_n n_p \sqrt{1+j\omega\tau_n}}{L_n}\right) \end{aligned}} \quad (5.39)$$

直流では $L = \sqrt{D\tau}$
交流では $L = \sqrt{\dfrac{D\tau}{1+j\omega\tau}}$ （**重要**）

を得る．

d．順バイアスされた接合の交流アドミタンス

pn 接合の単位面積当たりの交流アドミタンスは，上式の J_1 を V_1 で割って得られる．すなわち，

$$Y_d = G_d + jB_d$$
$$= \frac{J_1}{V_1} = \frac{q^2}{kT} e^{qV_0/kT} \left(\frac{D_p p_n}{L_p}\sqrt{1+j\omega\tau_p} + \frac{D_n n_p}{L_n}\sqrt{1+j\omega\tau_n}\right) \quad (5.40)$$

これを等価回路で示すと図 5.22 のようになる．

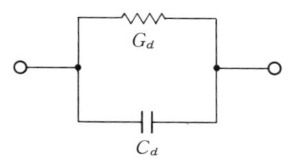

図 5.22 順バイアスされた pn 接合の等価回路

1) 周波数が低い（$\omega\tau \ll 1$）場合

この場合，(5.40)は次のように近似される．

$$\sqrt{1+j\omega\tau} \fallingdotseq 1 + \frac{j\omega\tau}{2}$$

$$Y_d \fallingdotseq \underbrace{\frac{q^2}{kT}e^{qV_0/kT}\left(\frac{D_p p_n}{L_p} + \frac{D_n n_p}{L_n}\right)}_{G_d} + j\omega \underbrace{\frac{q^2}{2kT}e^{qV_0/kT}(L_p p_n + L_n n_p)}_{C_d} \quad (5.41)$$

C_d：拡散容量，少数キャリア走行の位相遅れにもとづく容量成分

$N_A \gg N_D$，$V_0 \gg kT/q$ ならば

$$G_d = \frac{q}{kT}J_p \quad \text{（正孔による直流電流密度）} \quad (5.42)$$

$$C_d = \frac{1}{2}G_d \tau_p \quad (5.43)$$

直流分の電流に比例して大きくなる．

2) 周波数が高い（$\omega\tau \gg 1$）場合

この場合は

$$\sqrt{1+j\omega\tau} \fallingdotseq \sqrt{j\omega\tau} = \frac{1}{\sqrt{2}}(1+j)\sqrt{\omega\tau}$$

$$Y_d \fallingdotseq \underbrace{\frac{q^2\sqrt{\omega}}{\sqrt{2}kT}e^{qV_0/kT}(p_n\sqrt{D_p} + n_p\sqrt{D_n})}_{G_d} \\ + j\omega \underbrace{\frac{q^2}{\sqrt{2\omega}kT}e^{qV_0/kT}(p_n\sqrt{D_p} + n_p\sqrt{D_n})}_{C_d} \quad (5.44)$$

となる．

以上の1), 2)をまとめると，G_d，C_d ともに周波数によって，図5.23のよう

に変化することがわかる．

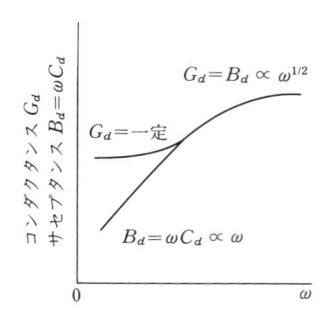

図 5.23 順バイアス接合の G_d と B_d の周波数特性

e. 少数キャリア蓄積効果（大振幅動作）

拡散容量 C_d のために，少数キャリアの注入が止められてもなお，少数キャリアの効果が残留する現象を**少数キャリアの蓄積効果**という．

pn 接合電圧が順方向から逆方向に反転した場合に，この効果は顕著に現われる．すなわち，逆方向に切り替わった時点では図 5.24(b) のように正孔が残留しており，これが流れ去って定常状態になるには一定の時間を要する．この時間が長いような pn 接合は，高周波動作に使えない．

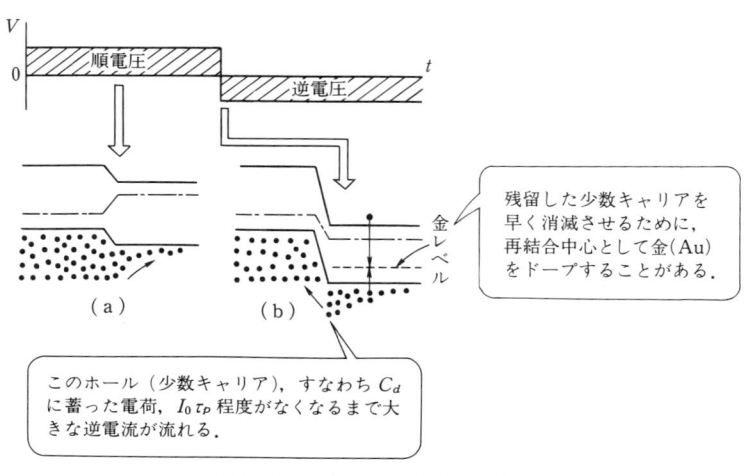

残留した少数キャリアを早く消滅させるために，再結合中心として金 (Au) をドープすることがある．

このホール（少数キャリア），すなわち C_d に蓄った電荷，$I_0 \tau_p$ 程度がなくなるまで大きな逆電流が流れる．

図 5.24 少数キャリア蓄積効果

この効果を表現する実用上の近似式は次のように与えられ，電流の過渡応答は図 5.25 のようになる．

$$t_s = \tau_p \ln\left(1 + \frac{I_0}{I_R}\right) \tag{5.45}$$

$$t_f = 2.3\, C_T R_L \tag{5.46}$$

C_T：静電容量，5.3 節参照

$$t_r = t_s + t_f \tag{5.47}$$

回復時間

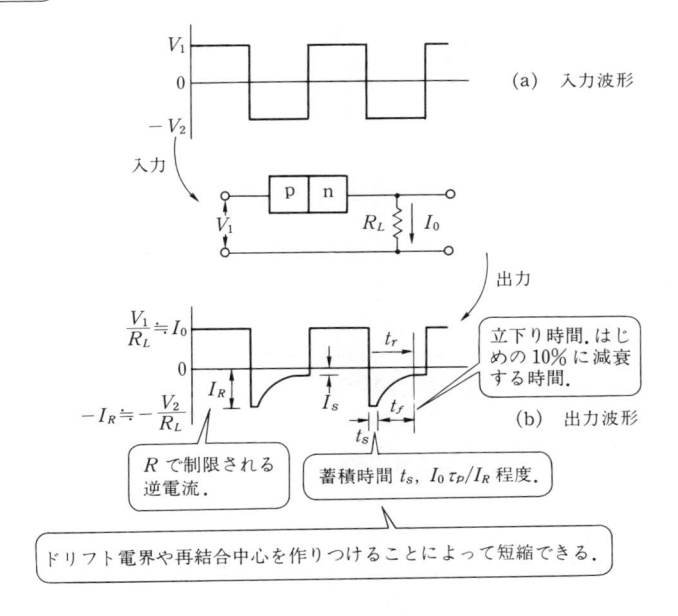

図 5.25 少数キャリア蓄積効果による逆電流の歪

5.3 pn 接合の静電容量

a. 静電容量の形成

pn 接合に逆電圧を加えると，接合部にはキャリアの欠乏した空乏層が形成される．これは，図 5.26 に示すように，2 枚の平行平板コンデンサに電荷が蓄え

5. pn接合

図中テキスト（図5.26）:

(a) 空乏層（高抵抗）／p／n／この点の電位を電位の基準（0 V）にとる．／V

(b) 低抵抗／絶縁層／低抵抗／逆バイアスを印加したとき，pn接合は等価的に(b)，(c)のようなコンデンサと考えることができる．

(c) Q／ε／S／d

コンデンサの静電容量をC，印加電圧をV，蓄積電荷量をQとすると，

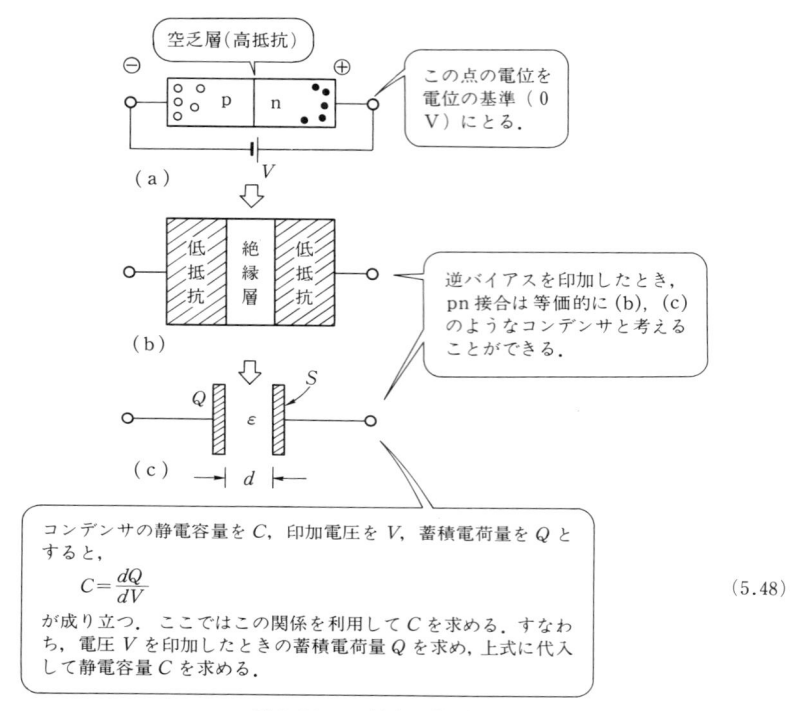

$$C = \frac{dQ}{dV} \tag{5.48}$$

が成り立つ．ここではこの関係を利用してCを求める．すなわち，電圧Vを印加したときの蓄積電荷量Qを求め，上式に代入して静電容量Cを求める．

図5.26 pn接合の静電容量

られた状態と等価であり，接合が一種のコンデンサとして働くことを意味する．

ここでは，その静電容量や空乏層の幅を定量的に求める．

b. pn接合の電位分布

静電容量の計算に必要な空乏層内の電位分布を求めることから始める．それにはまず，ポアソン方程式を解く必要がある．

簡単のため，問題を1次元として扱う．

1) ポアソン方程式

p領域，n領域について別々にポアソン方程式を解き，後でつなぎ合わせて全体の解を得る．不純物密度が接合面で階段状に変化している場合の空間電荷密度分布を図5.27に示す．

5.3 pn接合の静電容量

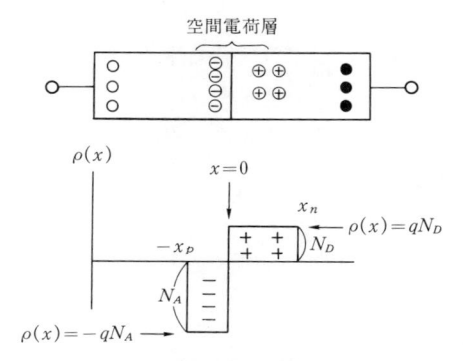

図5.27 階段状の不純物分布

全体のポアソン方程式は，p，n 各領域で次のようになる．

$$\frac{d^2V}{dx^2} = -\frac{\rho(x)}{\varepsilon} \Rightarrow \begin{cases} \text{p 領域では} \\ \dfrac{d^2V_p}{dx^2} = \dfrac{qN_A}{\varepsilon} \quad (5.49) \\ \text{n 領域では} \\ \dfrac{d^2V_n}{dx^2} = -\dfrac{qN_D}{\varepsilon} \quad (5.50) \end{cases}$$

低抵抗であるから電圧降下はなく，$-x_p$ で電位傾度は 0 になる．

この点で左右の電位が連続的につながるためには電位と電位傾度が一致しなければならない．

低抵抗であるから電圧降下はなく，x_n で電位傾度は 0 になる．

$\dfrac{dV_p}{dx}=0$, $\dfrac{dV_p}{dx}=\dfrac{dV_n}{dx}$, $\dfrac{dV_n}{dx}=0$

$V_p = V_n$

$V_p = -(V_D - V)$, $(V_D - V)$, $V_n = 0$

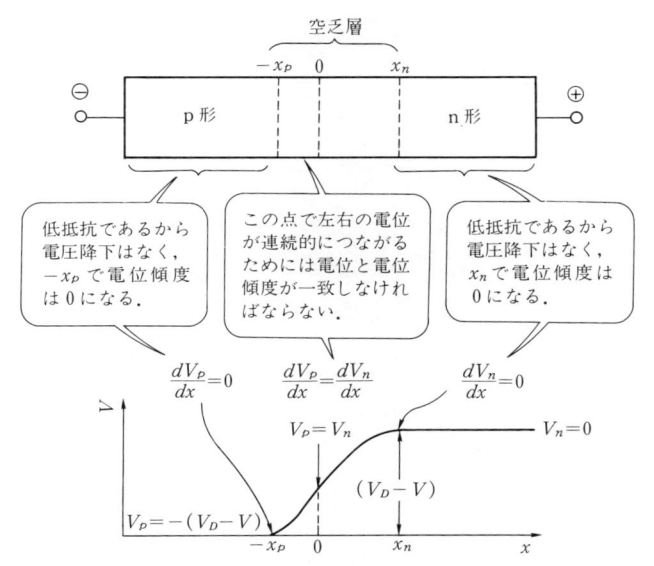

図5.28 電位の連続性を表わす境界条件

2) 境界条件

p, n 各領域のポアソン方程式の境界条件は，図 5.28 のようになる．

3) 電位分布

ポアソン方程式を図 5.28 の境界条件の下に解くと，次式が得られる．

$$\begin{cases} V_p = \dfrac{qN_A}{2\varepsilon}(x+x_p)^2 - (V_D - V) & (5.51) \\ V_n = -\dfrac{qN_D}{2\varepsilon}(x_n - x)^2 & (5.52) \end{cases}$$

c． 空乏層の幅

$x=0$ において電位が連続的につながるためには，

$$\left.\frac{dV_p}{dx}\right|_0 = \left.\frac{dV_n}{dx}\right|_0 \tag{5.53}$$

であることが必要である．これを上式に代入すると，

$$\boxed{N_A x_p = N_D x_n} \tag{5.54}$$

が得られる．これを図示すると，図 5.29 のようになる．これから，空乏層の幅は，不純物密度と反比例の関係にあることがわかる．

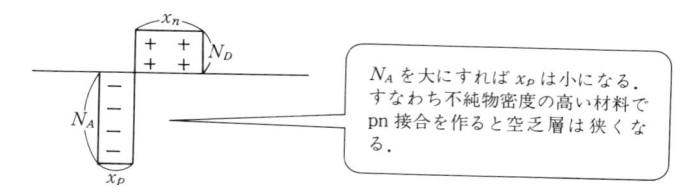

図 5.29 不純物密度と空乏層幅の関係

(5.54) と $V_p = V_n\,(x=0)$ なる関係より

$$x_n = \left[\frac{2\varepsilon N_A(V_D - V)}{qN_D(N_D + N_A)}\right]^{1/2}$$

$$x_p = \left[\frac{2\varepsilon N_D(V_D - V)}{qN_A(N_D + N_A)}\right]^{1/2}$$

$$d = x_p + x_n$$

$$= \left[\frac{2\varepsilon(N_A+N_D)}{qN_AN_D}(V_D-V)\right]^{1/2} \tag{5.55}$$

が得られる．すなわち，空乏層幅 d は，逆電圧 V の1/2乗に比例する．

d．静電容量（空乏層容量）

pn 接合の単位面積について考えると，n 側の正電荷 Q は図 5.30 に示すように

$$Q = qN_Dx_n$$

$$= \left[\frac{2\varepsilon qN_AN_D}{N_A+N_D}(V_D-V)\right]^{1/2} \tag{5.56}$$

となる．したがって，接合の空乏層容量 C_T（これを**静電容量**という）は

$$C_T = \frac{dQ}{dV}$$

$$= \left[\frac{\varepsilon qN_AN_D}{2(N_A+N_D)}\frac{1}{(V_D-V)}\right]^{1/2} \tag{5.57}$$

によって与えられる．先に求めた空乏層の幅 d を用いると，これは

$$C_T = \frac{\varepsilon}{d} \tag{5.58}$$

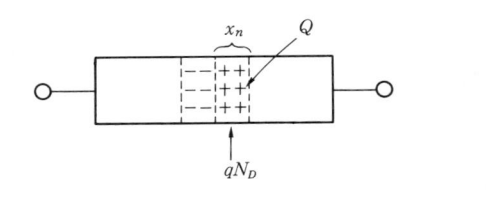

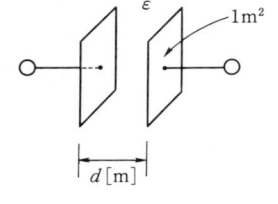

図 5.30　pn 接合部の電荷　　図 5.31　コンデンサの静電容量(5.58)

と表わされ，図 5.31 のコンデンサと等価である．

5.2 節で述べた拡散容量 C_d とコンダクタンス G_d を考慮すると，交流に対する pn 接合の等価回路は，図 5.32 のようになる．

94　5. pn接合

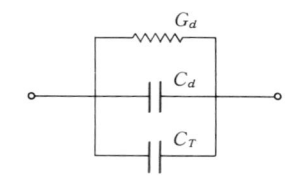

図5.32　pn接合の交流等価回路

[拡散電位の測定]

(5.57)は下記のように変形される．

$$\frac{1}{C_T{}^2} = \frac{2(N_A + N_D)}{q\varepsilon N_A N_D}(V_D - V) \tag{5.59}$$

もし(5.57)で $N_A \gg N_D$ ならば

$$C_T = \left[\frac{\varepsilon q N_D}{2} \frac{1}{(V_D - V)}\right]^{1/2} \tag{5.60}$$

$$\therefore \frac{1}{C_T{}^2} = \frac{2}{q\varepsilon N_D}(V_D - V) \tag{5.61}$$

となるので，図5.33に示すように，測定値を整理すれば N_D と V_D を求めることができる．

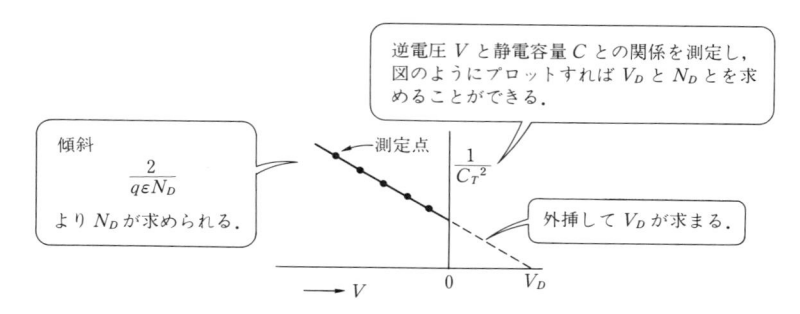

図5.33　電圧と静電容量との関係

e. 逆電圧降伏

実際のpn接合で逆電圧を増加していくと，ある限界電圧 V_B 以上では図5.34のように，電流が急激に増大する．この現象を**逆電圧降伏**(reverse voltage breakdown)という．降伏機構には**電子なだれ**(avalanche breakdown)と**ツェ**

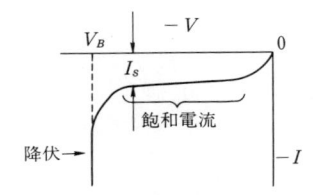

図5.34 逆電圧降伏

ナー降伏(Zener breakdown)がある．逆電圧降伏を生じる電界は，約 10^8 V/m である．空乏層のなかで最大電界強度となるのは $x=0$（pn接合面）で，その強度 E_m は

$$|E_m| = \frac{qN_D}{\varepsilon}(x_n-x)\bigg|_{x=0} = \frac{q}{\varepsilon}N_D x_n = \left[\frac{2qN_D N_A(V_D-V)}{\varepsilon(N_A+N_D)}\right]^{1/2} \quad (5.62)$$

で与えられる．$N_D \gg N_A$ ならば

$$|E_m| = \left[\frac{2qN_A(V_D-V)}{\varepsilon}\right]^{1/2} \quad (5.63)$$

となり，E_m は不純物の少ない方の密度によって決まり，その平方根に比例する．降伏は E_m があるしきい値に達すると生じるので，(5.63) が小さいほど降伏電圧は高くなる．すなわち，降伏電圧 V_B は不純物密度の少ない方で決まり，その密度の平方根に反比例する．

1) 電子なだれ降伏

電子が強電界で加速されると，図5.35のように，原子と衝突して新たな電子を発生する過程が累加的に繰り返されて起こる．

降伏電流は，実験式

$$I = \underbrace{\frac{1}{1-(V/V_B)^m}}_{\text{なだれ増倍係数}} I_s \quad (5.64)$$

で与えられる．$m=3\sim 8$ で接合の種類や材料などによって異なる．

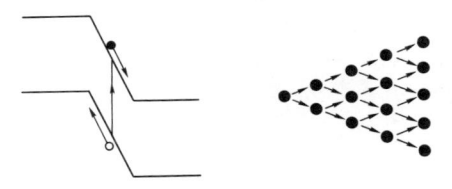

図5.35 電子なだれ

2) ツェナー降伏

接合面の電界が強くなると，図5.36のように，価電子帯にある電子が禁制帯を通り抜ける**トンネル効果**が起こり，逆電圧降伏を生じる．このようなツェナー降伏は，不純物密度が大きくなると起こりやすくなる．

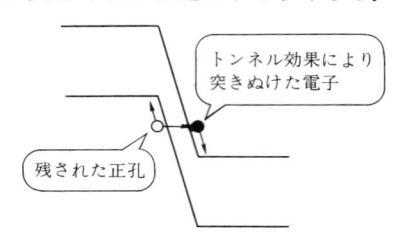

図5.36 トンネル効果

ツェナー降伏を積極的に利用した素子は，**ツェナーダイオード**または**定電圧ダイオード**と呼ばれ，図5.37の特性を示す．ここに，逆方向電圧 V_B を**ツェナー電圧**といい，4〜50 V のものが多く用いられている．図5.38はこれを利用した定電圧回路で，定電圧放電管と同様に使用される．

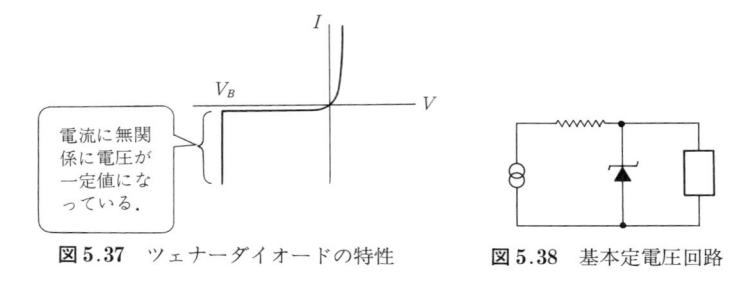

図5.37 ツェナーダイオードの特性　　**図5.38** 基本定電圧回路

演習問題

5.1 pn接合に拡散電位の生じる理由を述べよ．

5.2 熱平衡している pn 接合において，p領域の電子密度を n_p とすれば，n領域の電子密度 n_n は次式で表わされることを示せ．

$$n_n = n_p e^{qV_D/kT}$$

5.3 $N_A = 10^{22}$ m^{-3}，$N_D = 2.25 \times 10^{20}$ m^{-3} の pn 接合における拡散電位を求めよ．ただし，$T = 300$ K，$n_i = 1.5 \times 10^{16}$ m^{-3} である．

5.4 pn接合で整流作用が生ずることをエネルギー準位図を用いて説明せよ.

5.5 逆飽和電流とは何か, V-I 特性を描いて説明せよ.

5.6 300 K における ρ が 10^{-3} Ω·m の p 形 Si と, 10^{-2} Ω·m の n 形 Si とで作った pn 接合がある. 0.518 V の順電圧を加えたとき, n 領域に注入される正孔密度を求めよ. ただし, $\mu_n = 0.1$ m²/V·s とする.

5.7 式(5.19)において, $L_p \gg W$ とした場合, ホール電流密度 $J_p(x=0)$ を求め, 式(5.21)と比較せよ.

5.8 $I_s = 1.9 \times 10^{-14}$ A であるダイオードにおける $V = -40, -1, 0.5, 0.6, 0.7$ V のときの電流を求め, 図示せよ.

5.9 シリコン pn 接合ダイオードに $V = -20, -10, 0.1, 0.3, 0.5, 0.7$ の電圧を加えたときの電流値を, 表 5.1 の数値例を用いて求め, I-V 特性, $\ln I_f$-V 特性を図示せよ.

表 5.1 Si-pn 接合ダイオードの数値例 (1)

	p 領域	n 領域
長さ	$W_p = 5 \times 10^{-6}$ m	$W_n = 3 \times 10^{-4}$ m
不純物濃度	$N_A = 10^{24}$ m⁻³	$N_D = 5 \times 10^{20}$ m⁻³
少数キャリアの寿命	$\tau_n = 10^{-8}$ s	$\tau_p = 10^{-6}$ s
少数キャリアの拡散定数	$D_n = 8 \times 10^{-4}$ m²/s	$D_p = 10^{-3}$ m²/s
真性キャリア密度	$n_i = 1.5 \times 10^{16}$ m⁻³	
接合面積	$S = 10^{-6}$ m²	
温度	$T = 300$ K	
Si の比誘電率	$\varepsilon_s = 11.8$	
真空中の誘電率	$\varepsilon_0 = 8.85 \times 10^{-12}$ F/m	

5.10 表 5.2 の数値例にしたがって, 次の値を求めよ.
(1) D_n, D_p, (2) L_n, L_p, (3) n_p, p_n, (4) I_s.

5.11 表 5.2 の数値例を用いて, 問 5.9 と同じ電圧を加えたときの I-V 特性を描き, 比較検討せよ.

5.12 拡散容量とは何か, その値はどのようなものによって決まるか.

5.13 少数キャリア蓄積効果とは何か, 図解せよ.

5.14 図 5.24 において, $V_1 = 5$ V, $V_2 = -5$ V の入力パルスを加えたときの t_s, t_f およ

表 5.2 Si-pn 接合ダイオードの数値例 (2)

	p 領域	n 領域
長さ	$W_p = 1 \times 10^{-4}$ m	$W_n = 3 \times 10^{-4}$ m
不純物濃度	$N_A = 2 \times 10^{21}$ m^{-3}	$N_D = 2 \times 10^{21}$ m^{-3}
少数キャリアの寿命	$\tau_n = 3 \times 10^{-4}$ s	$\tau_p = 4 \times 10^{-5}$ s
移動度	$\mu_n = 0.134$ m^2/V·s	$\mu_p = 0.048$ m^2/V·s
真性キャリア密度	$n_i = 1.5 \times 10^{16}$ m^{-3}	
接合面積	$S = 10^{-6}$ m^2	
温度	$T = 300$ K	
Si の比誘電率	$\varepsilon_s = 11.8$	
真空中の誘電率	$\varepsilon_0 = 8.85 \times 10^{-12}$ F/m	

び t_r を求めよ. ただし, $R_L = 1$ kΩ とし, ダイオードは表 5.1 の数値例にしたがうものとする.

5.15 pn 接合ダイオードが可変容量コンデンサとして使用しうる理由を説明せよ.

5.16 表 5.2 の数値例のダイオードに $V = 0, -2, -4, -6, -8, -10$ V を加えたときの C_T, d を求め, C_T-V, d-V 特性を図示せよ. ただし, 階段接合とする.

5.17 表 5.1 の数値例のダイオードの場合, 問 5.16 と同じ電圧を加えたときの C-V, d-V 特性を描き, 問 5.16 と比較せよ. ただし, 階段接合とする.

5.18 表 5.1 のダイオードを用いて, 順方向電圧を $V = 0.1 \sim 0.7$ まで加えたときの拡散容量 C_d および空乏層容量 C_T を求めよ. $C_d > C_T$ となる電圧を求めよ.

5.19 式 (5.18) を導出せよ.

5.20 境界条件が, $x = 0$ で $p = p_n e^{qV/kT}$, $x = \infty$ で $p = p_n$ として与えられたとき, 式 (5.19) が成り立つことを示せ.

5.21 ダイオードに逆バイアスを加えたときの少数キャリアである正孔密度分布を図 5.17 にならって描け.

5.22 ダイオードの順方向および逆バイアスにおける等価回路を描き, 各要素について説明せよ.

5.23 式 (5.45) および式 (5.46) を導け.

6. 接合トランジスタ

　トランジスタ(transistor)は1948年，米国のベル研究所のW. Shockley, J. Bardeenおよび W. Brattainらによって発明された．

　現在のトランジスタは実際的には，**接合トランジスタ**と**電界効果トランジスタ**に分けられる．接合トランジスタは**pnp**または**npn**接合構造をもち，ベース電流でエミッタ・コレクタ間電流を制御するものである．ここでは接合トランジスタについて述べ，電界効果トランジスタについては第8章で述べる．

　本章ではまず，トランジスタの分類，構造を示し，①増幅作用を実現するには，**エミッタ**と**コレクタ**に挟まれている**ベース**の幅を挟くして，入力電流(エミッタ電流)を効率よく出力電流(コレクタ電流)にすること，またエミッタからの入力抵抗を小さくするためにエミッタ接合を順バイアスに，コレクタに到達したキャリアを引き出すためにコレクタ接合を逆バイアスにすべきこと，②トランジスタの各部を流れる電流の計算式は，pn接合に関する式を基に導かれること，③**増幅率**は各接合電流を基に計算され，増幅率を高めるには，ベース幅を狭く，キャリアの拡散距離を長く，エミッタ抵抗率をベース抵抗率に比べて小さくすればよいこと，④高周波に使うトランジスタとしては，ベースをよぎるキャリアの高速なGaAs npn形がよいことなどを示す．

6.1　トランジスタの種類と原理

a．トランジスタの種類

　トランジスタには，少数キャリアと多数キャリアの両方の働きによって動作

する**バイポーラトランジスタ**と，多数キャリアのみで動作する**ユニポーラトランジスタ**とがある．

1) バイポーラトランジスタ

バイポーラトランジスタには接合形と点接触形とがあり，動作の基地となる**ベース**(base)と，ベースに少数キャリアを注入する**エミッタ**(emitter)およびベースをよぎってきた少数キャリアを収集する**コレクタ**(collector)とからなる．

バイポーラトランジスタの例として，図 6.1 には pnp 接合トランジスタを，図 6.2 には点接触トランジスタを示す．

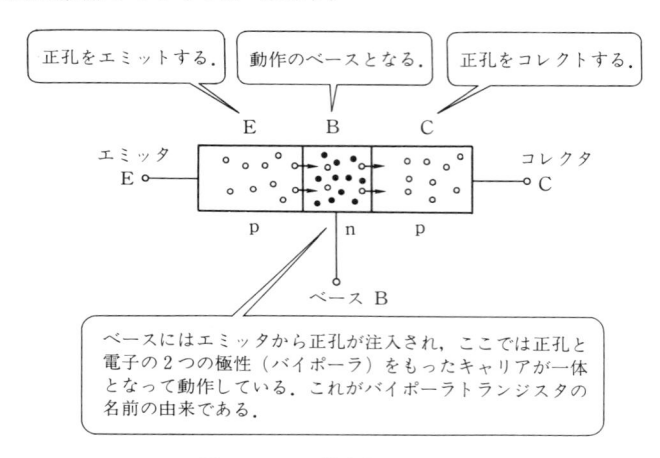

図 6.1　pnp 接合トランジスタ

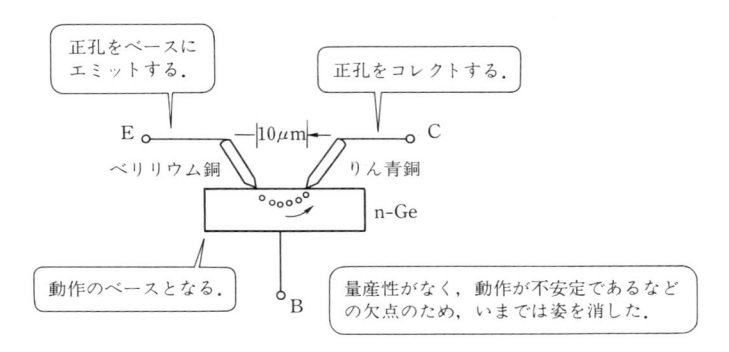

図 6.2　点接触トランジスタ

2) ユニポーラトランジスタ

ユニポーラトランジスタには，接合形電界効果トランジスタ(JFET)とMOS形電界効果トランジスタ(MOS FET)とがある．図6.3にMOS FETの構造を示す．電極Sはキャリアの供給源という意味で**ソース**(source)，電極Dはキャリアの排出口という意味で**ドレイン**(drain)，電極Gはソース・ドレイン間の電流を制御する門という意味で**ゲート**(gate)と呼ばれる．ソース・ドレイン間の電流通路を**チャネル**(channel)という．

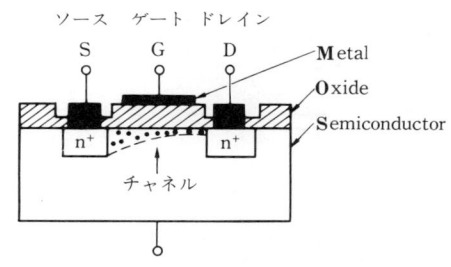

図6.3 MOS FETの構造

このうち接合トランジスタについては本章で，また，FETについては第8章で述べる．

b. 接合トランジスタの構成

接合トランジスタは2つの接合からなっており，pnp形(図6.4)とnpn形(図6.5)とがある．なお，これらの構造図は，動作原理がわかりやすいようにひとつひとつのトランジスタが回路部品として独立したディスクリートデバイスについて示している．集積回路として構成される場合は，第9，10章に示すように若干異なった構造となるが，動作の基本原理は同じである．

c. 増幅作用の原理

入力信号電力よりも出力信号電力の方を大きくする作用を**増幅作用**といい，この作用をもつ素子を**能動素子**または**能動装置**(active device)という．

ここではトランジスタの増幅作用の原理を，pnp形を例にとって説明する．

6. 接合トランジスタ

不純物密度は普通エミッタ領域が最も高く，つづいてベース領域，コレクタ領域の順になっている．ベース領域は著しく狭く作られている．

矢印の向きはエミッタ電流の向きを示す．このことから，このトランジスタはpnp形であることがわかる．

エミッタE　ベースB　コレクタC
(0.5mm)　(5μm)　(0.5mm)

エミッタ領域　ベース領域　コレクタ領域
エミッタ電極　　　　　　　　　コレクタ電極

p | n | p

エミッタ接合　　コレクタ接合

V_{EE}　　　V_{CC}

記号

エミッタ接合が順バイアスになるような向きにつなぐ．

コレクタ接合が逆バイアスになるような向きにつなぐ．

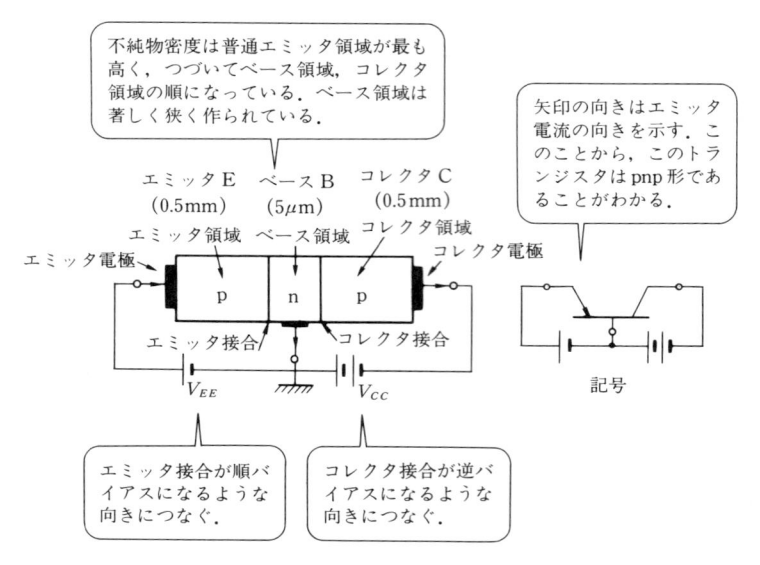

図 6.4 pnp 接合トランジスタの構成

矢印の向きはエミッタ電流の向きを示す．このトランジスタはnpn形であることがわかる．pnp形とは逆向きになっていることに注意．

E　B　C
n | p | n

記号

電池の極性は，エミッタ接合が順バイアスに，コレクタ接合が逆バイアスになるような向きにする．pnp形の場合とは逆向きになっていることに注意．

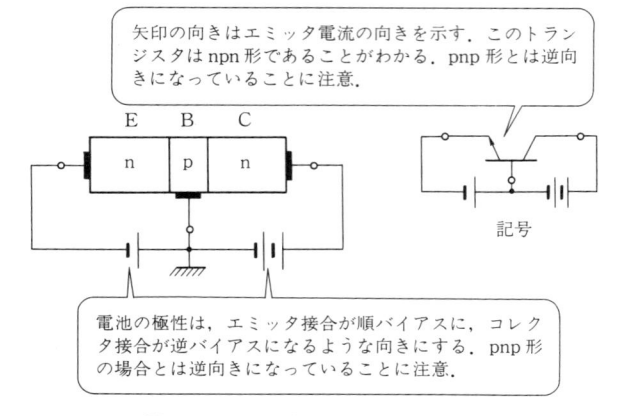

図 6.5 npn 接合トランジスタの構成

1) 増幅の3条件

トランジスタを図6.6に示すように結線した場合に，どのような条件が満たされれば増幅するかということを考える．

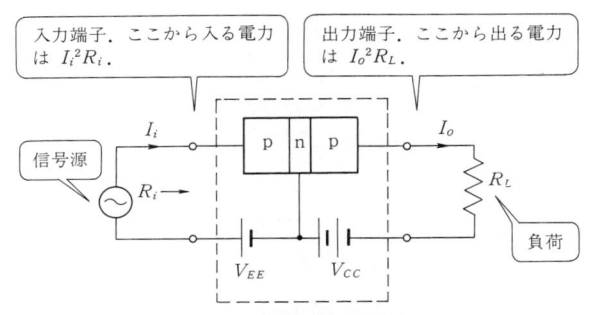

図6.6 増幅条件の誘導

入力端子からトランジスタ側をみた抵抗（入力抵抗）を R_i，入力電流を I_i とすると，入力端子から流入する入力電力は

$$P_i = I_i^2 R_i \tag{6.1}$$

である．一方，出力電流を I_o とすると，負荷抵抗 R_L に取り出せる出力電力は

$$P_o = I_o^2 R_L \tag{6.2}$$

である．したがって，この場合の電力利得は

$$G = \frac{P_o}{P_i} = \frac{I_o^2 R_L}{I_i^2 R_i} \tag{6.3}$$

と表わされる．もしも入力電流があまり減衰せずに出力電流 I_o となり，かつ，負荷抵抗 R_L を入力抵抗 R_i に比べて大きくできれば，

$$I_o \fallingdotseq I_i \tag{6.4}$$

であるので，(6.3)は

$$R_L > R_i \tag{6.5}$$

$$G \fallingdotseq \frac{R_L}{R_i} > 1 \tag{6.6}$$

となり，電力利得が得られることになる．

以上より，トランジスタの増幅の条件は，次のようにまとめられる．

［増幅の条件］

(1) $I_o ≒ I_i$ であること．
(2) R_L を大きくすること．
(3) R_i を小さくすること．

以後順次，これらの増幅の3条件を実現する方法について述べる．

2) 接合トランジスタのエネルギーバンド図

ここではまず，接合トランジスタの原理を理解するために必要な，エネルギーバンド図について述べる．トランジスタは2つのpn接合からなっているので，トランジスタのバンド図は，pn接合のバンド図の組み合わせとして表わされる．外部から電圧を印加していない熱平衡状態でのバンド図は，付録Bを参照して図6.7のように描ける．

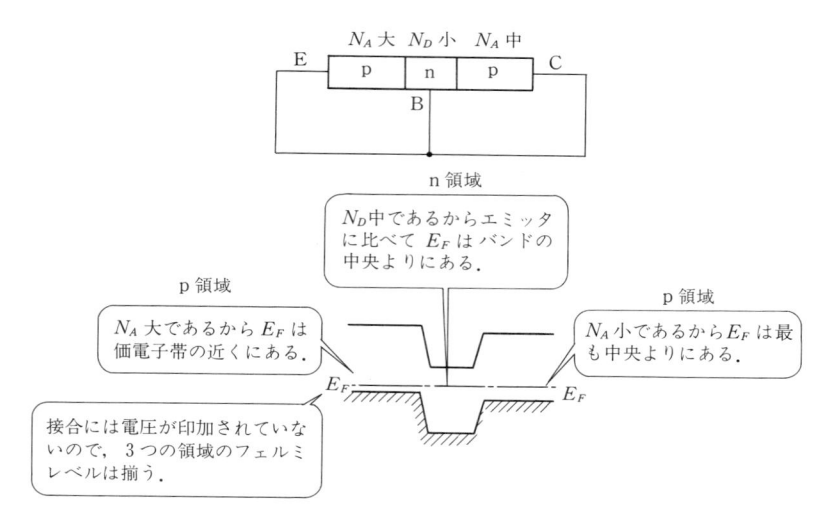

N_A 大　N_D 小　N_A 中

E — p | n | p — C
　　　　　B

n領域
N_D 中であるからエミッタに比べて E_F はバンドの中央よりにある．

p領域
N_A 大であるから E_F は価電子帯の近くにある．

p領域
N_A 小であるから E_F は最も中央よりにある．

接合には電圧が印加されていないので，3つの領域のフェルミレベルは揃う．

図 6.7 pnpトランジスタのエネルギーバンド図（平衡状態）

バイアス電圧を印加した状態（活性状態）でのバンド図は，エミッタ接合が順バイアス，コレクタ接合が逆バイアスになっていることに注意すれば，図6.8のようになることがわかる．

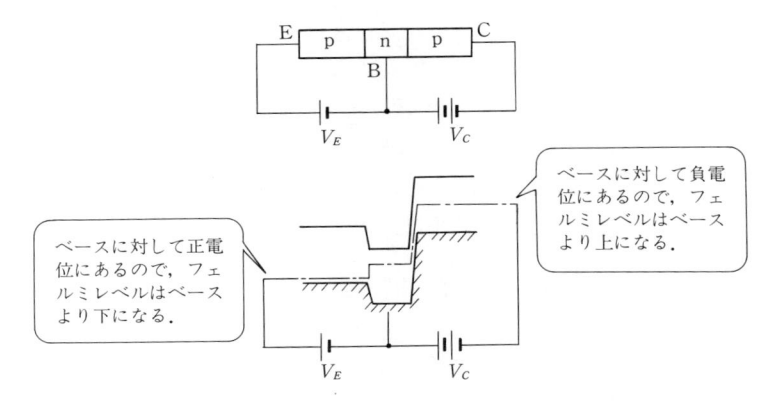

図6.8 pnpトランジスタのエネルギーバンド図（活性状態）

3) 接合トランジスタを流れる電流

図6.9は，エネルギーバンド図にキャリアを重ねて描いたものである．

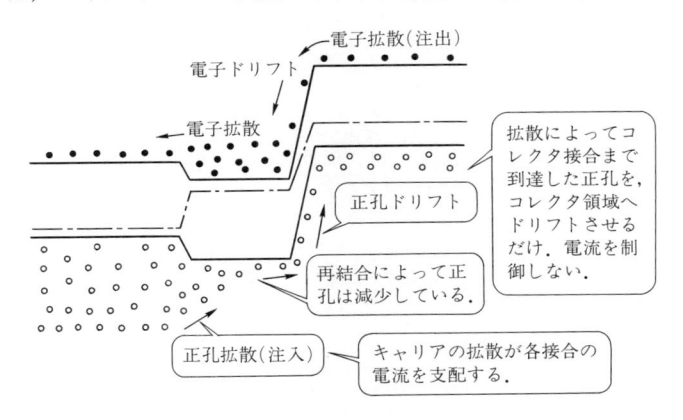

図6.9 pnpトランジスタにおけるキャリアの流れ

図に示すベース領域のキャリアに着目し，その出入りについてまとめると，次のようになる．

ベース領域の正孔
- 流入：エミッタから拡散によってベース領域に注入される（エミッタ接合に印加する順電圧の大きさによって，その量が決まる）．
- 流出：ベース内の正孔の密度差によって，コレクタ接合へと拡散し，ベース領域からコレクタ接合へ流出する（コレクタ接合へ入った正孔は，ドリフトによってコレクタ領域へ達する）．

ベース領域の電子 ｛
- 流入：コレクタ領域から拡散によって注出された電子が，コレクタ接合内でドリフトされ，ベースに流入する（コレクタ領域では，電子は少数キャリアであるから，その量はわずかである）．
- 流出：ベースからエミッタへ拡散によって流出する（両領域の電子の密度差がわずかになるように，ベース領域のドナー密度を小さくしているので，この流出はわずかである）．

以上の考察から，キャリアの拡散がトランジスタの電流に大きく関わり，特に正孔の拡散がその主役を演ずることがわかる．

ここでは，正孔および電子の拡散電流のみを考え，各接合電流を次式によって計算する．

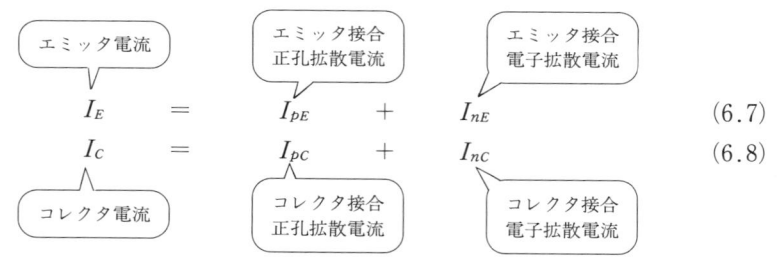

$$I_E = I_{pE} + I_{nE} \tag{6.7}$$

$$I_C = I_{pC} + I_{nC} \tag{6.8}$$

（I_E：エミッタ電流，I_{pE}：エミッタ接合正孔拡散電流，I_{nE}：エミッタ接合電子拡散電流，I_C：コレクタ電流，I_{pC}：コレクタ接合正孔拡散電流，I_{nC}：コレクタ接合電子拡散電流）

図 6.10 は，各部の電流の流れを示したものである．

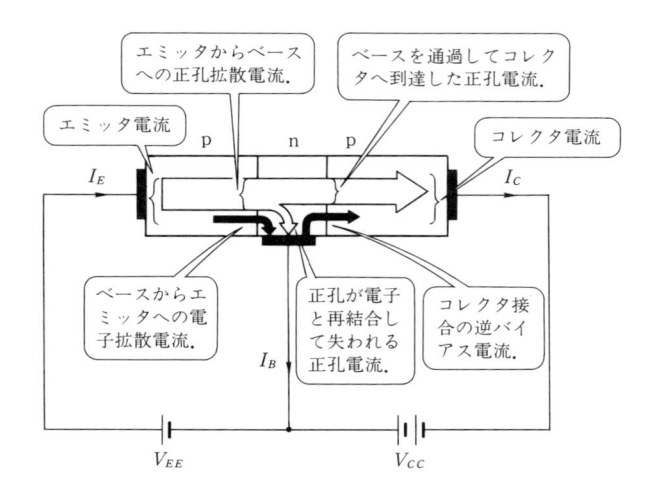

図 6.10　pnp トランジスタ内の電流の流れ

4) 第1条件($I_o \fallingdotseq I_i$)を実現するには

ここでは，入力信号電流を減衰させないで出力まで伝達する方法について述べる．

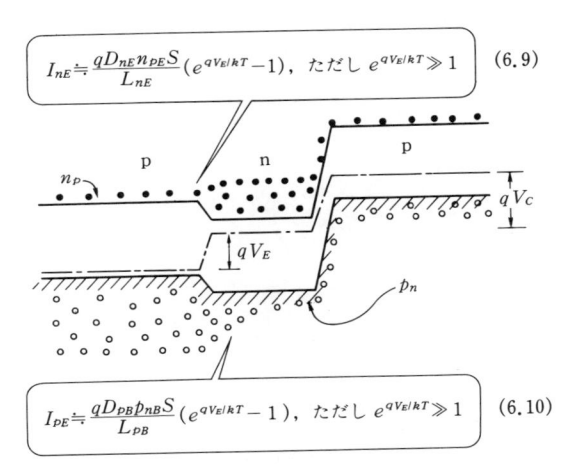

$$I_{nE} \fallingdotseq \frac{qD_{nE}n_{pE}S}{L_{nE}}(e^{qV_E/kT}-1), \quad \text{ただし } e^{qV_E/kT} \gg 1 \quad (6.9)$$

$$I_{pE} \fallingdotseq \frac{qD_{pB}p_{nB}S}{L_{pB}}(e^{qV_E/kT}-1), \quad \text{ただし } e^{qV_E/kT} \gg 1 \quad (6.10)$$

図6.11 エミッタ電流の成分 I_{pE} と I_{nE}

簡単のためコレクタ接合を考えにいれなければ，エミッタ接合は近似的に順バイアスされたダイオードとみなせる．この場合，トランジスタのエミッタ接合を流れる拡散電子電流 I_{nE} および正孔電流 I_{pE} は，(6.9)および(6.10)で与えられる．いずれもエミッタ接合電圧 V_E の関数になっていることがわかる（さらに詳しい取り扱いは6.2節を参照のこと）．

いま，トランジスタを製造する際に

（エミッタのアクセプタ密度）（ベースのドナー密度）

$$N_A \gg N_D \quad (6.11)$$

となるように不純物をドープすると，常温（飽和温度領域）では(3.31)，(3.32)より，少数キャリアは

$$n_{pE} = \frac{n_i^2}{N_A}, \quad p_{nB} = \frac{n_i^2}{N_D} \quad (6.12)$$

となるから

$$n_{pE} \ll p_{nB} \tag{6.13}$$

となる．この関係と拡散電流の式(6.9)および(6.10)から

$$I_{nE} \ll I_{pE} \tag{6.14}$$

(ベース電極へ流れる(**無効電流**)．) (コレクタへ向かう(**有効電流**)．)

なる関係が得られる．したがって

$$I_E = I_{nE} + I_{pE} \tag{6.15}$$
$$\fallingdotseq I_{pE}$$

(小さいので無視する．)

と書ける．一方，トランジスタを作る際に

$$W \ll L_{pB} \tag{6.16}$$

とすると，すなわちベース幅 W をベース内の正孔の拡散距離 L_{pB} に比べて十分狭く作ると，ベースに注入された正孔は，ほとんど減衰することなくコレクタへ到達する．すなわち，ベースに流入した正孔電流 I_{pE}（実は入力電流 I_i）は，ほとんど減衰することなくコレクタ電流 I_C（実は出力電流 I_o）となる．

$$\therefore \quad I_o = I_i \tag{6.17}$$

以上より，トランジスタの増幅の第1の条件「$I_o \fallingdotseq I_i$」は，次のようにして実現しうることがわかった．

① エミッタの不純物密度 N_A をベースの不純物密度 N_D に比べて十分大きく作り（$N_A \gg N_D$），無効電流 I_{nE} を小さくする．

② ベース幅 W を正孔の拡散距離 L_{pB} に比べて十分狭く作り（$W \ll L_{pB}$），大部分の正孔をコレクタへ到達させる．

5） 第2条件（R_L を大）を実現するには

トランジスタを動作させるためには，コレクタ接合に到達した正孔電流をコレクタ電極へと導くため，十分な電圧をコレクタ接合に与えなければならない．ところが大きな負荷抵抗 R_L を接続すると，その電圧降下のために，コレクタ電源電圧 V_{CC} が有効に接合に加わらないおそれがある．

しかし，コレクタ電源電圧の向きと大きさを選ぶことによって，この問題は解決する．

図 6.12 に示すように，コレクタ接合の抵抗を R_C，その電圧降下（コレクタ接合電圧）を V_C とすると，分圧の式

$$V_C = \frac{R_C}{R_C + R_L} V_{CC} \tag{6.18}$$

が成立する．この式から V_C を大きくするには，R_C とコレクタ電源電圧 V_{CC} を大きくすればよいことがわかる．R_C を大きくするには，コレクタ接合が逆バイアスになるように V_{CC} の極性を選べばよい．

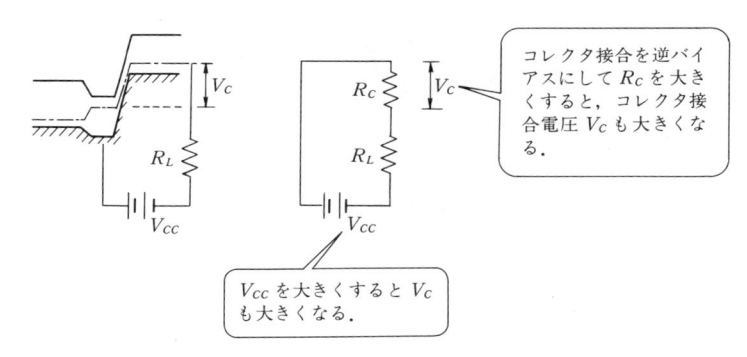

図 6.12 高負荷抵抗 R_L を接続可能にするためのコレクタ電圧とコレクタ抵抗

以上より，トランジスタの増幅の第 2 の条件「R_L を大」は，次のようにして実現しうることがわかった．

① コレクタ接合を逆バイアスにする（R_C 大）．
② コレクタ電源電圧 V_{CC} を大きくする．

6) 第 3 条件（R_i を小）を実現するには

エミッタ接合が順バイアスになるように，エミッタ電源の極性を選ぶ．順バイアス状態にすれば，小さな電圧で大きな電流が流れる．すなわち，抵抗 R_i は小さくなる．

以上のようにして増幅の 3 つの条件を満足させることができる．すなわちトランジスタによって電力増幅が可能になる．

6.2 接合トランジスタを流れる電流

a. 境界条件
1) pn接合の境界条件

トランジスタは 2 つの pn 接合からなっている.したがってトランジスタの解析に必要な拡散方程式の境界条件は,pn 接合の場合の境界条件から導くことができる.すなわち,pn 接合のエネルギー障壁を越えて動きうる電子の数が境界条件となり,その値は 5.1 節 e 項より次のようになる.

① **接合に順電圧が加わっている場合**(図 6.13)

[**計算例**] 対向する p 領域の電子密度が $n_p = 10^{14}\,\mathrm{m}^{-3}$ で印加電圧が $V_E = 0.259\,\mathrm{V}$ のとき,n 領域の動きうる電子密度 n は室温では,

$$n = n_p e^{qV_E/kT} = 10^{14} \times e^{0.259/0.0259}$$
$$= 2.20 \times 10^{18}\,\mathrm{m}^{-3}$$

となる.したがって n 領域から p 領域へ注入される電子密度は

$$n - n_p = 2.20 \times 10^{18} - 10^{14} = 2.20 \times 10^{18}\,\mathrm{m}^{-3}$$

となる.

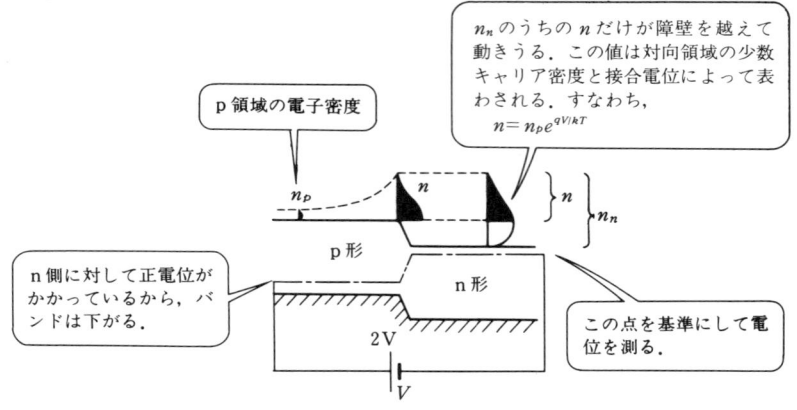

図 6.13 順バイアス状態での境界条件

② **接合に逆電圧が加わっている場合**(図 6.14)

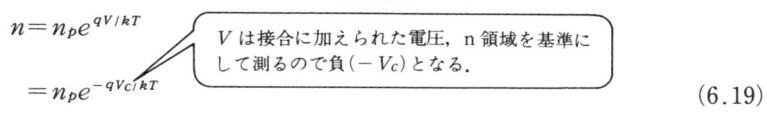

$$n = n_p e^{qV/kT}$$
$$= n_p e^{-qV_C/kT} \tag{6.19}$$

(V は接合に加えられた電圧,n 領域を基準にして測るので負 $(-V_C)$ となる.)

[計算例]　$n_p = 10^{14}$ m^{-3}, $V_c = 0.259$ V の場合

$$n = n_p e^{-qV_c/kT} = 10^{14} \times e^{-0.259/0.0259} = 10^{14} \times e^{-10}$$
$$= 10^{14}/e^{10} = 4.54 \times 10^9 \text{ m}^{-3}$$

p 領域から n 領域へ注出される電子密度は

$$n_p - n = 10^{14} - 4.54 \times 10^9 \fallingdotseq 10^{14} \text{ m}^{-3}$$

となる.

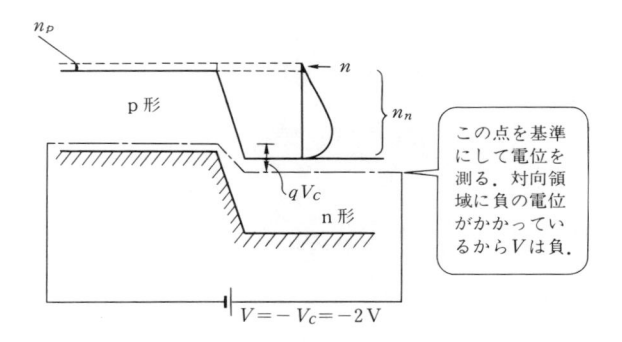

図 6.14　逆バイアス状態での境界条件

2) トランジスタの境界条件

トランジスタは pn 接合からなっている. したがって前項の pn 接合の境界条件がそのまま使用できる. 図 6.15 は pnp 接合トランジスタの境界条件である.

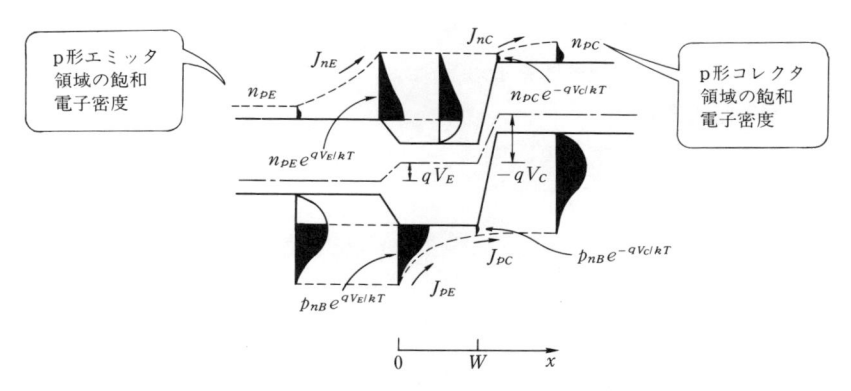

図 6.15　拡散方程式を解くための境界条件

b. 電流密度
1) 正孔電流密度

直流拡散方程式

$$\frac{d^2 p(x)}{dx^2} - \frac{p(x) - p_{nB}}{L_{pB}^2} = 0 \tag{6.20}$$

を図 6.15 の境界条件の下に解くと　◁─ (5.17),(5.18)参照

$$p(x) = p_{nB} + \frac{p_{nB}(e^{qV_E/kT} - 1)\sinh[(W-x)/L_{pB}]}{\sinh(W/L_{pB})}$$

$$+ \frac{p_{nB}(e^{-qV_C/kT} - 1)\sinh(x/L_{pB})}{\sinh(W/L_{pB})} \tag{6.21}$$

となる．これを拡散電流の式に代入し，$x = 0$ とすると

$$\begin{cases} J_{pE} = \frac{qD_{pB}p_{nB}}{L_{pB}} \left[(e^{qV_E/kT} - 1)\coth\frac{W}{L_{pB}} - (e^{-qV_C/kT} - 1)\operatorname{cosech}\frac{W}{L_{pB}} \right] \\ \text{また，} x = W \text{ とすると} \\ J_{pC} = \frac{qD_{pB}p_{nB}}{L_{pB}} \left[(e^{qV_E/kT} - 1)\operatorname{cosech}\frac{W}{L_{pB}} - (e^{-qV_C/kT} - 1)\coth\frac{W}{L_{pB}} \right] \end{cases}$$
$$(6.22)$$
$$(6.23)$$

が得られる．なお，(6.22),(6.23) の両式においては第2項は微小であるので，近似的に省略も可能である．

以上でエミッタおよびコレクタ接合における正孔電流密度が得られた．次に両接合における電子電流密度を求める．

2) 電子電流密度

拡散方程式

$$\frac{d^2 n(x)}{dx^2} - \frac{n(x) - n_{pC}}{L_{nC}^2} = 0 \tag{6.24}$$

を図 6.16 に示した境界条件

$$n(0) = n_{pC} e^{-qV_C/kT} \tag{6.25}$$

$$n(\infty) = n_{pC} \tag{6.26}$$

の下に解くと

$$n(x) = n_{pC} + [n(0) - n_{pC}] e^{-x/L_{nC}} \tag{6.27}$$

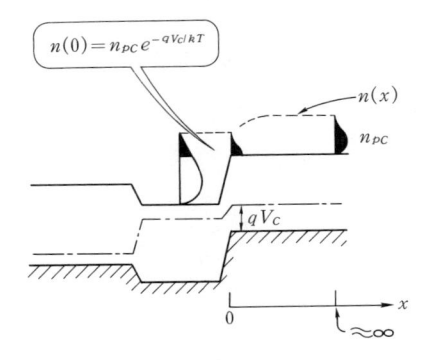

図 6.16 電子密度の境界条件

が得られる．これを拡散電流の式

$$J_n(x) = qD_n \frac{dn(x)}{dx} \tag{6.28}$$

に代入して，$x=0$ とすると

$$\begin{cases} J_{nC} = \dfrac{-qD_{nC}n_{pC}}{L_{nC}}(e^{-qV_C/kT}-1) & (6.29) \\ \text{同様に} \\ J_{nE} = \dfrac{qD_{nE}n_{pE}}{L_{nE}}(e^{qV_E/kT}-1) & (6.30) \end{cases}$$

が得られる．

3) 全 電 流

エミッタ接合，コレクタ接合における全電流密度は，図 6.17 のように与えられる．

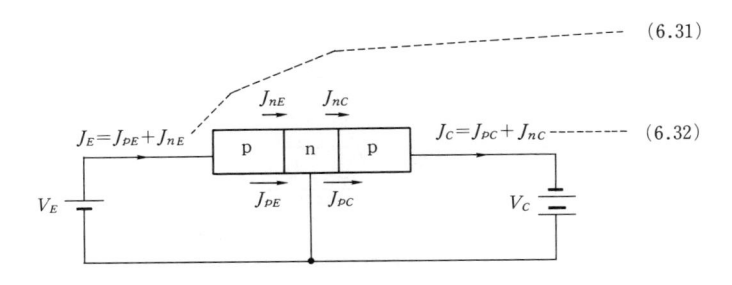

$$\tag{6.31}$$

$$\tag{6.32}$$

図 6.17 全電流密度の計算

以上において，J_E, J_C は V_E, V_C の関数として与えられた．すなわち，(6.22) と (6.30) からエミッタ電流が，また，(6.23) と (6.29) からコレクタ電流がエミッタ電圧およびコレクタ電圧の関数として次式で表わされる．

[エミッタ電流] [エミッタ電圧] [コレクタ電圧]

$$I_E = S\left(\frac{qD_{pB}p_{nB}}{L_{pB}}\coth\frac{W}{L_{pB}} + \frac{qD_{nE}n_{pE}}{L_{nE}}\right)(e^{qV_E/kT}-1) - S\frac{qD_{pB}p_{nB}}{L_{pB}}\operatorname{cosech}\frac{W}{L_{pB}}(e^{-qV_C/kT}-1) \qquad (6.33)$$

[コレクタ電流] [エミッタ電圧] [コレクタ電圧]

$$I_C = S\frac{qD_{pB}p_{nB}}{L_{pB}}\operatorname{cosech}\frac{W}{L_{pB}}(e^{qV_E/kT}-1) - S\left(\frac{qD_{pB}p_{nB}}{L_{pB}}\coth\frac{W}{L_{pB}} + \frac{qD_{nC}n_{pC}}{L_{nC}}\right)(e^{-qV_C/kT}-1) \qquad (6.34)$$

ここで S はトランジスタの断面積である．

c．出力特性

前項において，エミッタおよびコレクタの電圧と電流との理論的関係を示した．図 6.19 は図 6.18 の測定回路におけるコレクタ電圧-電流特性の測定値で，理論値には示されていない降伏現象も現われている．

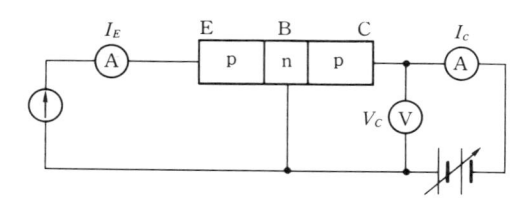

図 6.18 出力特性の測定回路

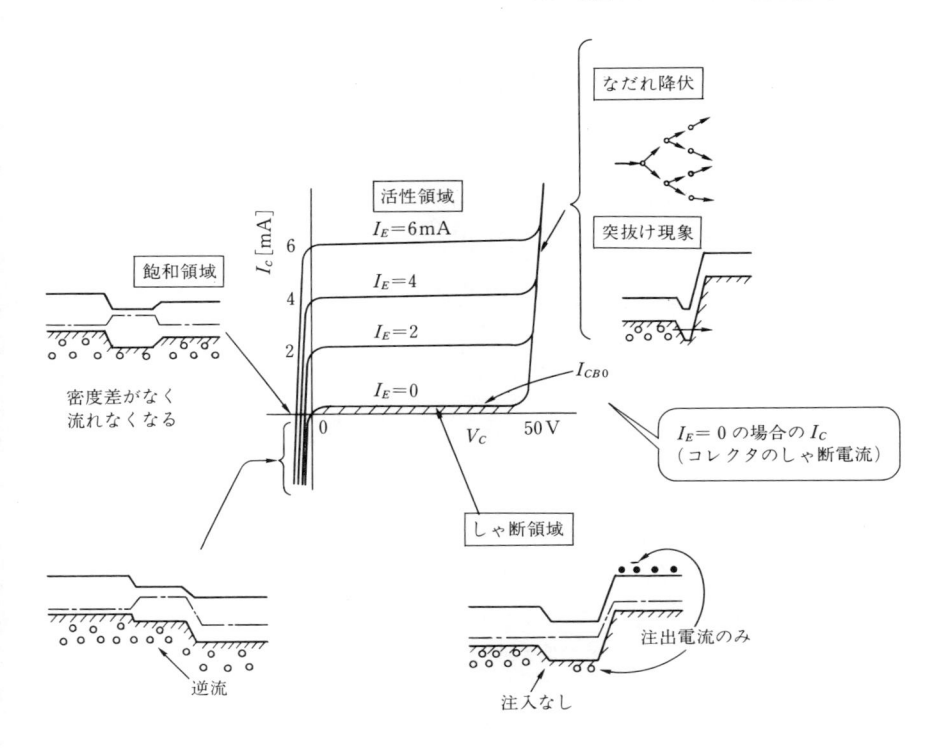

図 6.19　pnp 接合トランジスタの出力特性

6.3　接合トランジスタの電流増幅率

a．電流増幅率

図 6.20 に示すように，エミッタ電流 I_E はほとんどコレクタに達する（増幅の条件 1）．コレクタに達する割合 α を**電流増幅率**といい，通常 1 に近い値であ

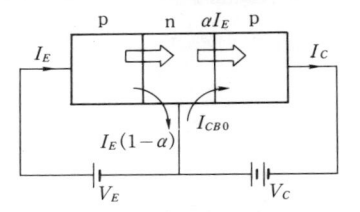

図 6.20　各接合電流の成分

る．エミッタ電流を流さないときでも，コレクタにはコレクタ接合の逆飽和電流に相当した電流が流れる．この電流 I_{CB0} を**コレクタしゃ断電流**という．

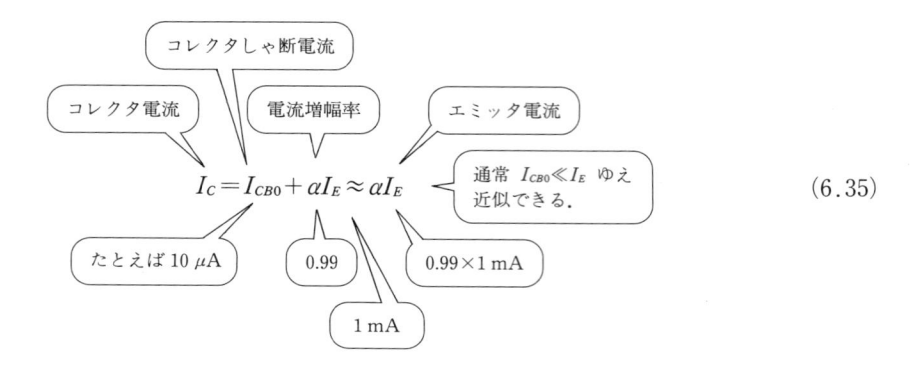

$$I_C = I_{CB0} + \alpha I_E \approx \alpha I_E \tag{6.35}$$

- コレクタ電流: I_C
- コレクタしゃ断電流: I_{CB0} （たとえば 10 μA）
- 電流増幅率: α （0.99）
- エミッタ電流: I_E （1 mA）
- 通常 $I_{CB0} \ll I_E$ ゆえ近似できる．（$0.99 \times 1\,\mathrm{mA}$）

b．電流増幅率の計算

エミッタからコレクタに向かう電流は，正孔電流と電子電流とからなる．その成分を図 6.21 に示す．エミッタ電流 I_E のうちコレクタ電流 I_C になる割合 α は，次のようなステップで求められる．

$$\boxed{\alpha = \frac{I_C}{I_E} = \frac{I_{pE}}{I_E} \times \frac{I_{pC}}{I_{pE}} \times \frac{I_C}{I_{pC}} \equiv \gamma \beta^* \alpha^*} \tag{6.36}$$

- $\gamma = \dfrac{I_{pE}}{I_E}$（エミッタ効率）
- $\beta^* = \dfrac{I_{pC}}{I_{pE}}$（到達率）
- $\alpha^* = \dfrac{I_C}{I_{pC}}$（コレクタ増倍率）

図 6.21 電流増幅率の計算

まず，エミッタ電流

$$I_E = I_{pE} + I_{nE} \tag{6.37}$$

（I_{pE}：正孔電流，I_{nE}：電子電流）

のうち，コレクタへ向かう有効なものは正孔電流 I_{pE} で，I_E に対する割合（**エミッタ効率，注入率**）γ は

$$\gamma = \frac{I_{pE}}{I_E} = \frac{I_{pE}}{I_{pE} + I_{nE}} \tag{6.38}$$

となる．この段階ではエミッタ電流のうち

$$I_{pE} = \gamma I_E \tag{6.39}$$

が有効成分としてコレクタへ向かうことがわかる．

次に，コレクタへ向かった正孔のうちのいくつかはベース内で再結合して消失するので，それを差し引いたものがコレクタ接合へ到達する．その割合（**到達率，輸送効率**）β^* は

$$\beta^* = \frac{I_{pC}}{I_{pE}} \tag{6.40}$$

となる．この段階ではエミッタ電流のうち

$$I_{pC} = \beta^* I_{pE} = \beta^* \gamma I_E \tag{6.41}$$

だけが有効成分としてコレクタ電極へ向かうことがわかる．

最後に，コレクタ接合に達した正孔電流 I_{pC} は，次のような原因によって若干増幅されてコレクタ電流 I_C となる．増幅の割合（**コレクタ増倍率，真性電流増倍率，コレクタ効率**）α^* は

$$\alpha^* = \frac{I_C}{I_{pC}} \tag{6.42}$$

となる．すなわち，この段階で，エミッタ電流のうち，

$$I_C = \alpha^* I_{pC} = \alpha^* \beta^* \gamma I_E \tag{6.43}$$

だけがコレクタ電極へ達したことになる．

ここで α^* を 1 より大きくする電流増倍の原因としては，次の2つが考えられる．

① コレクタへ流入した正孔は正電位を発生し，コレクタ領域内の電子をコレクタ接合へとドリフトさせ，新たな電流を生じる．

② 逆バイアスされたコレクタ接合における電子なだれによって接合に達した電流は

$$I = \frac{1}{1-(V/V_B)^m} I_s \tag{6.44}$$

（接合に達した正孔電流） （降伏電圧）

に増倍される．例えば $V=0.5V_B$, $m=6$ のとき，

$$I = 1.02\, I_s$$

となり，1.02倍に増加されることがわかる．

電流増幅率 α の定義式

$$I_C = \alpha I_E$$

と(6.43)とを比較すれば

$$\boxed{\alpha = \gamma \beta^* \alpha^*} \quad \text{重要} \tag{6.45}$$

が得られる．

ここで，エミッタ効率 γ は(6.38)で示され，先に誘導した電流を代入すると

$$\gamma = \frac{I_{pE}}{I_{pE}+I_{nE}} = \frac{1}{1+(\rho_E/\rho_B)(W/L_{nE})} \tag{6.46}$$

(6.22)代入　(6.30)代入　ベース幅　エミッタ内での電子の拡散距離　エミッタ領域の抵抗率　ベース領域の抵抗率

ただし，

$$\begin{aligned}
\frac{I_{nE}}{I_{pE}} &= \frac{D_{nE} n_{pE} L_{pB}}{D_{pB} p_{nB} L_{nE} \coth\left(\dfrac{W}{L_{pB}}\right)} \\
&\doteqdot \frac{D_{nE} n_{pE} L_{pB} W}{D_{pB} p_{nB} L_{nE} L_{pB}} \\
&= \frac{\mu_{nB} n_B W}{\mu_{pE} p_E L_{nE}} \\
&= \frac{\rho_E}{\rho_B}\left(\frac{W}{L_{nE}}\right)
\end{aligned} \tag{6.47}$$

$\dfrac{W}{L} \ll 1$ だから

$\coth x = \dfrac{e^x + e^{-x}}{e^x - e^{-x}}$

$\doteqdot \dfrac{(1+x)+(1-x)}{(1+x)-(1-x)}$

$= \dfrac{1}{x}$

$\dfrac{\mu_n}{D_n} = \dfrac{\mu_p}{D_p} = \dfrac{q}{kT}$

n_{pE}, p_{nB} は少数キャリアであるから多数キャリアは

$p_E = \dfrac{n_i^2}{n_{pE}}$, $n_B = \dfrac{n_i^2}{p_{nB}}$

となる．これより，$\rho_E \ll \rho_B$ すなわち $N_A \gg N_D$ とすれば，エミッタ効率はよくなることがわかる（増幅の条件1参照）．

また，到達率 β^* は(6.40)で示され，先に誘導した電流を代入すると

$$\beta^* = \frac{I_{pC}}{I_{pE}} = \mathrm{sech}\left(\frac{W}{L_{pB}}\right) \fallingdotseq 1 - \frac{1}{2}\left(\frac{W}{L_{pB}}\right)^2 \tag{6.48}$$

- (6.23)代入
- (6.22)代入
- ベースに注入された正孔の拡散距離．
- $W \ll L_{pB}$ のときこのように近似できる．
- ベース幅 W を狭くすれば到達率は上がることがわかる．

となる．

コレクタ増倍率 α^* は通常1と近似しうるので，結局，電流増幅率 α は，(6.46)に(6.47)と(6.48)を代入することによって

$$\alpha = \gamma \beta^* \fallingdotseq \left(1 - \frac{\rho_E}{\rho_B}\frac{W}{L_{nE}}\right)\left[1 - \frac{1}{2}\left(\frac{W}{L_{pB}}\right)^2\right] \tag{6.49}$$

電流増幅率の計算式

と書くことができる．これが最も基本的な設計式である．

この式より，α を大きくするには

(1) ベース幅 W を狭く，
(2) 拡散距離 L を長く（$L = \sqrt{D\tau}$ より寿命 τ を長く），
(3) エミッタ抵抗率をベース抵抗率に比べて十分小さく
$\rho_E \ll \rho_B$

とすればよいことがわかる．

c. 電流増幅率の周波数依存性

電流増幅率 α は，図6.22に示すように，ある周波数まではほぼ一定であるが，その点を越すと低下しはじめる．

その主な原因は，到達率 β^* の減少である．周波数が高くなると，ベースに入った正孔がコレクタに到達する前に，信号が正から負に変わり，正孔が再びベースに引き戻され，β^* が減少する．このような状態を図6.23に示した．β^* が直流における値 β_0^* の $1/\sqrt{2}$ に低下する周波数 f_b を**ベースしゃ断周波数**といい，(6.50)で与えられる（5.2節参照）．

6. 接合トランジスタ

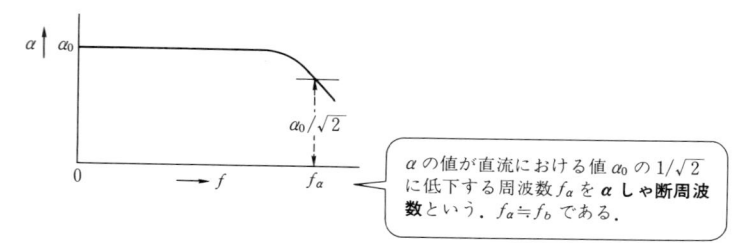

図 6.22 電流増幅率の周波数特性

α の値が直流における値 α_0 の $1/\sqrt{2}$ に低下する周波数 f_α を **α しゃ断周波数**という。$f_\alpha \fallingdotseq f_b$ である。

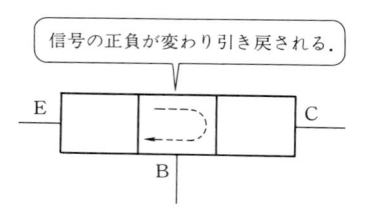

図 6.23 到達率の減少

信号の正負が変わり引き戻される。

$$\frac{\beta^*(f)}{\beta_0^*} = \frac{\cosh\left(\dfrac{W}{L_{pB}}\right)}{\cosh\left(\dfrac{W}{L_{pB}}\sqrt{1+j\omega\tau_{pB}}\right)} \qquad (6.50)$$

小信号解析 (5.39) から
直流では $L=\sqrt{D\tau}$
交流では $L=\sqrt{\dfrac{D\tau}{1+j\omega\tau}}$

この計算値を図 6.24 に示す。

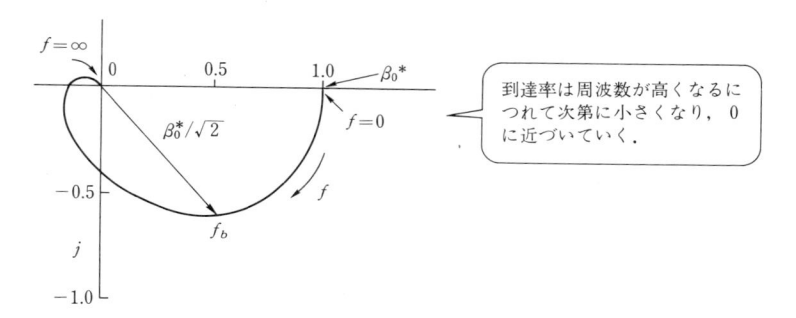

到達率は周波数が高くなるにつれて次第に小さくなり，0 に近づいていく。

図 6.24 到達率の周波数特性

ベースしゃ断周波数 f_b は

$$\left|\frac{\beta^*(f_b)}{\beta_0^*}\right| = \frac{1}{\sqrt{2}} \qquad (6.51)$$

に (6.50) を代入して求められる．すなわち

$$f_b = \frac{0.39\, D_{pB}}{W^2} \tag{6.52}$$

$T = 300\,\text{K}$ では

$$\boxed{f_b = \frac{0.01\, \mu_{pB}}{W^2}} \tag{6.53}$$

表 6.1 f_b[MHz] の比較

形式	Si	Ge	GaAs
pnp	$\frac{500}{W^2}$	$\frac{1800}{W^2}$	$\frac{400}{W^2}$
npn	$\frac{1400}{W^2}$	$\frac{3800}{W^2}$	$\frac{8600}{W^2}$

(注) W の単位 [μm]

- $\mu_{nB} > \mu_{pB}$ ゆえ npn の方が pnp より周波数特性がよい．
  ↑ ↑
  電子が走る　正孔が走る
- $\mu_{\text{GaAs}} > \mu_{\text{Ge}} > \mu_{\text{Si}}$ ゆえ GaAs の方が Si，Ge より高周波に適する．

6.4 接合トランジスタの等価回路

a． 装置パラメータで表わした等価回路

これまでに述べたトランジスタの物理的要素を組み合わせると，図 6.25 のような等価回路が得られる．

ここで C_T：空乏層容量，C_d：拡散容量（少数キャリアの位相遅れ）である．なお，**エミッタ帰還率** μ_{ec} は，次のような物理的内容を含んでいる．

コレクタ電圧 V_C が上昇すれば，ベースとコレクタ間の逆方向バイアスの増加により空乏層が広がり，実効的なベース幅 W が減少する．このため，見かけ上 α が大きくなり，同じコレクタ電流を保つのに要するエミッタ電流，すなわちエミッタ電圧は低くてよいことになる．この効果は V_C に比例するので $\mu_{ec}V_C$ と表わし，等価回路では V_E に逆方向に直列に入る．

$$\mu_{ec} = \left| \frac{\partial V_E}{\partial V_C} \right|_{I_E = \text{一定}}$$

6. 接合トランジスタ

[電流源の記号] ⊖⊕ または ─◯─

[コレクタ領域の直列抵抗 $r_{sc} = \rho_c \dfrac{l}{S}$]

[エミッタ帰還率] $\mu_{ec}V_c$

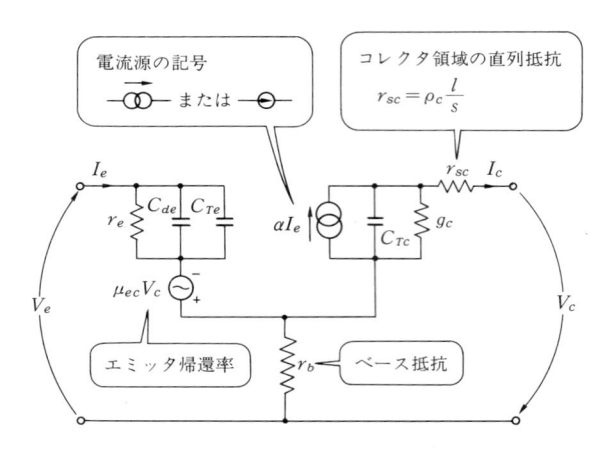

[ベース抵抗] r_b

図 6.25 物理的要素による接合トランジスタの等価回路

低周波では容量が無視できて，図 6.26 のように表わされる．ただし，V_c および I_c の正の向きを，回路パラメータとの結合の便を考えて，逆向きに約束している．また，$r_c \equiv 1/g_c$（例えば 1 MΩ）とおき，r_{sc} を無視している．

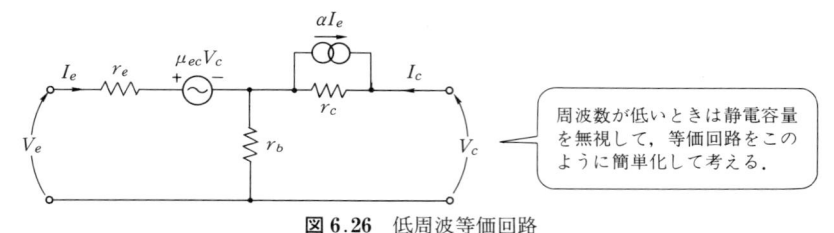

[周波数が低いときは静電容量を無視して，等価回路をこのように簡単化して考える．]

図 6.26 低周波等価回路

さらに図 6.27 の近似等価回路も用いられる．

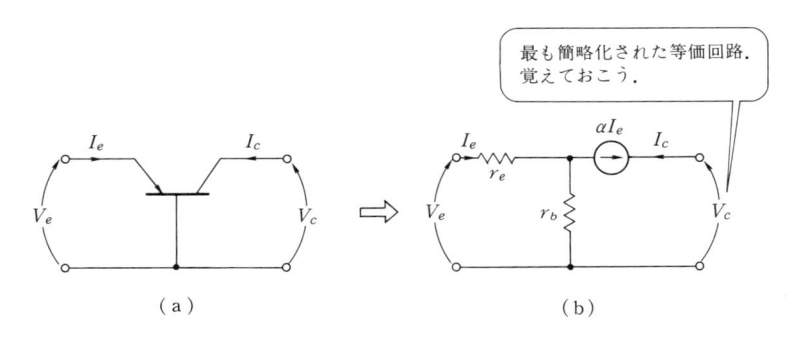

[最も簡略化された等価回路．覚えておこう．]

(a)   (b)

図 6.27 近似等価回路

b. 各種回路パラメータ

図 6.28 のように，トランジスタを暗箱で表わし，回路網理論に従って入出力端子の電圧，電流を関係づけるものが回路パラメータである．

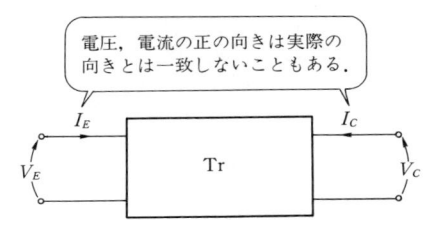

図 6.28 トランジスタのブラックボックス（電圧，電流の正の向きの定義）

エミッタ電圧，電流の関係は，(6.7), (6.8) で求めたように

$$
\begin{aligned}
I_E &= f_1(V_E, V_C) \\
I_C &= f_2(V_E, V_C)
\end{aligned}
\quad (6.54)
$$

で表わされる．この式を変形して

$$
\begin{aligned}
V_E &= f_3(I_E, I_C) \\
V_C &= f_4(I_E, I_C)
\end{aligned}
\quad (6.55)
$$

または

$$
\begin{aligned}
V_E &= f_5(I_E, V_C) \\
I_C &= f_6(I_E, V_C)
\end{aligned}
\quad (6.56)
$$

とも表わされる．

1) y パラメータ

(6.54) より，V_E, V_C を微小変化させた場合のエミッタ電流の変化は

$$
\begin{aligned}
\Delta I_E &= \frac{\partial f_1}{\partial V_E} \Delta V_E + \frac{\partial f_1}{\partial V_C} \Delta V_C \\
&= \underbrace{\frac{\partial I_E}{\partial V_E}}_{\parallel \atop y_{11}} \Delta V_E + \underbrace{\frac{\partial I_E}{\partial V_C}}_{\parallel \atop y_{12}} \Delta V_C \\
&= y_{11} \Delta V_E + y_{12} \Delta V_C
\end{aligned}
\quad (6.57)
$$

と表わされ，これを微小交流信号分を用いて書くと，添字に小文字を用いて

同様に
$$\left.\begin{array}{l}I_e = y_{11}V_e + y_{12}V_c \\ I_c = y_{21}V_e + y_{22}V_c\end{array}\right\} \quad (6.58)$$

と書ける．$y_{11} \sim y_{12}$ はアドミタンスの次元をもっているので，**アドミタンスパラメータ（y パラメータ）**と呼ばれる．

2) z パラメータ

(6.55)より，前項と同様にして

$$\left.\begin{array}{l}V_e = z_{11}I_e + z_{12}I_c \\ V_c = z_{21}I_e + z_{22}I_c\end{array}\right\} \quad (6.59)$$

が得られる．$z_{11} \sim z_{22}$ はインピーダンスの次元をもつので，**インピーダンスパラメータ（z パラメータ）**と呼ばれる．

3) h パラメータ

(6.56)より

$$\left.\begin{array}{l}V_e = h_{11}I_e + h_{12}V_c \\ I_c = h_{21}I_e + h_{22}V_c\end{array}\right\} \quad (6.60)$$

が得られる．h_{11} は $[\Omega]$，h_{12} と h_{21} は無次元，h_{22} は $[S]$ と，次元の異なるもので混成されているので，このパラメータを**ハイブリッドパラメータ（h パラメータ）**という．この h パラメータ表示が最もよく用いられる．

添字を記号に変えて

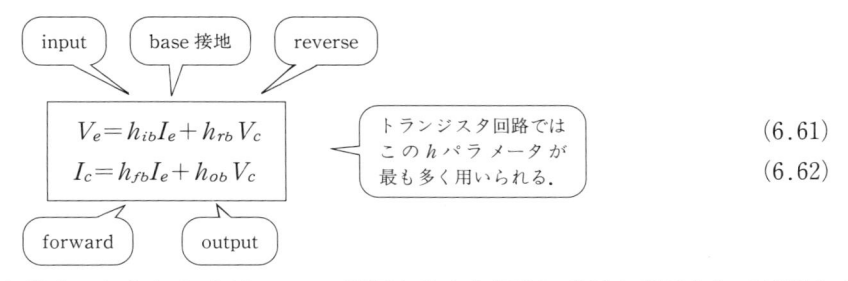

$$V_e = h_{ib}I_e + h_{rb}V_c \quad (6.61)$$
$$I_c = h_{fb}I_e + h_{ob}V_c \quad (6.62)$$

（input, base 接地, reverse, forward, output）

トランジスタ回路ではこの h パラメータが最も多く用いられる．

と書くこともある．b は，ベース電極を入出力回路に共通な端子として使用する回路（ベース接地回路）のパラメータであることを表わす．

c. h パラメータで表わした等価回路

(6.61)および(6.62)を等価回路で表わすと，図 6.29 のようになる．

6.4 接合トランジスタの等価回路 125

図 6.29 h パラメータの式から構成した等価回路

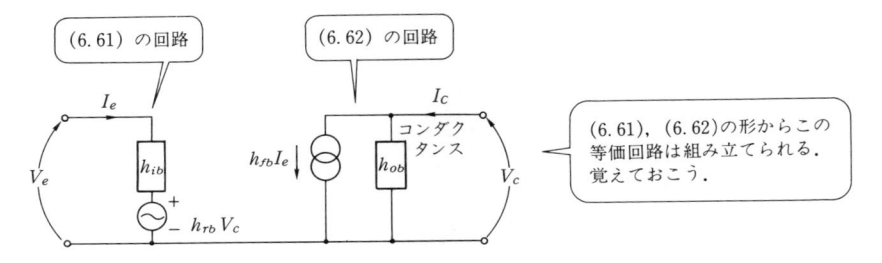

d. 各種接地方式

これまではベースを共通の端子にした回路（**ベース接地回路**）について考えてきた．しかし，実際の電子回路では入出力インピーダンスなどの関係でエミッタを共通にした回路（**エミッタ接地回路**）や，コレクタを共通にした回路（**コレクタ接地回路**）もよく用いられる．

ここでは，その接続法と電流増幅率，それに各接地回路の特徴について概観する．

1) 各種接地回路の電流増幅率

トランジスタの各端子間の電流配分は，図 6.30 のようになっている．

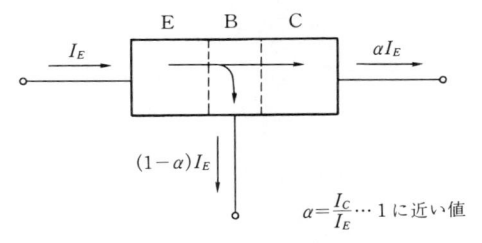

$\alpha = \dfrac{I_C}{I_E} \cdots$ 1 に近い値

図 6.30 エミッタ電流の分流

そこで，接地方式すなわち入力信号と負荷の接続方法を図 6.31 のように選ぶことにより，入力電流と出力電流の比である電流増幅率 A_i は表 6.2 のようになる．

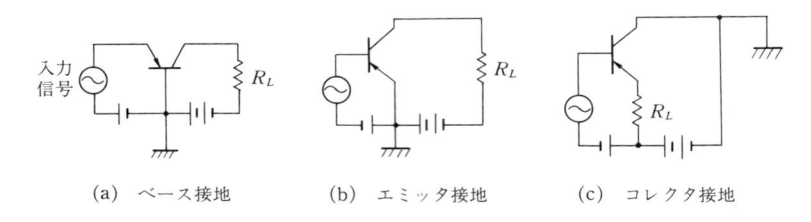

図 6.31　各種等価回路

(a) ベース接地　　(b) エミッタ接地　　(c) コレクタ接地

表 6.2　各種接地回路の電流増幅率

電流増幅率	ベース接地	エミッタ接地	コレクタ接地
A_i	α	$\dfrac{\alpha}{1-\alpha}$	$\dfrac{1}{1-\alpha}$
$\alpha=0.96$ のときの数値例	0.96	24	25

2) 各種接地回路の特徴

各種接地回路の特徴をまとめると，次のようになる．

① ベース接地

入力抵抗が小さく，出力抵抗が大きいので，多段増幅器として組み合わせる場合に整合がとりにくい．このためあまり用いられない．

② エミッタ接地

入出力抵抗の差が小さいので整合がとりやすく，電力利得も大きくなるので，最もよく用いられる．

③ コレクタ接地

電力利得は小さいが入力抵抗が高く，出力抵抗が低いので，エミッタ接地回路とよく整合する．入出力回路に用いられる．

演 習 問 題

6.1　熱平衡状態および活性状態における pnp および npn トランジスタのエネルギー帯図を描け．また，活性状態にするための結線図（電源の極性に注意）を描け．

6.2　接合形 pnp トランジスタの増幅の原理をバンド図を用いて説明せよ．

6.3 増幅の3条件を挙げ，その実現法について述べよ．

6.4 ベース内で正孔分布が直線で示される場合のエミッタ電流を求めよ．

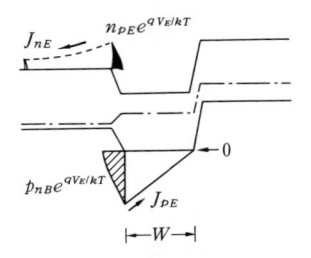

6.5 接合トランジスタのベース内で，正孔分布が図のような直線で表わされるとする．この場合のエミッタ接合における正孔電流を求めよ．ただし，ベース幅は $10\ \mu\mathrm{m}$, 接合断面積は $0.1\ \mathrm{mm}^2$, ベース内の正孔拡散定数は $0.624\ \mathrm{m}^2/\mathrm{s}$ とせよ．

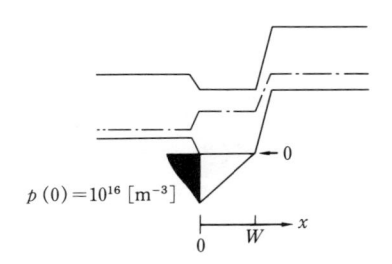

6.6 $\rho_E/\rho_B=1/100$, $W=3\ \mu\mathrm{m}$, $L_{nE}=200\ \mu\mathrm{m}$ のトランジスタのエミッタ効率 γ を求めよ．

6.7 ベース幅 $W=3\ \mu\mathrm{m}$, ベース内の正孔の拡散距離 $L_{pB}=50\ \mu\mathrm{m}$ であるトランジスタの到達率 β^* を求めよ．

6.8 エミッタ効率 $\gamma=0.99$, 到達率 $\beta^*=0.99$, およびコレクタ効率 $\alpha^*=1.0$ なる pnp 接合トランジスタがある．ベース接地電流増幅率 α を求めよ．

6.9 ベース電流を $100\ \mu\mathrm{A}$ から $110\ \mu\mathrm{A}$ まで変化させると，コレクタ出力電流が $2\ \mathrm{mA}$ から $2.2\ \mathrm{mA}$ まで変化するという．電流増幅率 a を求めよ．

6.10 ベース幅が $6.45\ \mu\mathrm{m}$ の Si npn トランジスタがある．ベース領域の電子移動度を $0.125\ \mathrm{m}^2/\mathrm{V\cdot s}$ として，α しゃ断周波数($\fallingdotseq f_b$)を求めよ．ただし，$T=300\ \mathrm{K}$ とする．

6.11 図のベース接地トランジスタに対する h パラメータを求めよ．ただし，$r_m = \alpha r_c$ である．

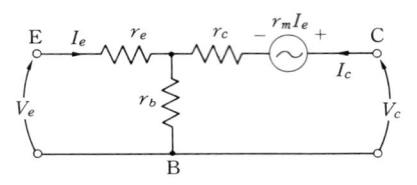

6.12 測定によって $h_{ie} = 10^3\,\Omega$，$h_{re} = 9 \times 10^{-4}$，$h_{fe} = 19$，$h_{oe} = 2 \times 10^{-5}\,\mathrm{S}$ を得た．この場合，$R_L = 10^4\,\Omega$ の負荷に対する電圧増幅度 A_v を求めよ．

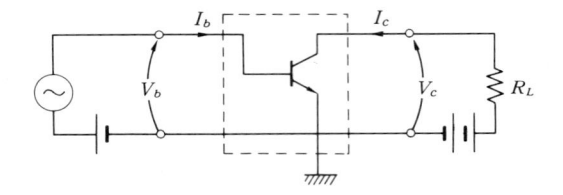

6.13 問 6.12 のトランジスタをベース接地にしたときの電圧増幅度 A_v を求めよ．

6.14 pnp トランジスタは pn 接合のダイオードが背中合わせに接続された等価回路で表わすことができる．それぞれのダイオードの飽和電流を I_{E0}，I_{C0} とするとき，エミッタ・ベース間の pn 接合を流れる電流 I_E'，ベース・コレクタ間を流れる電流 I_C' は，式 (5.22) より

$$I_E' = I_{E0}\{\exp(qV_E/kT) - 1\}$$
$$I_C' = I_{C0}\{\exp(qV_C/kT) - 1\}$$

となる．ここで，V_E，V_C はそれぞれエミッタ・ベース間およびベース・コレクタ間の電圧である．コレクタおよびエミッタの端子を流れる電流 I_E，I_C は次式で表わされる．

$$I_E = I_E' - \alpha_R I_C'$$
$$I_C = \alpha_F I_E' - I_C'$$

ここで，α_R はコレクタをエミッタとして働かせたときの電流伝達率，α_F は順方向電流伝達率を表わす．これらの式が表わす関係を考察し，等価回路を描け（Ebers Moll モデル）．

6.15 図 6.8 を参考にして，npn トランジスタのエネルギーバンド図を描け．

7. 金属, 半導体, 絶縁物の接触

　金属と半導体を接触させたときにも pn 接合と同様に,整流性などの特殊な特性が現われる.この**金属半導体接触**(ショットキー接合)は pn 接合のような少数キャリア蓄積効果がなく,高速性に優れているという特長をもっている.
　本章では,①半導体の表面近傍の**バンド構造**は,発生する**表面準位**によって変わること,②バンド構造の形によって金属と接触したとき,**整流性**になるかあるいは**オーム性**になるかが決まること,また③電界効果トランジスタなどに用いられる**金属・絶縁物・半導体接触**が電圧の加え方によって,蓄積層や空乏層あるいは反転層を発生することなどを示す.さらに**半導体ヘテロ接合**を説明し,2次元伝導電子ガスや**キャリアの閉じ込め**について言及する.

7.1　表面バンド構造の形成

　ここでは金属や半導体,絶縁物を接触させたときのバンド構造やそれに伴って現われる性質について述べる.
　整流性などの原因となる表面バンド構造の形成過程を図 7.1 に示す.
　このように,表面準位が電子を吸収するような場合には,バンドは表面で上向きに曲がる.もしも,表面準位が電子を放出するようなものであれば,バンドは図 7.2 のように表面で下向きに曲がる.

130　7. 金属，半導体，絶縁物の接触

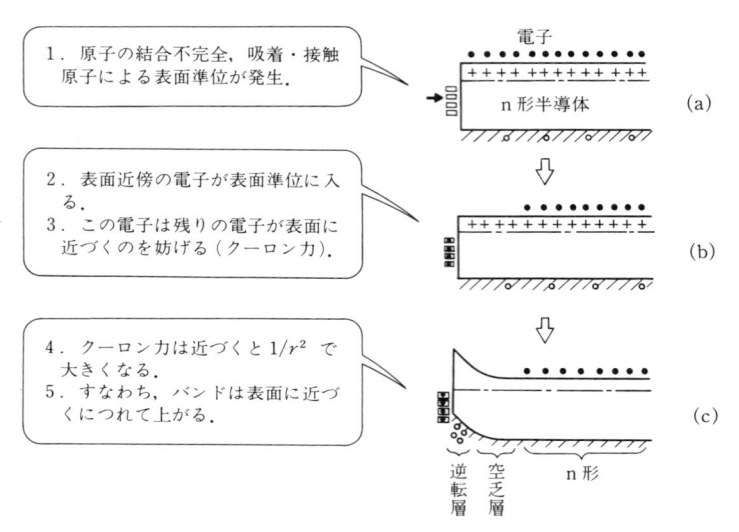

図 7.1　表面バンド構造の形成

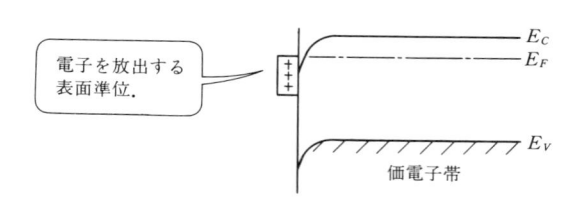

図 7.2　表面準位とバンドの曲がり

7.2　金属-n 形半導体接触

a．整流接触

接触部のバンド構造が図 7.3 のようになった場合には**整流性**となる．

b．オーム接触

接触部のバンド構造が図 7.4 のようになった場合には**オーム性**となる．

7.2 金属-n形半導体接触

(a) 平衡

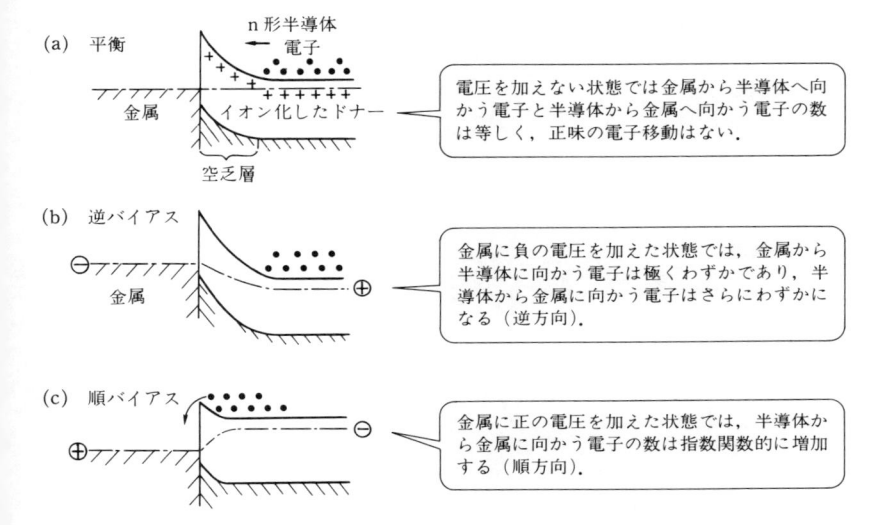

n形半導体
電子
イオン化したドナー
空乏層
金属

> 電圧を加えない状態では金属から半導体へ向かう電子と半導体から金属へ向かう電子の数は等しく，正味の電子移動はない．

(b) 逆バイアス

金属

> 金属に負の電圧を加えた状態では，金属から半導体に向かう電子は極くわずかであり，半導体から金属に向かう電子はさらにわずかになる（逆方向）．

(c) 順バイアス

> 金属に正の電圧を加えた状態では，半導体から金属に向かう電子の数は指数関数的に増加する（順方向）．

図 7.3 金属-n形半導体接触（表面バンドが上がり，整流性となる場合）

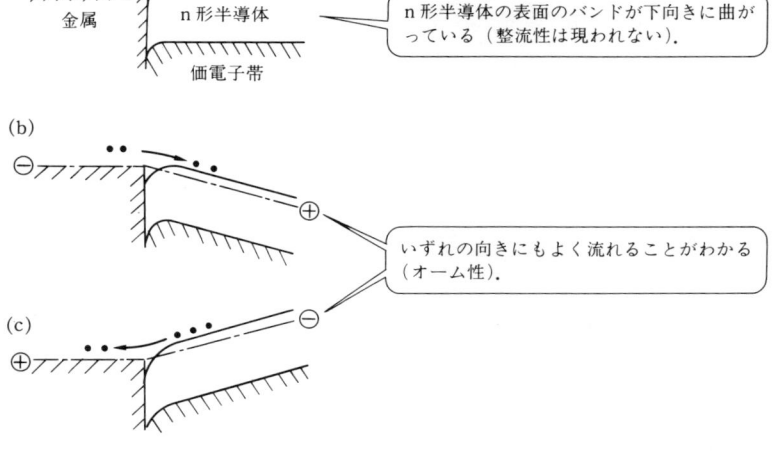

(a) 平衡

金属　n形半導体
価電子帯

> n形半導体の表面のバンドが下向きに曲がっている（整流性は現われない）．

(b)

> いずれの向きにもよく流れることがわかる（オーム性）．

(c)

図 7.4 金属-n形半導体接触（表面バンドが下がり，オーム性となる場合）

7.3 金属-p形半導体接触

a. 整流接触

金属-p形半導体接触で，図7.5のように，半導体表面でバンドが下がる場合には**整流性**となる．

b. オーム接触

金属-p形半導体接触で，図7.6のように，半導体表面でバンドがもち上がる場合にはオーム性となる．

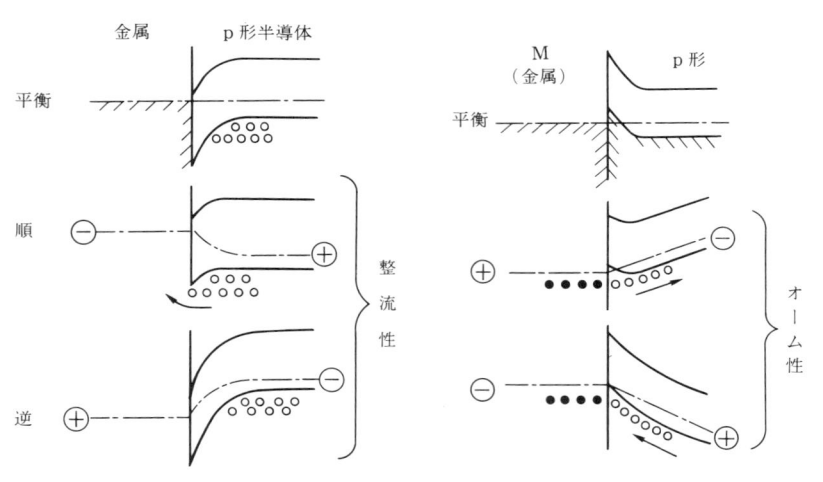

図7.5 金属-p形半導体接触
（表面バンドが下がり，整流性となる場合）

図7.6 金属-p形半導体接触
（表面バンドが上がり，オーム性となる場合）

7.4 金属-絶縁物-半導体構造

a. MOS構造とその特徴

図7.7のように半導体(Semiconductor)の表面に絶縁物(Insulator)をつけ，さらにその上に電極の金属(Metal)をつけた構造を**MIS構造**という．絶縁物としてSiO_2のような酸化物(Oxide)を用いたものを**MOS構造**という．これは電界効果トランジスタ(MOS FET)や電荷結合素子(CCD)などに用いられる．

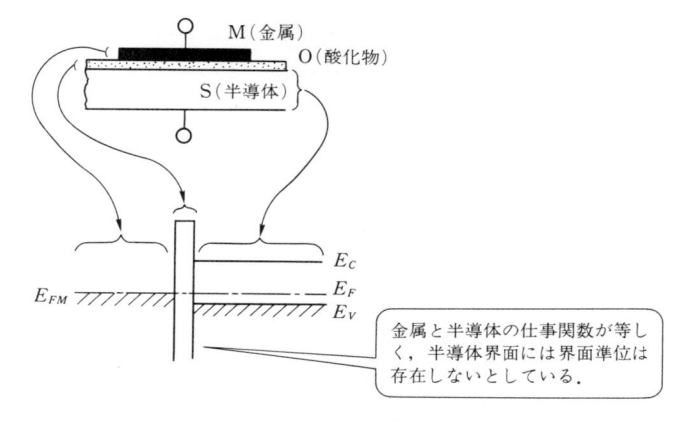

図7.7 MOS構造と平衡時のバンド図

金属と半導体の仕事関数が等しく，半導体界面には界面準位は存在しないとしている．

p形半導体のMOS構造に電圧を印加したときのエネルギーバンドは，図7.8のようになる．この詳細は次項で述べる．

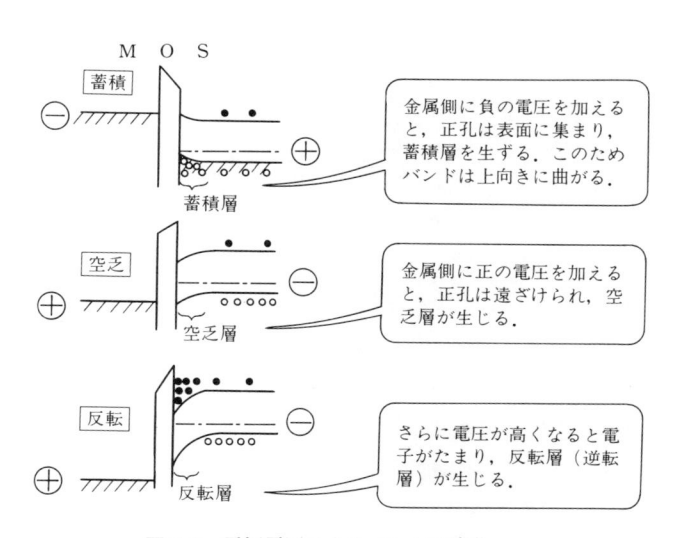

図7.8 電極電圧によるバンドの変化

蓄積：金属側に負の電圧を加えると，正孔は表面に集まり，蓄積層を生ずる．このためバンドは上向きに曲がる．

空乏：金属側に正の電圧を加えると，正孔は遠ざけられ，空乏層が生じる．

反転：さらに電圧が高くなると電子がたまり，反転層（逆転層）が生じる．

b．MOS構造の理論

MOS構造の理論は今日の超LSIなどの基本となるもので，pn接合の理論とならんで重要なものである．ここでは，そのうち特に重要な半導体界面におけ

るエネルギーバンド図や表面キャリア密度などについて述べる．

金属，絶縁体および半導体(p形)の接触前のエネルギー帯構造を，絶縁体の電子親和力を 0 と近似して，図 7.9 に示す．一般に，金属と半導体の仕事関数 $q\phi_M$，$q\phi_{SEM}$ は等しくないが，ここでは $\phi_M = \phi_{SEM}$，また SiO_2 中の電荷分布や半導体表面に準位がない場合の理想的な MOS 構造のエネルギーバンド図を図 7.10 に示す．なお，図(a)は半導体が p 形，図(b)は n 形の場合を示している．

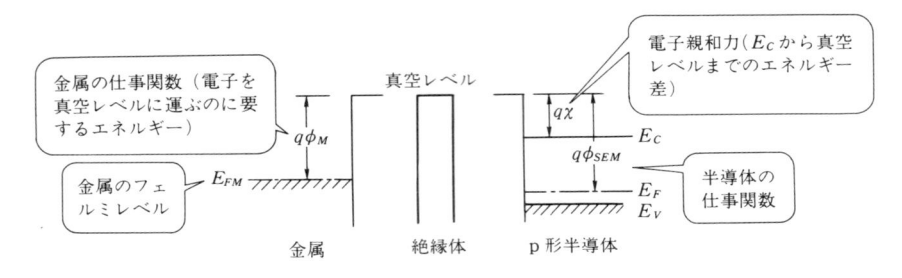

図 7.9 接触前の金属，絶縁体，半導体のエネルギーバンド図

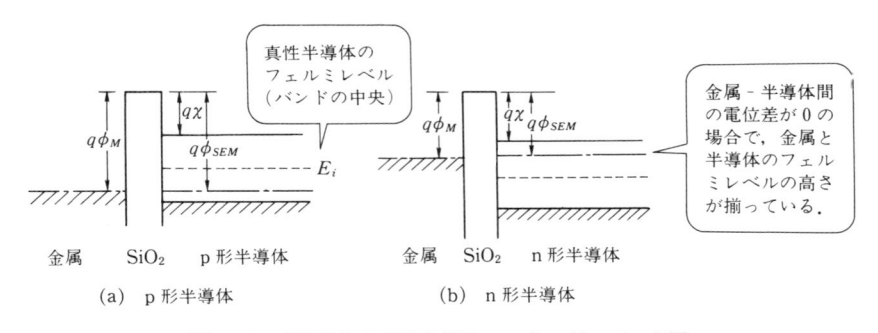

図 7.10 理想化した MOS 構造のエネルギーバンド図

1) 半導体界面におけるエネルギーバンド

MOS 構造において，金属電極のゲートと半導体基板との間にゲート電圧 V_G を印加すると，V_G の極性および大きさにより，キャリアの蓄積層状態，空乏層状態，または反転層状態が生じる．図 7.11 に半導体基板として p 形を用いた場合について，それぞれの状態におけるエネルギー準位図を示す．

① **蓄積層状態**（$V_G < 0$：p 形基板，$V_G > 0$：n 形基板）

金属のフェルミレベル E_{FM} が半導体のフェルミレベル E_F に比べて qV_G だけ高くなり，半導体の表面に正孔が引き寄せられる．半導体の表面では，E_V が

E_F に接近し,正孔密度が高くなって p$^+$ 形となる.このような表面層を**蓄積層**(accumulation layer)という.n 形基板の場合,蓄積層は n$^+$ 形となる.

② **空乏層状態**($V_G>0$：p 形基板, $V_G<0$：n 形基板)

E_{FM} は E_F より qV_G だけ低くなる.半導体表面における E_c, E_v および E_i は下の方に曲げられ,表面の正孔は静電誘導によって表面から半導体内部へ追いやられる.その結果,表面にはアクセプタイオンだけが残り,空間電荷層すなわち**空乏層**(depletion layer)が形成される.

p 形基板の不純物密度を N_A としたとき,半導体表面から深さ y だけ入った位置の電位 $\phi(y)$(表面から十分離れた位置の E_i レベルを基準電位 0 とする)は,次式のポアソンの方程式を解くことによって求まる.

$$\frac{d^2\phi(y)}{dy^2} = -\frac{\rho}{\varepsilon_s} \tag{7.1}$$

ここで,ε_s は半導体の誘電率,ρ は電荷密度を表わす.単位体積当たりの空間電荷密度は $\rho=-qN_A$ で与えられる.

図 7.11(b) から,境界条件として $y=y_d$ で $d\phi(y)/dy=0$, $\phi(y_d)=0$,さらに $y=0$ で $\phi(0)=\phi_s$(半導体表面の静電ポテンシャル)とおくことにより,$\phi(y)$ は次式で与えられる.

$$\phi(y)=\phi_s\left(1-\frac{y}{y_d}\right)^2 \tag{7.2}$$

ここで,

$$\phi_s=\frac{qN_A}{2\varepsilon_s}y_d^2 \tag{7.3}$$

である.したがって,空乏層のアクセプタイオンによる単位面積当たりの空間電荷密度 Q_d は

$$Q_d=-qN_Ay_d=-\sqrt{2\varepsilon_s qN_A\phi_s} \tag{7.4}$$

で示される.

③ **反転層状態**($V_G\gg 0$：p 形基板, $V_G\ll 0$：n 形基板)

E_{FM} は E_F よりかなり大きく,qV_G だけ低くなり,半導体の表面は著しく曲げられる.その表面では,真性状態におけるフェルミレベル E_i(禁制帯の中央の位置)と E_F が逆転し,E_F は E_c に接近している(図 7.11(c)参照).このことは半

導体表面が p 形から n 形に変わったことを意味している．したがって，半導体表面に伝導電子が集まり，電子の層が形成される．この層は p 形半導体と伝導キャリアが異なるため，**反転層**(inversion layer)と呼ばれる．

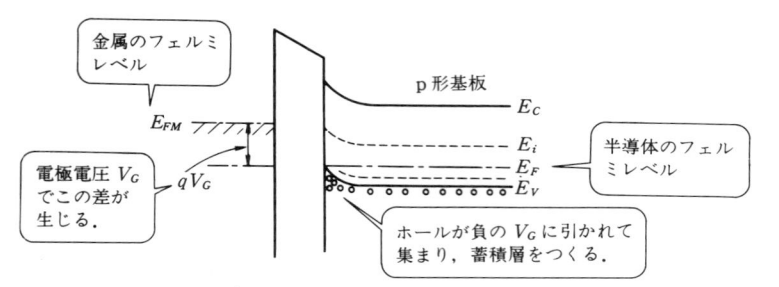

(a) 蓄積層状態（$V_G < 0$，半導体に対して負の電圧を電極に加えた場合）

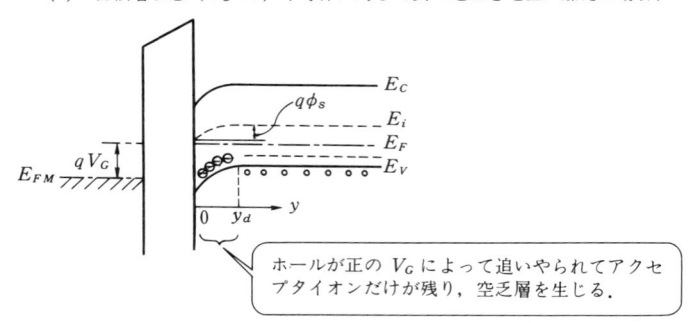

(b) 空乏層状態（$V_G > 0$，半導体に対して正の電圧を電極に加えた場合）

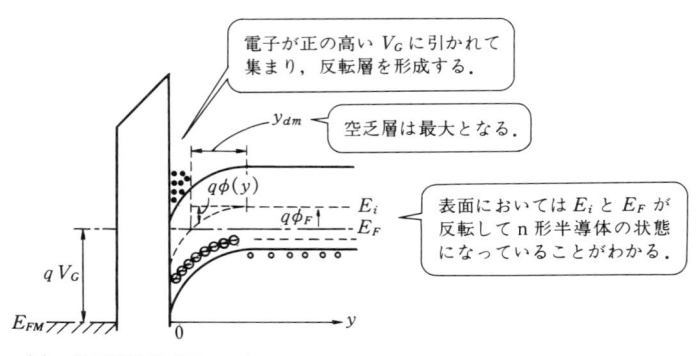

(c) 反転層状態（$V_G \gg 0$）

図 7.11 電圧 V_G によるエネルギーバンドの変化．

2) 半導体界面のキャリア密度

半導体表面のキャリア密度を求めるために，エネルギー準位のパラメータを

E_i：真性フェルミレベル（バルク状態）

$E_i(y)$：表面から深さ y 方向における真性フェルミレベル

とするとき，図 7.11(c) において，半導体表面および内部の静電ポテンシャル $\phi(y)$，ϕ_F は

$$\left.\begin{array}{l} E_i - E_i(y) = q\phi(y) \\ E_i - E_F = q\phi_F \end{array}\right\} \tag{7.5}$$

で与えられる．

半導体中のキャリア密度は，E_i と真性半導体のキャリア密度 n_i を用いて，次のように表わされる（56ページ，演習問題3.8参照）．

$$\left.\begin{array}{l} p = n_i e^{(E_i - E_F)/kT} \\ n = n_i e^{(E_F - E_i)/kT} \end{array}\right\} \tag{7.6}$$

ただし，$m_p^* = m_n^*$ としている（この仮定は n_i に若干の誤差を生じるが，p，n の値は指数項に大きく依存しているのでよい近似を与える）．

ここで，飽和温度領域では

$$p = N_A \quad \text{および} \quad n = N_D \tag{7.7}$$

とおける．(7.5)，(7.6)および(7.7)から半導体内部の静電ポテンシャル ϕ_F は次式で表わされる．

$$\left.\begin{array}{ll} \phi_F = \dfrac{kT}{q}\ln\dfrac{N_A}{n_i} & \text{（p形半導体の場合）} \\[2mm] \phi_F = -\dfrac{kT}{q}\ln\dfrac{N_D}{n_i} & \text{（n形半導体の場合）} \end{array}\right\} \tag{7.8}$$

ϕ_F は**不純物密度**によって決まる．

表面から任意の深さ y 方向におけるキャリア密度 $n(y)$，$p(y)$ は，(7.5)と(7.6)より次式で示される．

$$n(y) = n_i e^{q[\phi(y) - \phi_F]/kT} \tag{7.9}$$

$$p(y) = n_i e^{q[\phi_F - \phi(y)]/kT} \tag{7.10}$$

したがって，$y = 0$ における表面キャリア密度をそれぞれ $n(0) = n_s$，$p(0) = p_s$ とすると，

$$\begin{aligned}n_s &= n_i e^{q(\phi_s - \phi_F)/kT} \\ p_s &= n_i e^{q(\phi_F - \phi_s)/kT}\end{aligned} \quad \text{(重要)} \tag{7.11}$$

となる．

(7.11)を用いて，p形半導体表面のキャリア密度を表面電位 ϕ_s の関数として描いたのが図 7.12 である．この図から，$\phi_s = \phi_F$ のとき，表面のキャリア密度は真性半導体のそれと一致することがわかる．$\phi_s > \phi_F$ では，表面のキャリア密度は $n_s > p_s$ となり，p形からn形に変化する．$\phi_s = 2\phi_F$ となったとき，$n_s = N_A$ すなわち表面の電子密度がp形のバルクの正孔密度と等しくなり，完全に反転層が形成される．$\phi_s = 2\phi_F$ を**反転層の形成条件**という．このとき，空乏層の厚さ y_d は最大値 y_{dm} を示す．

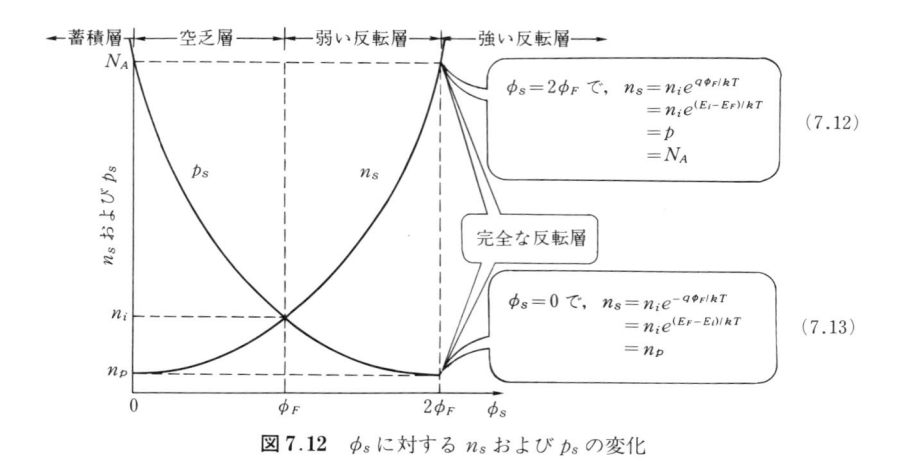

$$\phi_s = 2\phi_F \text{ で，} \begin{aligned}n_s &= n_i e^{q\phi_F/kT} \\ &= n_i e^{(E_i - E_F)/kT} \\ &= p \\ &= N_A\end{aligned} \tag{7.12}$$

$$\phi_s = 0 \text{ で，} \begin{aligned}n_s &= n_i e^{-q\phi_F/kT} \\ &= n_i e^{(E_F - E_i)/kT} \\ &= n_p\end{aligned} \tag{7.13}$$

図 7.12 ϕ_s に対する n_s および p_s の変化

7.5 半導体-半導体接合

5章で学んだpn接合では，伝導形は異なるが，種類が同一の半導体を接合した場合を取り扱った．このように同一半導体を接触させた構造を**ホモ接合**（同種の接合という意味）と呼ぶが，種類が違う半導体の接合は**ヘテロ接合**（異種の接合という意味）という．これまで述べてきた絶縁体-半導体接合も，絶縁体はバンドギャップエネルギーの大きな半導体とも考えられるから，広義にはヘ

テロ接合に含まれる．しかし一般的には，接合する2つの材料ともに半導体としての性質を利用する場合を，**半導体ヘテロ接合**と呼んでいる．

通常，半導体デバイスには結晶材料が用いられる．この場合には，ヘテロ接合の界面で2つの材料の原子配列が連続的につながる必要がある．もしそうでない場合には，界面に未結合の価電子（**ダングリングボンド**という）や結晶欠陥が発生して再結合中心として働くため，電気的に良好な特性が得られない．このため，実用的なヘテロ接合の形成には原子間隔すなわち格子定数が近接した半導体を組み合わせる必要がある．この条件を満たす例として $GaAs/Al_xGa_{1-x}As$ ($0 \leq x \leq 1$) が特に有名であるが，そのほかにも InAs/GaSb や HgTe/CdTe のような組み合わせもある．

ここで $Al_xGa_{1-x}As$ は**混晶半導体**と呼ばれ，AlAs と GaAs という2つの化合物半導体が $x:1-x$ の組成比で合金化した半導体である．混晶半導体では，図7.13 に示すように，バンドギャップエネルギーなどの物性値が組成比とともに連続的に変化する．なおこの場合には，間接遷移形半導体である AlAs と直接遷移形半導体である GaAs において，対応する伝導帯の谷それぞれが組成比とと

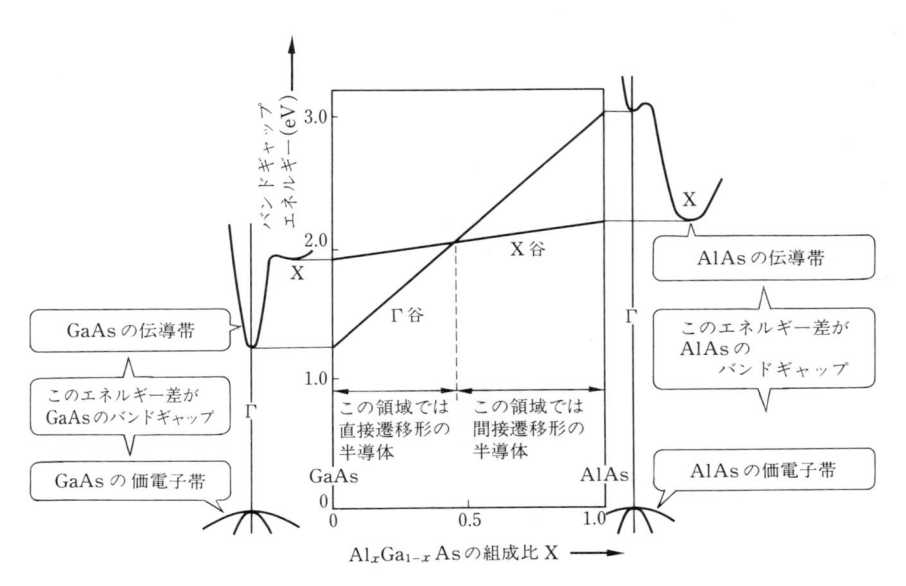

図 7.13　$Al_xGa_{1-x}As$ 混晶半導体の組成比とバンド構造．
　　　　　Γ と X はそれぞれ直接遷移の谷と間接遷移の谷に相当する．

もに移動するために $x=0.45$ 付近で遷移のタイプが入れ換わっていることに注意してほしい．

つぎに GaAs/Al$_x$Ga$_{1-x}$As を例にとって，ヘテロ接合のバンド構造を示そう．図 7.14(a) は接合前の p 形 GaAs と n 形 Al$_x$Ga$_{1-x}$As のエネルギーバンド構造を示している．両者の**電子親和力**（伝導帯の底にある電子を結晶の外に取り出すために必要なエネルギー）$q\chi$ が異なるので，ヘテロ接合界面で GaAs の伝導帯の底にある電子を Al$_x$Ga$_{1-x}$As の伝導帯の底まで持ち上げるには，ある有限のエネルギーを必要とする．このため 2 つの半導体を接合した後では，図 7.14(b) に示すように，接合面において，伝導帯に ΔE_c，価電子帯に ΔE_v なるエネルギーの飛びが生じる．この飛びを**バンドオフセット**と呼ぶ．この値は，理論的に正確に求めることが不可能なため，実験結果から解析的に求められている．接合のあとフェルミ準位は 2 つの半導体内部で一致して熱平衡状態に達するが，相手側領域に流れ込んだ多数キャリアに取り残されたイオン化不純物が空間電荷領域を形成するため，図のように湾曲したエネルギーバンド構造となる．

ヘテロ接合に特徴的なことは，伝導帯と価電子帯にバンドオフセットが生じることである．このため図 7.14(b) では，ΔE_v のために GaAs から Al$_x$Ga$_{1-x}$As に正孔が注入されにくくなり，ΔE_c によって発生した GaAs 界面の三角ポテンシャルに伝導電子が蓄積される．ここにたまった電子は界面に平行な面内（図

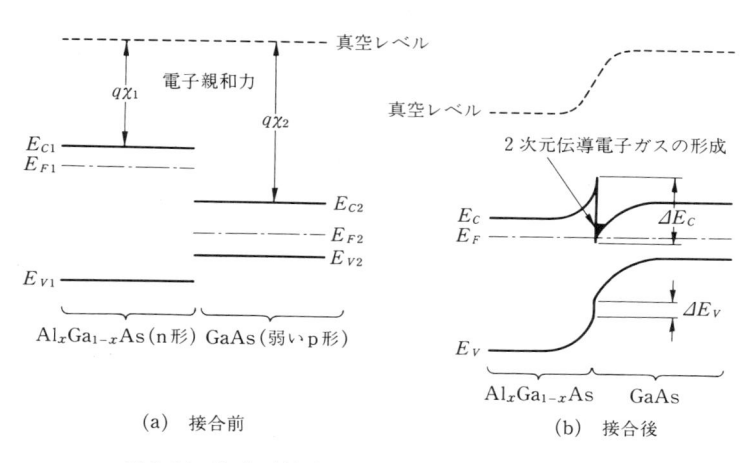

図 7.14 GaAs/Al$_x$Ga$_{1-x}$As ヘテロ接合のバンド構造

では紙面に垂直な方向)のみで自由に動くことができるので**2次元伝導電子ガス**と呼ばれ,非常に大きな移動度が実現できる(13章参照).またバンドオフセットに基づく**キャリア閉じ込め効果**は,11章で詳述する半導体レーザにおいて,二重ヘテロ接合ダイオードとして利用されている.

演 習 問 題

7.1 表面バンド構造の形成過程を図解せよ.

7.2 金属-n形半導体接触の整流作用を,バンド図を描いて説明せよ.

7.3 金属-n形半導体接触のオーム性について,バンド図を用いて説明せよ.

7.4 MOS構造に電圧を印加した場合のバンドの変化を図解せよ.

7.5 MOS構造にゲート電圧 V_G を印加して強い反転層($\phi_s = 2\phi_F$)を形成した.これ以上 V_G を増加しても空乏層の幅が広がらない理由を述べよ.

7.6 2種類の半導体 S_1 と S_2 から構成されるヘテロ構造のうち,厚さが非常に薄い(<20 nm)S_2 半導体薄膜が S_1 半導体にサンドイッチされているときのバンド図を描け.ただし S_1 と S_2 のバンドギャップエネルギーを $E_{g1} > E_{g2}$ とし,キャリアの移動に伴う空間電荷効果(バンドの湾曲)は無視できるものとする.バンドオフセット ΔE_C と ΔE_V の関係が次の(1)〜(3)に与えられたときについて答えよ.

 (1) $\Delta E_C + \Delta E_V = E_{g1} - E_{g2}$, $\Delta E_C > \Delta E_V$

 (2) $\Delta E_C - \Delta E_V = E_{g1} - E_{g2}$, $\Delta E_C > \Delta E_V$, $E_{g1} > \Delta E_C$

 (3) $\Delta E_C - \Delta E_V = E_{g1} - E_{g2}$, $\Delta E_C > \Delta E_V$, $E_{g1} < \Delta E_C$

これらのヘテロ構造では,S_1 の形成するポテンシャル障壁によって,電子や正孔が S_2 の2次元平面内に閉じ込められている.ちょうど井戸の中の水のようであるから,このような構造は**量子井戸**と呼ばれる.(1),(2),(3)の量子井戸は,例えばAlGaAs/GaAs/AlGaAs, AlSb/GaSb/AlSb, GaSb/InAs/GaSb でそれぞれ実現される.

8. 電界効果トランジスタ

電界効果トランジスタは，**FET**(field effect transistor)と略称される．電流を放出する**ソース**と電流を吸い込む**ドレイン**との間に**ゲート**を設け，これに加える電圧によってソース・ドレイン間の電流を制御する素子である．

FETには，ゲートにpn接合またはショットキー接合を使う接合形電界効果トランジスタ(JFET)とMOS構造を使うMOS形電界効果トランジスタ(MOS FET)とがある．

本章では，①接合形電界効果トランジスタのドレイン電流が，ゲート電圧に応じて変わる空乏層の幅によって制御されること，②縦形JFET(静電誘導電界効果トランジスタ)は三極真空管と同様な構造をもち，出力特性も類似していること，③MOS形電界効果トランジスタでは，ゲート電圧によって電流の通路となる反転層の形成が制御されること，また④ドレイン電流は，ドレイン電圧が低い場合はゲート電圧に比例し，高い場合はゲート電圧の2乗に比例することなどを示す．

8.1 接合形電界効果トランジスタ(JFET)

a. 基本構造と動作原理

JFET(junction FET)の基本構成図を図8.1に示し，この動作原理を考える．ここでゲート電圧はソースの電位を基準に印加されているのでV_{GS}と記述する．まず，ゲート電圧 V_{GS}，入力信号を0にした状態でドレイン電圧を増加していく場合を考える．p形半導体であるゲートは，n形半導体である母体結晶に対し

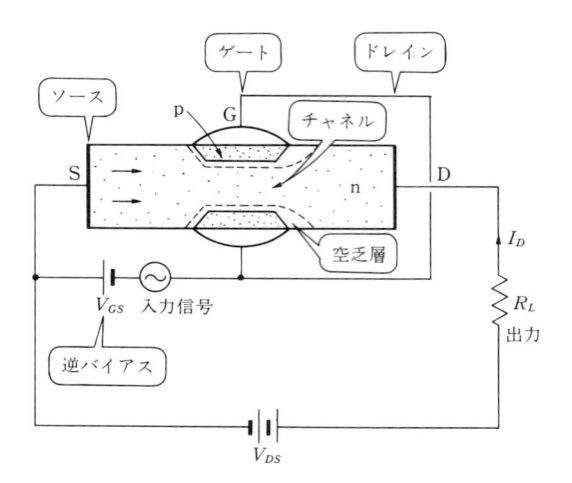

図 8.1 接合形 FET

V_{DS} の増加する割には，この勾配 dV/dx は大きくならず $I_D = \sigma \dfrac{dV}{dx}$ の増加割合は減少する．

ピンチオフ以降電圧降下は空乏層内で起こるので dV/dx は変化せず I_D は飽和する．

だんだん広がっている．

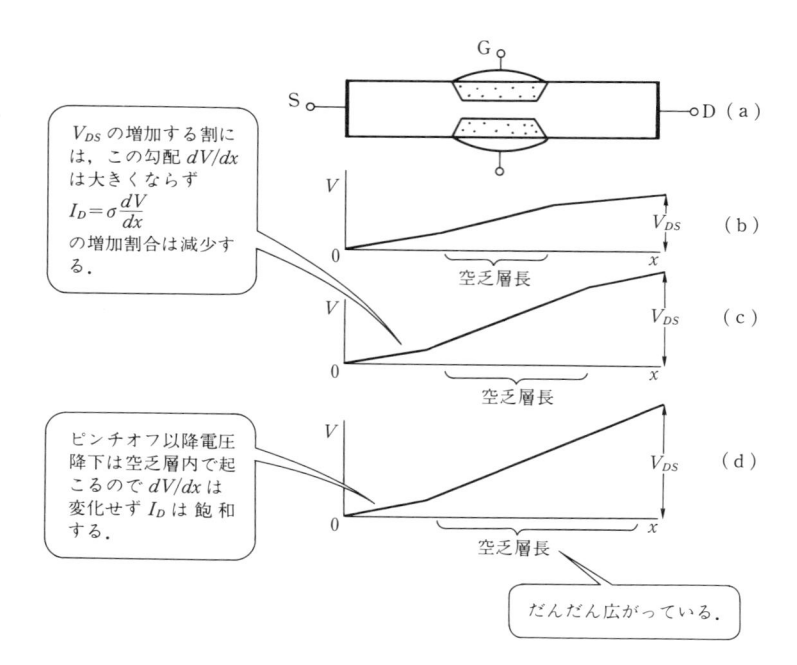

図 8.2 チャネルに沿う電位分布

て負電位にあり，逆バイアス状態になっているからその接合部に空乏層が発生する．空乏層は図に示したように，ドレインに近い部分で広がっている．これは，ゲート上ではどこでもほぼ等電位であるのに対して，母体結晶中にはソース・ドレイン間に電位差があり，pn接合の逆電圧がドレインに近づくほど高くなるからである．

ドレイン電圧が上昇するにしたがって，空乏層は広がり，図8.2に示すように，空乏層における電圧降下の割合が次第に大きくなる．したがって図8.3に示すように，電流の増加割合は減少する．

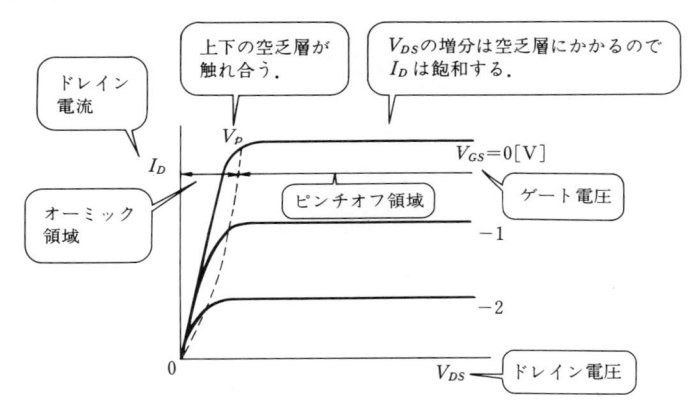

図8.3 JFETの電圧-電流特性

ドレイン電圧をさらに増加していくと，ついには V_{DS} のある値で上下の空乏層は触れ合う．この状態を**ピンチオフ**と呼び，そのときのドレイン電圧を**ピンチオフ電圧** V_p という．これ以上 V_{DS} を増加しても V_{DS} の増加分はこの空乏層の触れ合った部分にかかるので，ドレイン電流 I_D は飽和して一定値となる．

ゲート電圧を負にするにしたがって，ゲート接合の逆バイアスは強くなるので，同じ V_{DS} に対してチャネルは狭くなり，より低いドレイン電圧でピンチオフする．

b．静電誘導電界効果トランジスタ(SIT)

図8.4はゲートを半導体中に埋め込み，チャネルを通るキャリアを制御しようとするもので，**SIT**(static induction transistor)と呼ばれる．図に示すように断面積が大きく，チャネル抵抗を小さくすることができる．SITは構造上，

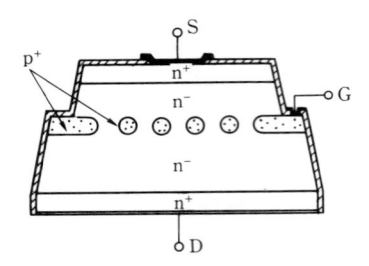

図 8.4 SIT 構造図

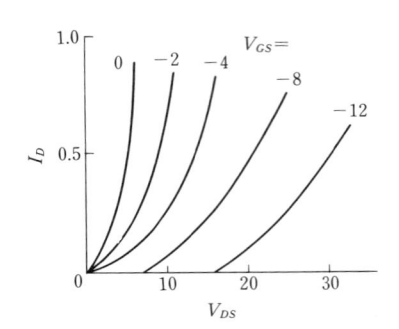

図 8.5 SIT の出力特性

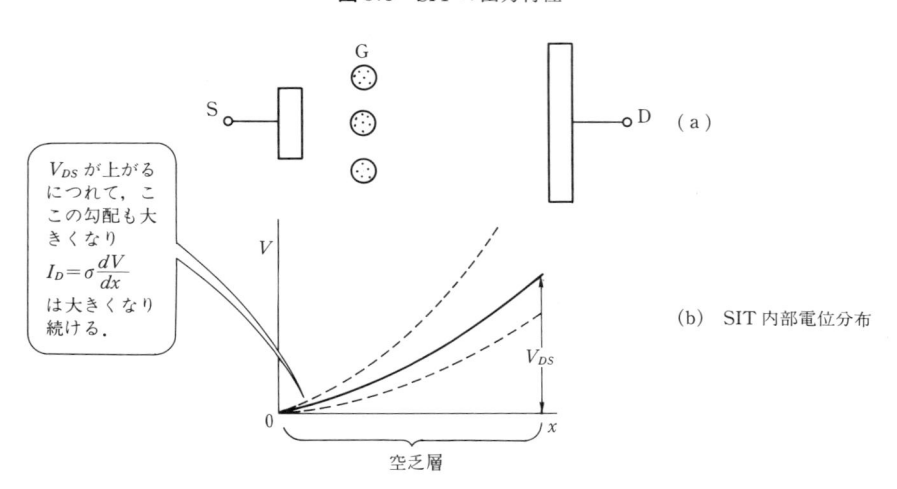

V_{DS} が上がるにつれて，ここの勾配も大きくなり，$I_D = \sigma \dfrac{dV}{dx}$ は大きくなり続ける．

(a)

(b) SIT 内部電位分布

空乏層

図 8.6 SIT 内の電位分布

縦形 JFET とも呼ばれる．

ドレイン電圧-電流特性(出力特性)を図 8.5 に示す．図のように，SIT は飽和特性を示さない．

その理由は，ゲート周囲は不純物密度が低いため空乏層が広がっていて，常にチャネルが消失した状態になっており，図 8.6 のような電位分布が生じているためである．ソースからの電子はゲートの電圧のみならず，ドレイン電圧によっても制御される．

8.2 MOS 形電界効果トランジスタ(MOS FET)

a．基本構造と動作原理

この FET は，図 8.7 のように半導体基板表面に絶縁膜および金属電極を形成し，MOS(metal oxide semiconductor)構造としたものである．絶縁膜上の金属電極をゲートとし，ここに電圧を印加することによって，ゲート直下にチャネルを形成，あるいはその中のキャリア数を制御し，増幅作用を行わせるものである．

JFET と同様，**ゲート** G をはさみ，電子の供給源**ソース** S，チャネルを通過した電子の排出口**ドレイン** D からなっている．

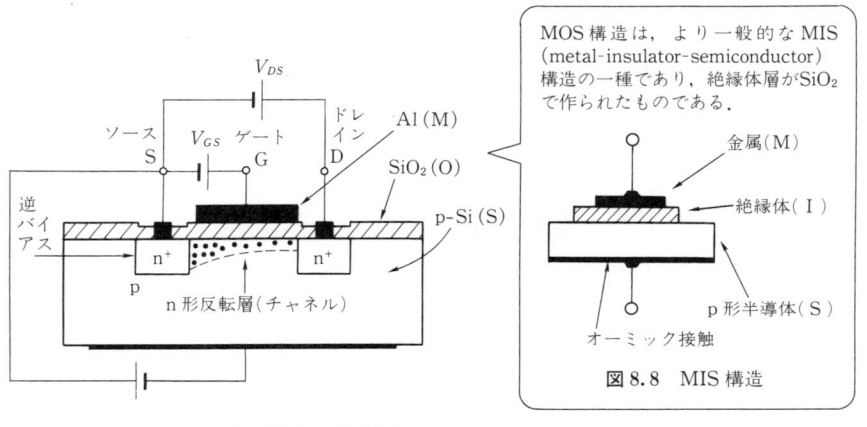

図 8.7　MOS FET の構成図

図 8.8　MIS 構造

MOS 構造は，より一般的な MIS (metal-insulator-semiconductor) 構造の一種であり，絶縁層層が SiO_2 で作られたものである．

1) FET の分類

チャネルがn形になっている FET を **n チャネル FET**，チャネルがp形になっている FET を **p チャネル FET** という．

さらに，ゲート電圧を加えないと電流が流れない**エンハンスメント**(enhancement)**形**と，ゲート電圧が零のときすでにチャネルが生じていてドレイン電流が流れる**デプレション**(depletion)**形**とに分かれる．その特性例を図 8.9 および 8.10 に示す．

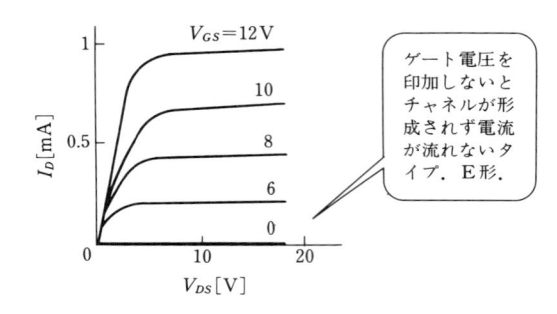

図 8.9 エンハンスメント形 FET

（ゲート電圧を印加しないとチャネルが形成されず電流が流れないタイプ．E形．）

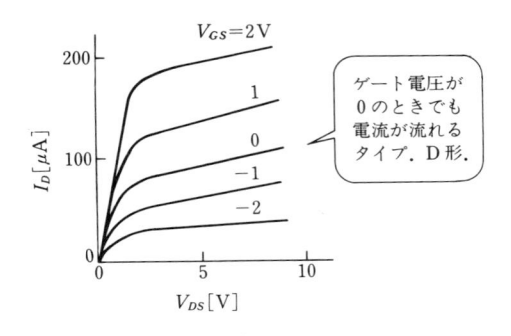

図 8.10 デプレション形 FET

（ゲート電圧が 0 のときでも電流が流れるタイプ．D形．）

① エンハンスメント形

ゲート電極 G に正の電圧を印加すると半導体表面の正孔は内部に押し込まれ，イオン化されたアクセプタによる空乏層が形成される．さらにゲート電圧を上げると表面に電子が誘起される．この電子の層では，$n > p$ となっており，p形基板とは異なるため**反転層**(inversion layer)といわれる．この層のことを **n チャネル**(channel)という．これを通じて電流を表面に沿って流すことができ

② **デプレション形**

ゲート電圧を印加しなくても，自然に表面がn形に反転してチャネルを形成するタイプ．

2) FETの特徴

FET全体に共通して，次のような特徴がある．
(1) 高入力インピーダンス(10^{10}〜10^{15} Ω)．
(2) 多数キャリア素子であるため，特性の変動が少なく安定している．

b．出力特性の計算

MOS FETの構造と座標系の関係を図8.11に示す．ゲート電圧 V_{GS} に正の電圧を印加し，反転層が形成されているとき，ソース・ドレイン間に電圧 V_{DS} を加えると，nチャネル中の電子がソースからドレインの向きに流れる．ソース端を $x=0$，ドレイン端を $x=L$ とし，x 点におけるチャネルの表面電子の電荷密度 $Q_n(x)$ および電界の強さを E_x としたときの電流 I_D は次式で与えられる．

$$I_D = W Q_n(x) \mu_n E_x \tag{8.1}$$

ここで，x 点の電位を $V(x)$ とすると，$E_x = -dV(x)/dx$ となる．したがって，I_D は

$$I_D = -W Q_n(x) \mu_n \frac{dV(x)}{dx} \tag{8.2}$$

となる．

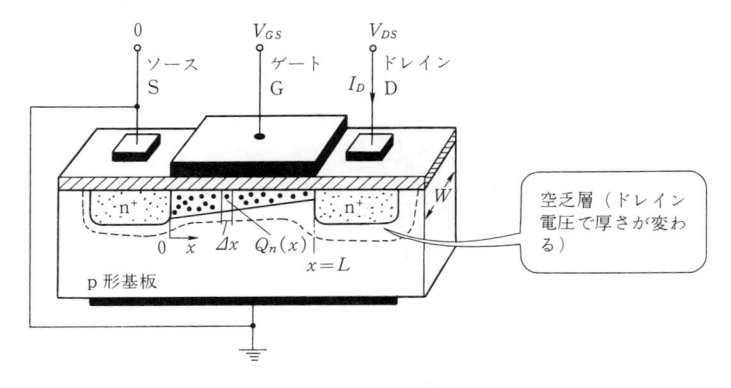

図8.11 MOS FETの構造と座標系

反転層は，半導体内部から絶縁された薄い導電膜とみなすことができる．この導電膜中の電荷 $Q_n(x)$ は，絶縁膜の容量(単位面積当たり C_{ox}) を V_{th}(反転層を発生するゲート電圧)以上の電圧で充電することによって現われると考えられるから，

$$Q_n(x) = -C_{ox}(V_{GS} - V_{th}) \tag{8.3}$$

で与えられる(付録 C 参照)．図 8.11 のようにソースと半導体の基板を接地し，ドレインに V_{DS} を印加することによって x 点の電位が $V(x)$ になっている．したがってその付近の表面を反転するのに必要な電位は

$$V_{th} + V(x) \quad \text{← これより } V_{GS} \text{ が高くないと反転層は発生しない．} \tag{8.4}$$

となる．その結果，反転後の電荷密度は(8.3)より

$$Q_n(x) = -C_{ox}[V_{GS} - V_{th} - V(x)] \tag{8.5}$$

となる．この式を(8.2)に代入して，両辺を x について積分すると

$$I_D \int_0^L dx = W\mu_n C_{ox} \int_{0,(V=0)}^{L,(V=V_{DS})} [V_{GS} - V_{th} - V(x)] \frac{dV(x)}{dx} dx \tag{8.6}$$

が得られる．これより，ソース・ドレイン間でチャネルが図 8.12(a)のように均一に形成され，

$$V(x) = \frac{V_{DS}}{L} x \tag{8.7}$$

とみなせる場合には，I_D は

$$\boxed{I_D = \frac{W}{L} \mu_n C_{ox} \left[(V_{GS} - V_{th}) V_{DS} - \frac{1}{2} V_{DS}^2 \right]} \tag{8.8}$$

となる．

① $V_{DS} \ll V_{GS} - V_{th}$ の場合の $V_{GS} =$ 一定曲線

もしも，V_{DS} が微小で $V_{DS} \ll V_{GS} - V_{th}$ ならば，この式は

$$I_D = \frac{W}{L} \mu_n C_{ox} (V_{GS} - V_{th}) V_{DS} \tag{8.9}$$

となり，$V_{GS} =$ 一定としたときの I_D-V_{DS} 曲線は直線で近似できることがわかる(図 8.13 参照)．

② $V_{DS} = V_{GS} - V_{th}$ の場合の $V_{GS} =$ 一定曲線

いま，$x = L$ の点を考えると，(8.4)からわかるように，ゲート電圧が

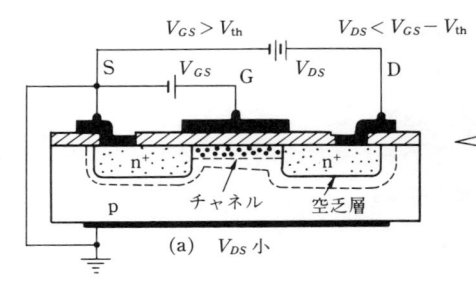

8.2 MOS形電界効果トランジスタ(MOS FET)

(a) V_{DS} 小
$V_{GS} > V_{th}$, $V_{DS} < V_{GS} - V_{th}$

反転層がゲートの下に一様に形成され，ソースからドレインへ電子が流れる．このときの電流 I_D は V_{DS} に比例して増加する．この領域を**直線領域**と呼び，(8.9) にしたがう．

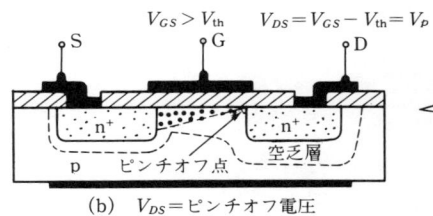

(b) $V_{DS}=$ ピンチオフ電圧
$V_{GS} > V_{th}$, $V_{DS} = V_{GS} - V_{th} = V_p$

V_{DS} が大きくなると，ドレインのn^+と p 形基板で形成される pn 接合が逆バイアス状態になり，この図のようにドレイン領域から空乏層が広がるために，ドレイン側のチャネルが狭くなる．ドレイン端でチャネルが消滅した状態を**ピンチオフ** (pinch-off) と呼ぶ．

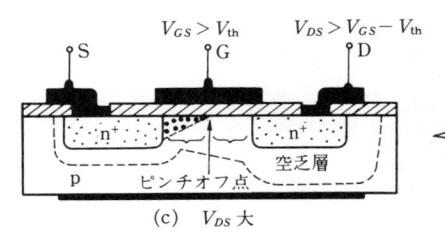

(c) V_{DS} 大
$V_{GS} > V_{th}$, $V_{DS} > V_{GS} - V_{th}$

V_{DS}をさらに増加させるとこの図に示すようにピンチオフ点がソース側に移動し，ドレインの周囲は空乏層で囲まれる．したがって，チャネルから放出された電子は電界によって掃引され，I_Dは増加しない．この領域を**飽和領域**と呼び (8.12) にしたがう．

図 8.12 ドレイン電圧 V_{DS} によるチャネルの変化

$$V_{GS} = V_{th} + V(x) = V_{th} + V(L) = V_{th} + V_{DS} \tag{8.10}$$

より高くならないと，反転層は発生しない．換言すればドレイン電圧が

$$V_{DS} = V_{GS} - V_{th} \tag{8.11}$$

になると，$x = L$ においてチャネルは切れてしまう．この状態を図 8.12(b) に示す．このときの V_{DS} をピンチオフ電圧 V_p という．

ピンチオフが生じたときの I_D は，(8.8)に(8.11)を代入することにより

$$I_D = \frac{1}{2} \frac{W}{L} \mu_n C_{ox} (V_{GS} - V_{th})^2 \tag{8.12}$$

となる．この式からわかるように，ピンチオフが生じれば，I_D は V_{DS} に依存しなくなる．

③ $V_{DS} > V_{GS} - V_{th}$

さらに V_{DS} を高くした場合は，ピンチオフ領域が図 8.12 (c) のように広がる．このような状態では空乏層であるピンチオフ領域に注入されたキャリアは強い電界のために，ドレインへそのまま吸い込まれる．

ピンチオフした後のドレイン電流を求めるために，例えば図 8.12 (c) のように $x=L/2$ でピンチオフしたときの電流を求めてみる．このときは (8.10) より $x=L/2$ とおいて

$$V_{GS} = V_{th} + V(x) = V_{th} + V\left(\frac{L}{2}\right) = V_{th} + V_{DS} \tag{8.13}$$

が成り立っている．すなわち

$$V_{DS} = V_{GS} - V_{th} \tag{8.14}$$

となっており，これは (8.11) と全く同一である．したがって，ドレイン電流も (8.12) と同じ値になる．この事情はピンチオフがどこで起きても変わらない．

これからわかるように I_D はピンチオフ開始時の値から変化しない．このような I_D の変わらない領域を**飽和領域**という．MOS FET 出力特性例を図 8.13 に示す．

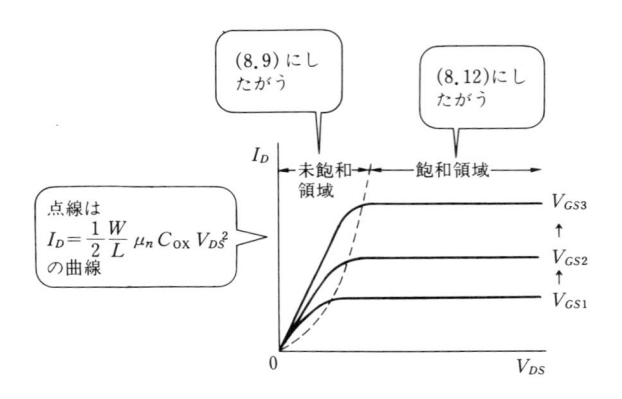

図 8.13 MOS トランジスタの I_D-V_{DS} 特性

c. 相互コンダクタンス（トランスコンダクタンスともいう）

バイポーラトランジスタの増幅率は電流増幅率 α で定義されたが，MOS トランジスタではこの増幅率に相当するものは，相互コンダクタンス g_m である．

$$g_m = \frac{\partial I_D}{\partial V_{GS}}\bigg|_{V_{DS}=一定} \quad \boxed{\text{ゲート電圧を1 V 変化させたときのドレイン電流の変化量}} \tag{8.15}$$

飽和領域における g_m は，(8.12)により次式で表わされる．

$$g_m = \frac{W}{L}\mu_n C_{ox}(V_{GS} - V_{th}) = \sqrt{2\beta}\sqrt{I_D} \tag{8.16}$$

ここで

$$\beta \equiv \frac{W}{L}\mu_n C_{ox} \tag{8.17}$$

であり，g_m は I_D の 1/2 乗に比例することがわかる．MOS ディジタル回路の設計で重要な ON 抵抗 r_m は，(8.14)より次式で与えられる．

$$r_m = \frac{1}{g_m} \tag{8.18}$$

g_m を大きくするための条件としては，次の点が挙げられる．
(1) $W \gg L$（ただし，W はゲート幅，L はゲート長）．
(2) μ_n の大きな材料を選ぶ．
(3) C_{ox} を大きくする．

d．FET の記号と特性

FET の記号と特性の分類を表 8.1 に示す．FET の電流モードから分類した場合，$V_{GS}=0$ のとき電流 I_D が流れない（normally off）タイプのエンハンスメント形（enhancement type）と，$V_{GS}=0$ のとき I_D が流れる（normally on）タイプのデプレション形（depletion type）がある．またキャリアの伝導形態から，n チャネル形と p チャネル形に分類することができる．

表 8.1 FET の記号と特性

種類\チャネル	デプレション形			エンハンスメント形	
	接合形FET	MOS形FET	伝達特性	MOS形FET	伝達特性
n	(図)	(図)	(図)	(図)	(図)
p	(図)	(図)	(図)	(図)	(図)

8.3 FET の小信号等価回路

8.3.1 低周波等価回路

周波数が低くて電極間の容量性結合が無視できる場合，図 8.14 に示すように，ドレイン電流 I_d，ゲート電圧 V_{gs} およびドレイン電圧 V_{ds} の間には次の関係が成り立つ．ただし，小文字の添字は小信号量であることを表わす．

$$I_d = g_m V_{gs} + \frac{V_{ds}}{r_d} \tag{8.19}$$

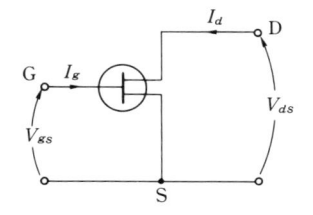

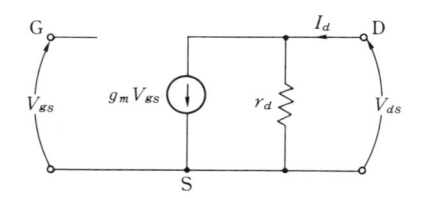

図 8.14 FET における電圧と電流の関係　　図 8.15 電流源等価回路

ここで，g_m は**相互コンダクタンス**，r_d は**ドレイン抵抗**と呼ばれ，それぞれ次式で定義される．

$$g_m = \left(\frac{\partial I_D}{\partial V_{GS}}\right)_{V_{DS}=\text{一定}} \tag{8.20}$$

$$r_d = \left(\frac{\partial V_{DS}}{\partial I_D}\right)_{V_{GS}=\text{一定}} \tag{8.21}$$

(8.19) より，FET の電流源を用いて表示した等価回路が得られる（図 8.15）．また，

$$\mu = \left(\frac{\partial V_{DS}}{\partial V_{GS}}\right)_{I_D=\text{一定}} \tag{8.22}$$

で定義される増幅率を用いると，(8.19) は

$$\begin{aligned} V_{ds} &= -g_m r_d V_{gs} + r_d I_d \\ &= -\left(\frac{\partial I_D}{\partial V_{GS}}\right)\left(\frac{\partial V_{DS}}{\partial I_D}\right) V_{gs} + r_d I_d \\ &= -\underbrace{\mu V_{gs}}_{} + r_d I_d \end{aligned} \tag{8.23}$$

となる．これより，電圧源を用いて表示した FET の等価回路が得られる（図 8.16）．

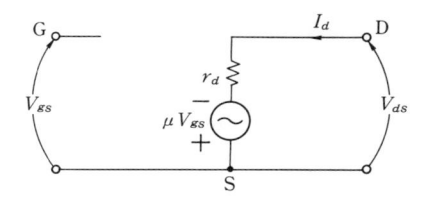

図 8.16 電圧源等価回路

8.3.2 高周波等価回路

高周波に対する FET の微小信号等価回路を図 8.17 に示す．容量 C_{GS} はゲート・ソース間容量を表わす．MOS FET の場合，チャネルの長さおよび幅をそれぞれ L, W とすると，$C_{GS} = WLC$ で与えられる．ここで，C は単位面積当たりの酸化膜の容量 C_{ox} と半導体表面の空乏層容量 C_S の直列合成容量を示し，付録の (C.11) から求められる．C_{GD} はゲート・ドレイン間の容量を示し，入力と出力間に帰還をもたらす．また C_{DS} はソース・ドレイン間の容量を示す．相互コンダクタンス g_m は I_D-V_{DS} 特性（図 8.13）の未飽和領域の直線部分では，

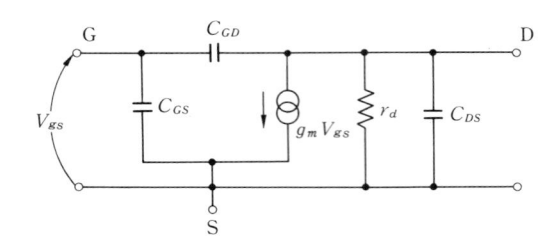

図 8.17 MOS FET の高周波等価回路

(8.9) より

$$g_m = \frac{\partial I_D}{\partial V_{GS}}\bigg|_{V_{DS}=-\vec{\Xi}} = \frac{W}{L}\mu_n C_{\mathrm{ox}} V_{DS} \tag{8.24}$$

で与えられ，飽和領域では (8.16) で示される．r_d はドレイン抵抗である．

図 8.17 の等価回路から，MOS FET のしゃ断周波数 f_T を求めることができる．ここで f_T は，出力短絡時において，信号の入力電流 i_{in} に対する出力電流 i_{out} の比が 1 になる周波数と定義する．すなわち，周波数を上げていったとき，MOS FET が入力信号を増幅することができなくなる周波数を f_T と定義する．出力端を短絡した場合の入力電流 i_{in} は，

$$i_{\mathrm{in}} = j\omega(C_{GS}+C_{GD})V_{gs} \fallingdotseq j\omega(C_{\mathrm{ox}}WL)V_{gs} \tag{8.25}$$

（$C_{GS} \gg C_{GD}$, $C_{GS}=WLC$ チャネルとゲート間では $C \fallingdotseq C_{\mathrm{ox}}$.）

となる．出力電流 i_{out} は

$$i_{\mathrm{out}} = g_m V_{gs} \tag{8.26}$$

で与えられる．

しゃ断周波数 f_T の定義より $i_{\mathrm{out}}/i_{\mathrm{in}}=1$ として，f_T は

$$f_T = \frac{g_m}{2\pi(C_{GS}+C_{GD})} \fallingdotseq \frac{\mu_n V_{DS}}{2\pi L^2} \tag{8.27}$$

（分子：(8.24) を代入，分母：(8.25) のふき出し参照）

で表わされる．この式から，FET を高周波あるいは高速度で動作させるには，す

なわち，f_T を高くするには，チャネル長 L を短くかつ移動度 μ_n を大きくすればよいことがわかる．

さらに高周波の場合には，基板の抵抗や配線のインダクタンスを考慮した等価回路を用いる必要がある．

8.3.3 MOS FET の短チャネル効果

8.3.2 項で述べたように，チャネル長 L が短くなるほど高速化が可能である．MOS FET を用いた MOS IC では，デバイスの寸法を縮小することにより，高集積化が図られている．現在，最小寸法（すなわちゲート長）がサブミクロン（$1\,\mu\text{m}$ 以下）のデバイスが市販されている．しかし，チャネル長 L が極端に短くなると，ソースおよびドレイン接合の空乏層がつながってしまう．このため，V_{GS} によってソース・ドレイン間を流れる電流 I_D を制御することができなくなる．この現象を**パンチスルー**（punch-through）と呼び，デバイスを短チャネル化する際の限界を与える．逆にいえば，パンチスルーが起こる点が，短チャネル MOS FET の動作限界である．また短チャネル効果は，図 8.18 でわかるようにゲートバイアスを狭い領域に集中させる働きがあるので，しきい値電圧 V_{th} の低下を生じる．このように，チャネル長 L を短くすることは，チャネル領域の電荷が V_{GS} の電圧だけでなく，ソースおよびドレイン領域の空乏層電荷や電界および電位分布に大きく影響を与える．デバイスの小型化に関する比例縮小則については，第 9 章で述べる．

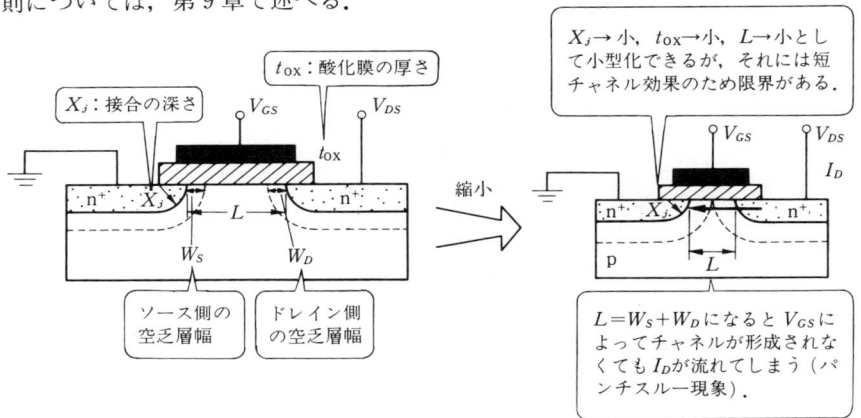

図 8.18 MOS FET の短チャネル

8.4 MOS FET の各種接地方式

MOSトランジスタはバイポーラトランジスタと同様に増幅器として用いることができる。接地回路方式としては、図 8.19 に示すようなソース接地, ドレイン接地およびゲート接地がある.

(a) ソース接地

特　徴
(1) 入力インピーダンスが高い.
(2) 出力インピーダンスは、中位の値から高い値まで取り得る.
(3) 電圧利得は、1より大きい.

(b) ドレイン接地

特　徴
(1) ソース接地より、入力インピーダンスが高い.
(2) 出力インピーダンスは低く、入力と出力の間の極性反転はない.
(3) 電圧利得は、常に1より小さい.

(c) ゲート接地

特　徴
(1) 低入力インピーダンスから、高出力インピーダンスへの変換が可能である.
(2) 電圧利得は、ソース接地より小さい.

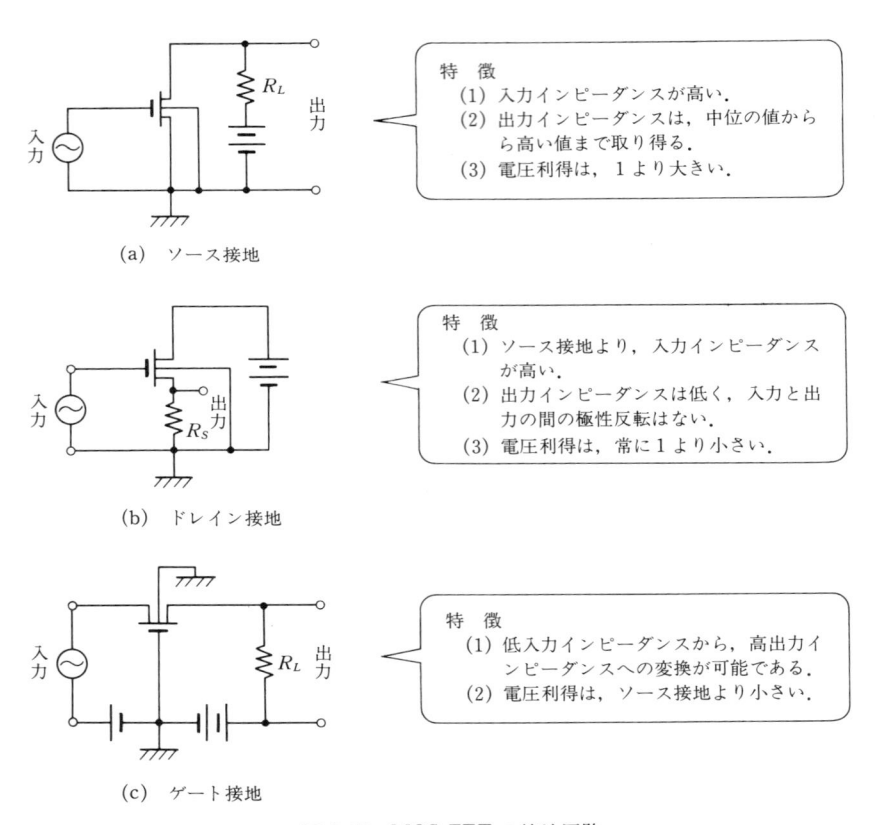

図 8.19　MOS FET の接地回路

8.4.1　ソース接地

ソース接地回路は入力インピーダンスが大きく取れるので、一般によく用いられる. 帰還がないと仮定した場合の低周波等価回路および電圧利得 A を次

に示す.

〈キルヒホッフの法則〉
$I_d R_L + (I_d - g_m V_{gs}) r_d = 0$ ①

〈入力電圧〉
$V_i = V_{gs}$ ②

〈出力電圧〉
$V_o = -I_d R_L$ ③

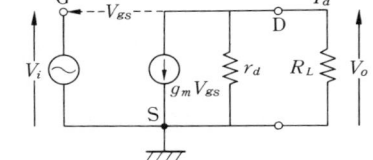

図 8.20 ソース接地等価回路

電圧利得 A は,式①〜③から次のように求められる.

$$A = \frac{V_o}{V_i} = -\frac{g_m r_d R_L}{r_d + R_L} \quad \text{負号は出力が反転することを表わす.} \tag{8.28}$$

8.4.2 ドレイン接地

ドレインを共通とした動作は**ソースホロワ**と呼ばれる.この場合の低周波等価回路と電圧利得 A を次に示す.ただし R_s はソースとアース間の正味の抵抗である.

〈キルヒホッフの法則〉
$(I_d - g_m V_{gs}) r_d + I_d R_s = 0$ ①

〈入力電圧〉
$V_i = V_{gs} + I_d R_s$ ②

〈出力電圧〉
$V_o = I_d R_s$ (通常 $R_s \ll r_d$) ③

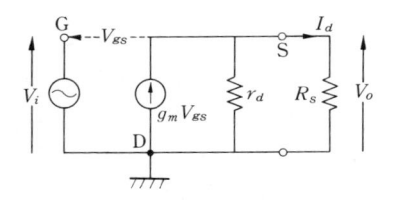

図 8.21 ドレイン接地等価回路

電圧利得 A は,式①〜③から次のように求められる.

$$A = \frac{V_o}{V_i} = \frac{g_m R_s}{1 + g_m R_s} \quad \text{電圧利得は常に 1 より小さいことがわかる.} \tag{8.29}$$

8.4.3 ゲート接地

ゲート共通回路の低周波等価回路と電圧利得 A を次に示す.

〈キルヒホッフの法則〉
$I_d R_L + (I_d - g_m V_{gs}) r_d - V_i = 0$ ①

〈入力電圧〉
$V_i = V_{gs}$ ②

〈出力電圧〉
$V_o = -I_d R_L$ ③

電圧利得 A は，式①〜③から次のように求められる．

$$A = \frac{V_o}{V_i} = \frac{(1+g_m r_d)R_L}{r_d + R_L} \tag{8.30}$$

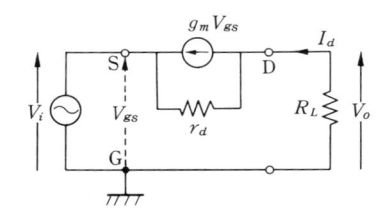

図 8.22 ゲート接地等価回路

演習問題

8.1 FET をゲート構造より分類し，構造を簡単に説明せよ．

8.2 p チャネル JFET の構造図(含回路図)および出力特性図を描き，動作原理を説明せよ．

8.3 SIT の構造図および出力特性図を描き，その特徴について説明せよ．

8.4 エンハンスメント形とデプレション形 FET の相異について説明せよ．

8.5 FET の記号について説明せよ．

8.6 FET の小信号等価回路を描き，説明せよ．

8.7 式(8.3)を導出せよ．

8.8 MOS FET の基本式(8.8)を導出せよ．

8.9 MOS FET の飽和領域において，g_m は $I_D^{1/2}$ に比例することを示せ．

8.10 $g_m = 1500\mu S$，$r_d = 10\,k\Omega$ をもつ MOS FET がある．

(1) ソース接地の場合，$R_L = 100\,k\Omega$ としたときの電圧利得を求めよ．

(2) ソースホロワの場合，$R_S = 667\,\Omega$ としたときの電圧利得を求めよ．

(3) ゲート接地の場合，$R_L = 2\,k\Omega$ としたときの電圧利得を求めよ．

8.11 周波数が高く，電極間の容量性結合が無視できないときの MOS FET 等価回路を描け．

(1) ソース接地

(2) ソースホロワ(ドレイン接地)

(3) ゲート接地

9. 集積回路

トランジスタやダイオード，抵抗やコンデンサなどを1つの半導体チップの上や基板の上に集積し，金属薄膜で配線して作った電子回路を**集積回路**(IC：integrated circuit)という．ICの特長は，機器の小型軽量化はもちろん，信頼性と経済性の向上，高速化，使いやすさなどである．論理演算や情報の記憶などの働きをするものが主流である．

本章では，①ICには半導体ICの他に大出力用やコイルなどを必要とする用途に適する**混成IC**などがあること，②使用する能動素子により，**バイポーラIC**と**MOS IC**に分類できること，③機能により，**ディジタルIC**と**アナログIC**に分類できること，④ICの基本回路には**DTL**(diode transistor logic)や**TTL**(transistor transistor logic)など種々の回路があるが，高速のものは消費電力も大きく，速度と消費電力はほぼ比例的であること，⑤メモリICには読み出し専用の**ROM**(read only memory)と書き込みもできる**RWM**(read write memory)および**RAM**(random access memory)とがあること，⑥フラッシュメモリ，強誘電体メモリおよびSSDなどについて述べる．

9.1 集積回路の基礎

a．集積回路の分類
集積回路は，その構造的な面から見れば，次の3つに分類できる．
① 半導体IC（モノリシックIC）
バイポーラIC，MOS IC

② 膜IC
薄膜IC(蒸着膜，スパッタ膜)
厚膜IC(ペースト印刷)
③ 混成IC(ハイブリッドIC)

1) 半導体IC

半導体ICは，**モノリシックIC**（単一の石からなるIC）とも呼ばれる．これは1つの半導体基板上または基板内に抵抗，キャパシタ，トランジスタ，ダイオードなどの素子を作り込み，それらを接続して電子回路を構成したものである．

2) 膜IC

膜ICには次の2つがある．

① 薄膜IC

絶縁物基板上に真空蒸着(図9.1)やスパッタなどによって回路素子を作りつけたもの(膜厚 $1\mu m$ 以下)．

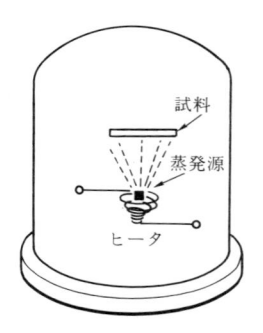

図9.1 真空蒸着

② 厚膜IC

ペースト(Ag粉末45%，Pd粉末20%，ガラス粉末5%)，バインダ(樹脂15%，溶剤15%などで構成)を図9.2(a)のようにスクリーン印刷し，焼き付けて回路素子を作りつけたもの(膜厚は $1\mu m$ 以上)．

3) 混成IC

混成IC（ハイブリッドIC)は，いくつかの異なった材料から構成されたもので，ほとんど単一の材料(Si)を用いているモノリシックICと基本的に違っている．基本的な構造としては，絶縁性の基板（アルミナ，ガラス，プラスチック）の上に，電子素子や部品を取り付けて，薄膜や厚膜で接続している（図9.2

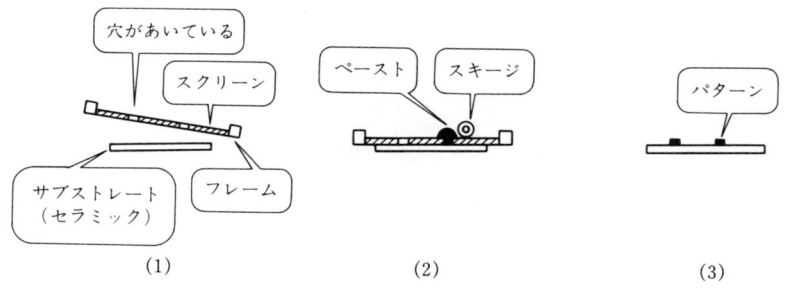

図 9.2 印刷によるパターン形成とハイブリッド IC

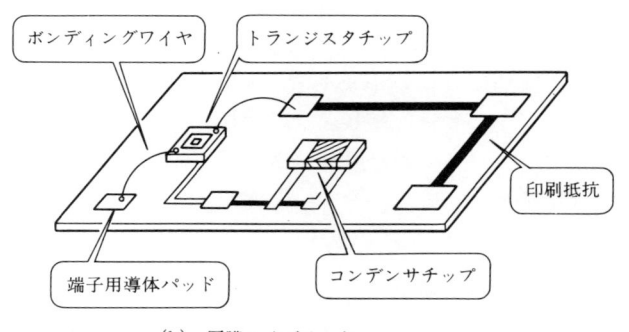

(b))．モノリシック IC に比べて集積度の点では劣るものの，大出力用やコイルなどの電子部品を必要とする用途に向いている．

b．半導体 IC の分類
1） 規模(集積度)による分類
1 個のチップに含まれる素子数によって，大まかには次のように分類される．
- **SSI**(small scale integrated circuit)：100 個未満
- **MSI**(medium scale integrated circuit)：1000 個未満
- **LSI**(large scale integrated circuit)：10 万個未満
- **VLSI**(very large scale integrated circuit)：1000 万個未満
- **ULSI**(ultra large scale integrated circuit)：1000 万個以上

2) 能動素子による分類

能動素子にバイポーラトランジスタを使うか，MOSトランジスタを使うかによって，バイポーラICとMOS ICに分類できる．

モノリシックIC
- **バイポーラIC**　MOS FETの2次元的な電流の流れに対して，バイポーラトランジスタは3次元的であり，電流駆動力が大きい．この特性を生かし，高速メモリや高速ロジック，アナログ回路などに用いる．
- **MOS IC**　構造が簡単であるため高密度化が可能である．このため高密度メモリや高密度ロジックに用いる．
- **BiCMOS IC**　バイポーラトランジスタ回路とMOS論理ICの一種であるCMOS回路（低消費電力が特長，P 175）を1チップ上に混載したIC．それぞれの回路の利点を複合して，高速プロセッサや通信用IC，システムLSI等に用いる．

3) 機能による分類

ICを機能によって分類すると，次のようになる．

IC
- **ディジタルIC**
  - **ロジックIC(論理IC)**　AND, OR, NOTなどの論理回路のいくつかを組み込んだIC．
  - **メモリIC(記憶IC)**　ディジタル信号の"0"，"1"を記憶しうるフリップフロップなどの回路を多数組み込んだIC．
  - **システムLSI**　マイクロプロセッサをディジタル信号処理プロセッサやメモリなどの様々な回路と組み合わせ，システム全体を1チップ上に集積した目的別専用大規模LSI．System on a Chip（SoC）とも呼ぶ．
- **アナログIC(リニヤIC)**　電圧，電流の連続して変化する量（アナログ信号）を増幅したり変調したり各種の処理をするような回路をいくつか組み込んだIC．

4) 論理ICのカスタム化による分類

論理ICは，生産量や開発期間により設計法が使い分けられる．一般にカスタム化(ユーザ仕様による製造)のレベルによって，汎用IC，セミカスタムIC，フ

ルカスタム IC の 3 つに分類される．

> **汎用 IC** マイクロプロセッサ，メモリなど．
> 使用者が設計に関与しない標準品．大量生産，低価格が特徴．
>
> **セミカスタム IC** 製造工程のある部分まで汎用的に作られ，配線などによって使用者向けの設計に作られる．多品種，少量生産向き．
>
> **PLA**(programable logic array) 素子をマトリックス状に配置し，縦に走る第 1 層配線と横に走る第 2 層配線の各交点の接続により論理回路を構成する．
>
> **ゲートアレイ**(gate array) 論理素子を配置したウエーハを作成しておき，配線工程で使用者専用のマスクを使って製造を行う．

論理 IC

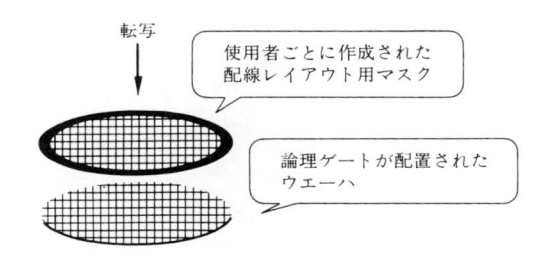

転写
使用者ごとに作成された配線レイアウト用マスク
論理ゲートが配置されたウエーハ

> **フルカスタム IC** 電卓，時計の CPU など．
> 使用者ごとに専用に設計が行われる．大量生産，目的指向．

フルカスタム IC，セミカスタム IC をまとめて，**ASIC**(application specific IC, エイシック)という．さらに，ユーザが自由にプログラムできる LSI のことを FPGA (Field Programmable Gate Array) と呼ぶ．

c．半導体 IC の特徴

IC は次のような特徴をもつ．

1）小型化

写真の縮小や電子顕微鏡の原理を利用するリソグラフィ技術によって製造するので，サブミクロンの線幅で回路を作ることができる．大きさの比較を図 9.3 に示す．加工技術は年々進歩し，最小線幅（デザインルール）は図 9.4 のように

166 9. 集積回路

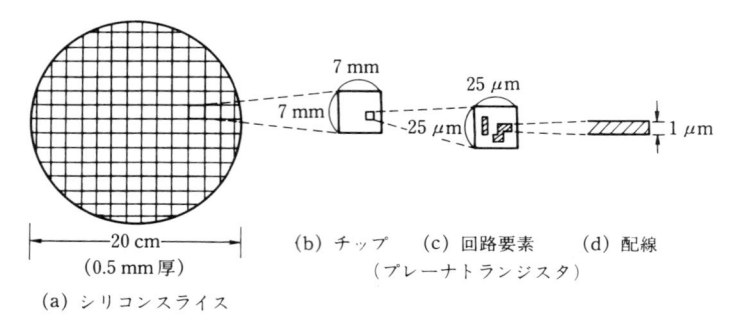

```
         7 mm         25 μm
    ┌─7 mm         ┌─25 μm         ┌ 1 μm
 (a)シリコンスライス  (b)チップ  (c)回路要素      (d)配線
   ―20 cm―               (プレーナトランジスタ)
   (0.5 mm厚)
```

図 9.3 IC の寸法例 (1 μm のルール)

推移している．

　IC の微細加工技術は年々進歩し，最小線幅 (デザインルール) は図 9.4 のように，年とともに小さくなっている．なお，ここ 30 年ほどの推移として，デザインルールは 3 年で 1/2 となっており，このことは半導体素子の占有面積が 3 年で 1/4 に縮小 (面密度に直して 4 倍に増大) していることを意味する．この技術の流れは「ムーアの法則」(経験則) と呼ばれる．

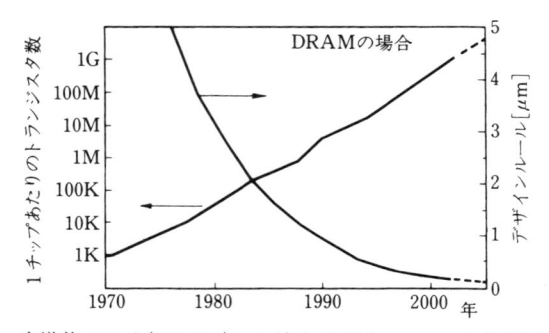

図 9.4 半導体メモリ (DRAM) におけるデザインルールと集積度の進歩

2) 低価格化

　小型化すれば 1 枚のウエーハから多くの IC を作ることができ，そのうえ，図 9.5 のように歩留りも上がる．1 枚のウエーハを処理する価格は素子数にはほとんど無関係であるから，図 9.6 のように小型化するほど低価格になる．

　モノリシック IC はプレーナ技術で作られ，きわめて大量生産が容易であるから，素子 1 つ当たりは大変安価にできる．

9.1 集積回路の基礎 **167**

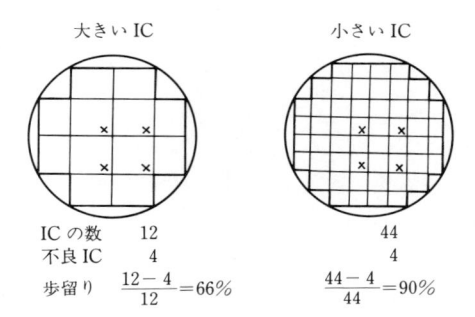

```
        大きいIC              小さいIC

IC の数    12                  44
不良IC     4                   4
歩留り   (12-4)/12 = 66%    (44-4)/44 = 90%
```

図 9.5 小型になるほど多くとれて歩留りも上がる

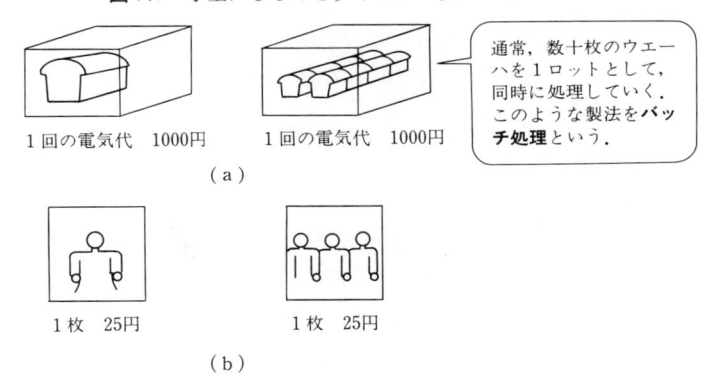

1回の電気代　1000円　　1回の電気代　1000円

通常，数十枚のウエーハを1ロットとして，同時に処理していく．このような製法を**バッチ処理**という．

(a)

1枚　25円　　　　　1枚　25円

(b)

図 9.6 バッチ処理や焼付現像処理はパターンの複雑さにほとんど無関係

3) 高 性 能 化
① 高周波化・高速化と特性の均一化

IC 化によって配線が短くなると，図 9.7 のように有害なインダクタンスや

浮遊容量・インダクタンスは桁違いに小さくなり高周波化可能．

大きな浮遊容量・インダクタンスをもつ．高周波化は困難．

故障の大半は回路の接続個所で生じる．

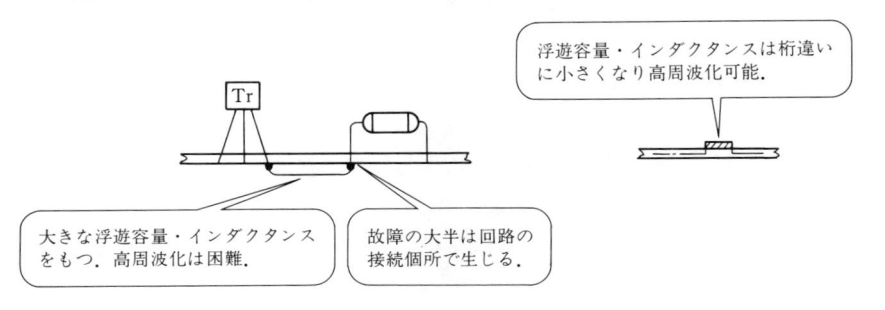

図 9.7 個別部品で構成された回路と IC の比較

キャパシタンスが小さくなることから，回路を高周波化・高速化することが可能になる．また，同一工程で一度にICの各素子が作られるので，特性が均一化する．

② 高信頼化

一般に，電子装置の故障の大半は，回路の接続個所で生じるといわれている．ICの信頼性が高いのは，回路のほとんどすべての配線がその製造工程の中で完成されているためであり，IC1個の故障率はトランジスタ1個のそれにほぼ等しい．

③ 低電力化と新機能素子の可能性

素子の小型化によって，消費電力を大幅に減らすことができる．また，IC化によって，CCDなどのように個別部品の組み合わせではできない新機能素子を作ることも可能になる．

d． 比例縮小則(スケーリング)

ICの集積度を上げるためには，各素子の寸法を微小化する必要がある．ここではMOS FETを例にとってその方法を説明する．

基本的なスケーリングの方針の1つは，MOS界面の電界強度とこれによって誘起されるチャネルを流れる電流の密度を一定に保ちながら，すべての寸法を $1/K(K>1)$ に縮小することである．この場合には，不純物密度を K 倍にしながら素子の物理的な寸法，例えば酸化膜厚，ゲート長，ゲート幅，接合深さなどを $1/K$ に縮小する．このとき，しきい値電圧 V_{th} をほぼ $1/K$ に，縮小した素子の内部電界を一定に保つために動作電圧も $1/K$ に低減すると，縮小素子の相互コンダクタンス g_m は変化しないから，電流も $1/K$ に減少する．

このようなスケーリングを行うとすべての寸法が $1/K$ になるので，単位面積当たりの素子数は K^2 倍になる．ゲートの面積は $1/K^2$，酸化膜厚は $1/K$ となるので，MOS静電容量は $1/K$ に減少する．もし回路がすべて同一のMOS FETの多段接続から構成されているならば，信号伝達の遅延時間は，次段のFETのMOS容量を充電するのに要する時間 VC/I で与えられるが，この値は $1/K$ に縮まる．すなわち動作速度は K 倍になり，消費電力 VI は $1/K^2$ になる．したがって，寸法を $1/10\,(K=10)$ にすれば，同じ機能であれば，消費電力が $1/100$ で，動作速度が10倍の素子を100倍の高密度で集積したICが実現できる．

バイポーラトランジスタにおいても基本的にはスケーリングが可能であって，微小化によってICの性能が向上できる．しかし，バイポーラトランジスタの特性は非線形性が強いので，スケーリングはMOS FETの場合のように簡単ではない．

9.2 各種IC(アナログICと論理IC)

a. アナログIC(ほとんどはバイポーラ形)

アナログICでは，温度変化などによる素子特性の変動が増幅度などに大きな影響を与えるので，一般にディジタルICより安定化が困難である．しかし，図9.8に示した差動増幅器のような対称性のある回路や，利得が抵抗比で決まる負帰還増幅回路を採用することによって，その欠点を補うことができる．

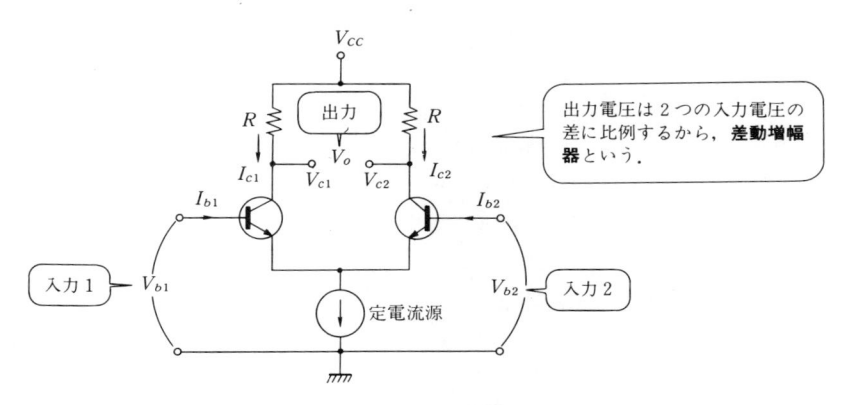

図9.8 差動増幅器

アナログICでは汎用性のある演算増幅器(OPアンプ)，定電圧電源回路，TV，VTR用回路，A-D，D-AコンバータについてIC化が進んでいる．

例えば図9.8のような差動増幅器は，電源電圧や周囲温度の変動に対して強い．

① V_{cc}上昇 $\begin{cases} \to I_{c1},\ I_{c2}は不変 \to Rの電圧降下不変 \to V_{c1}不変 \\ \begin{pmatrix}定電流源により\\制限されるから\end{pmatrix}\quad (RI_{c1}不変) \quad\quad (V_{c1}=V_{cc}-RI_{c1}) \\ \to I_{c2},\ I_{c1}は不変 \to Rの電圧降下不変 \to V_{c2}不変 \end{cases}$
　　　$\to 出力\ V_o 不変(V_o=V_{c1}-V_{c2})$

② 周囲温度上昇 →
- I_{c1} 増加 → V_{c1} 減少
- I_{c2} 増加 → V_{c2} 減少

→ 出力 V_o 不変 ($V_o = V_{c1} - V_{c2}$)

b. バイポーラ論理IC

DCTL, DTL, TTL, CML など種々の回路があり，動作速度，消費電力，雑音などに関してそれぞれ特徴をもっている．論理ICの代表的な回路のおくれ時間と消費電力を図9.9に示す．

高速なほど，消費電力は大きくなることがわかる．

DCTL (direct coupled transister logic) — トランジスタの特性のバラツキによる不安定性のためにほとんど使用されない．

MOS
DTL (diode-transistor logic)
TTL (transistor-transistor logic)
ECL (emitter coupled logic)

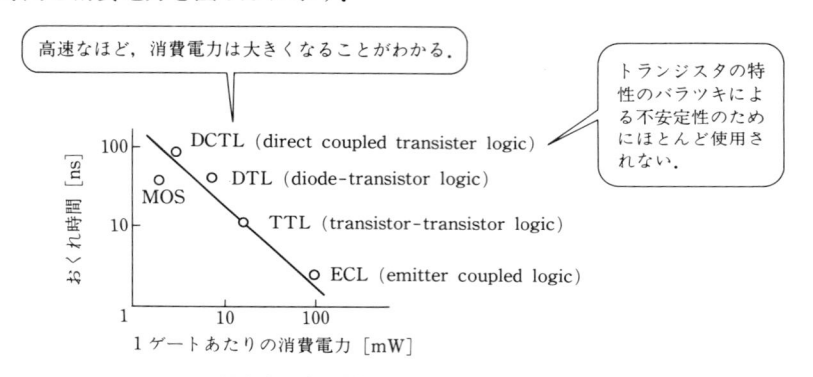

縦軸: おくれ時間 [ns]
横軸: 1ゲートあたりの消費電力 [mW]

図9.9 論理ICの動作速度と消費電力

以下，代表的なロジックICについて述べる．

1) DTL (diode transistor logic)

図9.10に示すような，ダイオード D_1, D_2 およびトランジスタ Tr からなる論理回路を基本とするようなロジックICの形式を **DTL** という．

DTL では，トランジスタがONからOFFになるときに，図9.11のようにベースの蓄積電荷が高抵抗 R_2（図9.10）を通して放電されるので，スイッチング時間が長くなるという欠点がある．

なお，図9.10の中の説明文は，①，②，…の順番に読むとわかりやすい．また，図において，"両方H（いずれかL）"，"H(L)"と表記している．これは，入力 A, B のレベルが両方ともHであれば点Pのレベルは H となり，もしもいずれかがLであればLになることを示している．すなわち，括弧内に記した状態どうしが対応していることを示す．以後の図においても同様な表記法を使用している．

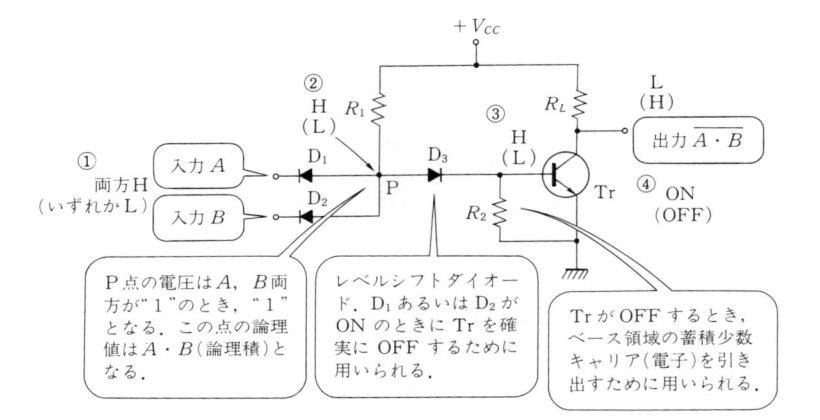

9.2 各種IC(アナログICと論理IC)　171

図9.10 DTL基本回路

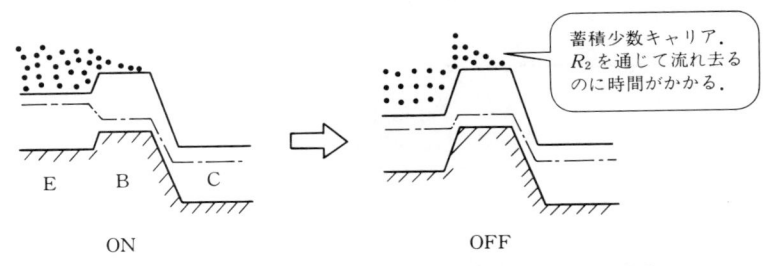

吹き出し注釈:
- ① 両方H(いずれかL)
- ② H(L)
- ③ H(L)
- ④ ON(OFF)
- 出力 $\overline{A \cdot B}$
- L(H)
- P点の電圧はA, B両方が"1"のとき, "1"となる. この点の論理値は$A \cdot B$(論理積)となる.
- レベルシフトダイオード. D_1あるいはD_2がONのときにTrを確実にOFFするために用いられる.
- TrがOFFするとき, ベース領域の蓄積少数キャリア(電子)を引き出すために用いられる.

図9.11 トランジスタがOFFした直後のキャリアの移動

蓄積少数キャリア. R_2を通じて流れ去るのに時間がかかる.

2) **TTL**(transistor transistor logic)

TTLは, DTLのダイオードをトランジスタに置き換えたものであり, 基本

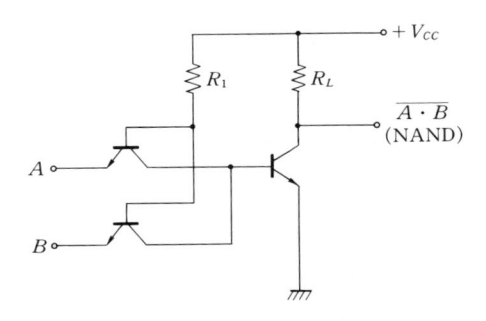

図9.12 個別トランジスタを用いた基本TTL論理ゲート

$\overline{A \cdot B}$ (NAND)

回路を図 9.12 に示す．IC では特性をそろえるために，図 9.13 のようにマルチエミッタ構造とする．この構造のデバイス断面図を図 9.14 に示す．

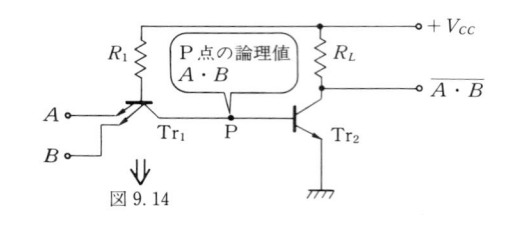

図 9.13 マルチエミッタによる基本的 TTL NAND ゲート

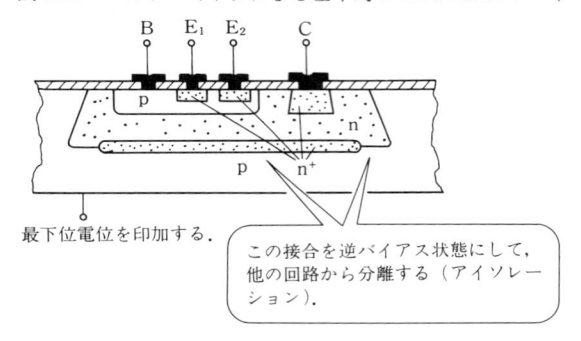

図 9.14 マルチエミッタトランジスタの構造

TTL では Tr_2 が ON から OFF に移るとき，Tr_2 に蓄積されている少数キャリアは，図 9.15 に示すように Tr_1 を通じて引き出されるので，高速動作が可能になる．また，消費電力も比較的少ないので，広く使われているバイポーラ IC である．

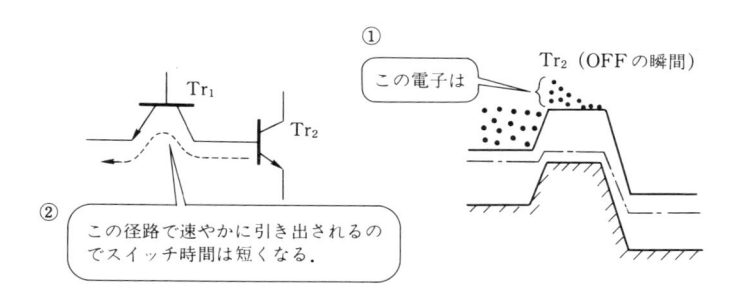

図 9.15 トランジスタが OFF した直後のキャリアの移動

以上のことから，伝播遅延時間は
  DTL で 20 ns/ゲート
  TTL で 8 ns/ゲート
になる．

c. ECL (emitter coupled logic)

ECL は，図 9.16 のように差動増幅回路で構成されている．

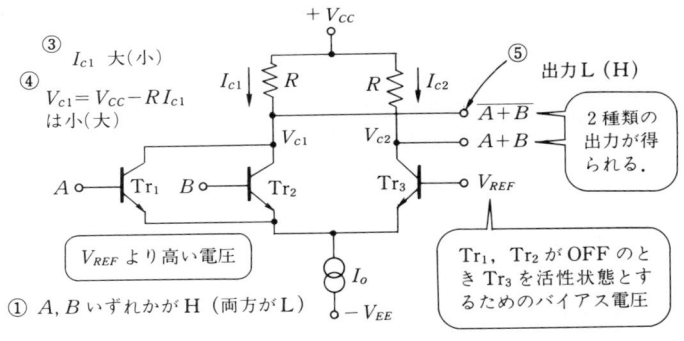

③ I_{c1} 大(小)
④ $V_{c1} = V_{cc} - RI_{c1}$ は小(大)
⑤ 出力 L (H)

2種類の出力が得られる．

V_{REF} より高い電圧

Tr_1, Tr_2 が OFF のとき Tr_3 を活性状態とするためのバイアス電圧

① A, B いずれかが H (両方が L)
② Tr_1, Tr_2 いずれかが ON (両方が OFF)

図 9.16 ECL 基本回路

トランジスタを非飽和領域で動作させる論理ゲートが ECL である．この回路では，図 9.17 に示したごとく TTL のようにトランジスタを飽和領域にまでもっていかないので，キャリアの蓄積効果が無視できる．このため，きわめて速いスイッチング動作が可能となる．なお，この回路は Tr_1，Tr_2 と Tr_3 のエミッタに共通に接続されている電流源 I_o の電流路を，Tr_1，Tr_2 のベース電位を変化させて，I_{c1} と I_{c2} の間で切り替えてスイッチ動作を行うので **CML** (current mode logic) とも呼ばれる．

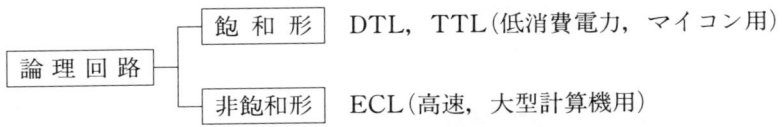

論理回路 ─┬─ 飽和形   DTL, TTL (低消費電力，マイコン用)
          └─ 非飽和形 ECL (高速，大型計算機用)

ECL は伝播遅延時間を 1 nsec 以下まで高速化できるので，とくに高速動作の必要な，大型計算機の CPU やキャッシュメモリなどに用いられる．TTL に比較すると，消費電力は一般にかなり大きい．

174 9. 集積回路

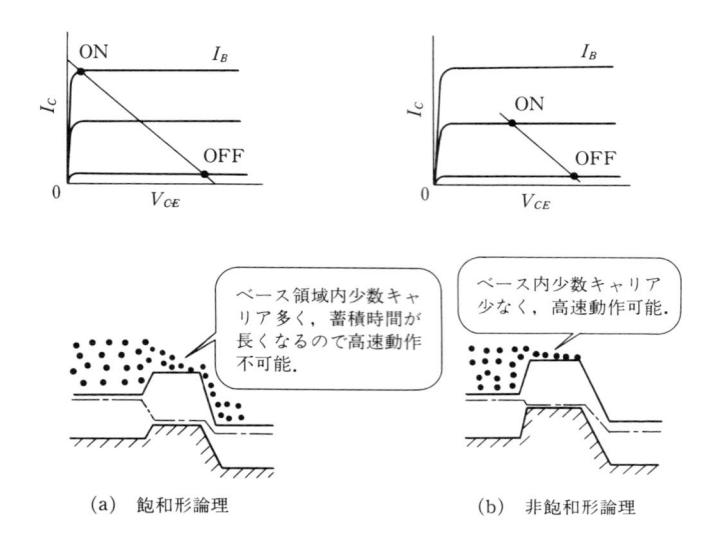

(a) 飽和形論理   (b) 非飽和形論理

図9.17 トランジスタがOFFした直後のキャリアの移動

d. MOS 論理 IC

MOS FET を用いた論理回路は，トランジスタを直結した DCTL (direct coupled transistor logic) ゲートで構成される．

図9.18は，DCTLによる2入力 NAND, NOR ゲートを示す．また図9.19はインバータ（反転回路）を示すが，負荷に用いる素子の種類によって，いくつかのタイプに分類できる．

① A, B ともH
 （1つでもL）
② Tr_1, Tr_2 ON
 （OFF）
③ 負荷の電圧降下により X はL
 （電圧降下なくH）

$X = \overline{A \cdot B}$

$X = \overline{A+B}$

A, B が1つでもHになり，TrがONすると X はLになる．

(a) NAND ゲート   (b) NOR ゲート

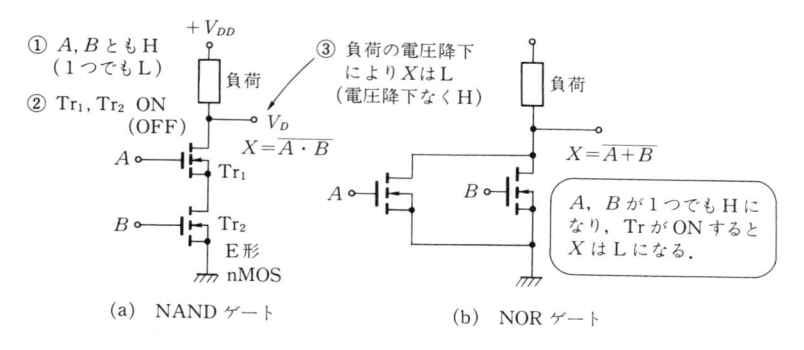

図9.18 MOS DCTL

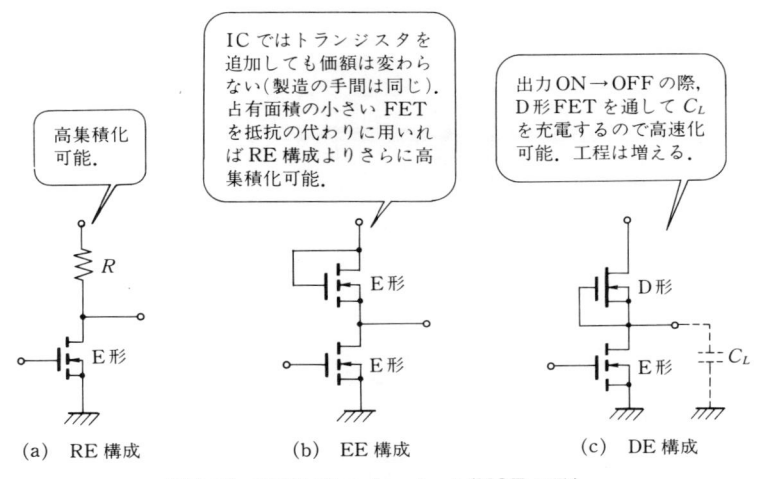

図 9.19 の吹き出し・ラベル:
- 高集積化可能.
- IC ではトランジスタを追加しても価額は変わらない（製造の手間は同じ）．占有面積の小さい FET を抵抗の代わりに用いれば RE 構成よりさらに高集積化可能.
- 出力 ON→OFF の際，D 形 FET を通して C_L を充電するので高速化可能．工程は増える．

(a) RE 構成　　(b) EE 構成　　(c) DE 構成

図 9.19　MOS IC のインバータ（NOT 回路）

e. CMOS 論理 IC

pMOS と nMOS（いずれも E 形）FET で構成された図 9.20 のようなゲート回路を**相補形 MOS 論理ゲート**（complementary MOS：CMOS ゲート）という．

図 9.20 のラベル:
- 負荷素子　E 形, pMOS
- 増幅素子　E 形, nMOS
- いずれの場合もほとんど電流は流れず，低消費電力

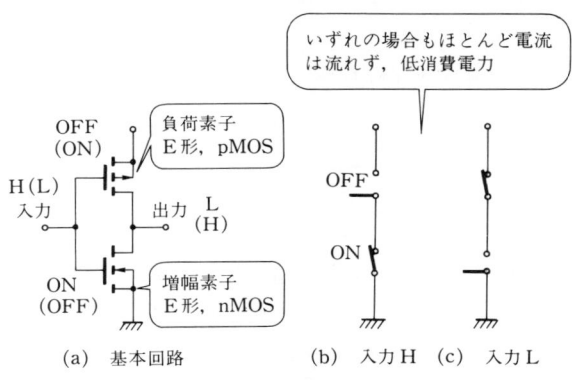

(a) 基本回路　　(b) 入力 H　　(c) 入力 L

図 9.20　CMOS IC

CMOS ゲートでは，いずれかの FET が OFF しているので，静止状態ではほとんど電流は流れず，低消費電力である．しかし，製作工程が多く，大面積を要する（1983 年立体化試作に成功）．図 9.21 に CMOS ゲートの構造を示す．

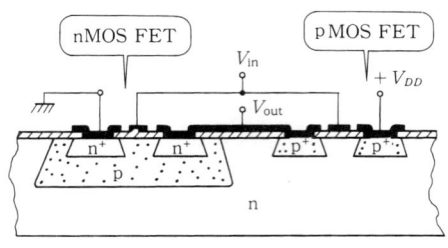

図 9.21 CMOS IC 断面図

9.3 メモリ IC(DRAM, SRAM, EPROM 等)

a. メモリ IC の分類
1) 機能による分類
メモリ IC を機能別に分類すると，電源のオフで記憶が失われる**揮発性メモリ**と記憶が保持される**不揮発性メモリ**に大別され，さらに細かくは図 9.22 のようになる．

2) 記憶方法による分類
揮発性メモリの記憶方法には，次のようにスタティック形とダイナミック形とがある．

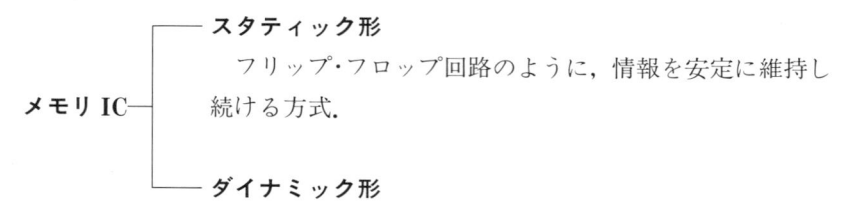

メモリ IC ─┬─ スタティック形
　　　　　　　　フリップ・フロップ回路のように，情報を安定に維持し続ける方式．
　　　　　└─ ダイナミック形
　　　　　　　　コンデンサの電荷の有無によって情報を記憶する場合のように，自然放電を補うために，一定時間ごとに充電のような再書き込み(リフレッシュ)が必要なものを指す．

b. RAM(random access memory)
IC メモリは図 9.23 のように，多数の記憶素子からなるメモリセルアレイと，入出力に必要な周辺回路から構成されている．

9.3 メモリ IC (DRAM, SRAM, EPROM 等)　**177**

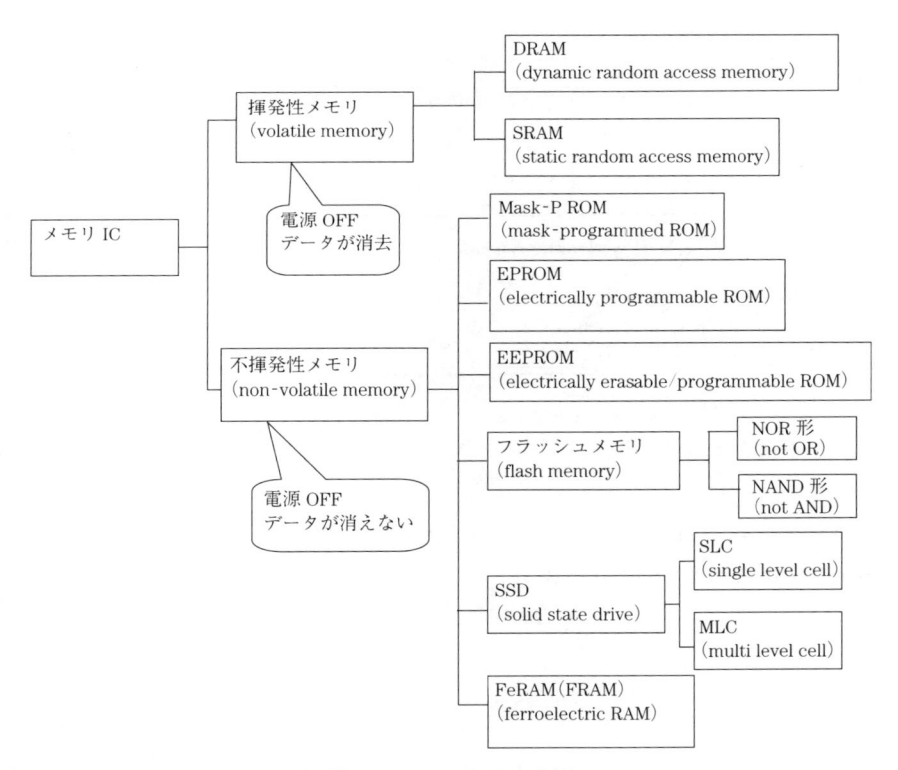

```
メモリ IC ─┬─ 揮発性メモリ ─┬─ DRAM (dynamic random access memory)
          │  (volatile memory)  │
          │  電源 OFF          └─ SRAM (static random access memory)
          │  データが消去
          │
          └─ 不揮発性メモリ ─┬─ Mask-P ROM (mask-programmed ROM)
             (non-volatile     │
              memory)          ├─ EPROM (electrically programmable ROM)
             電源 OFF          │
             データが消えない  ├─ EEPROM (electrically erasable/programmable ROM)
                               │
                               ├─ フラッシュメモリ ─┬─ NOR 形 (not OR)
                               │  (flash memory)    └─ NAND 形 (not AND)
                               │
                               ├─ SSD ─┬─ SLC (single level cell)
                               │  (solid state drive)
                               │       └─ MLC (multi level cell)
                               │
                               └─ FeRAM (FRAM) (ferroelectric RAM)
```

図 9.22　メモリ IC の分類

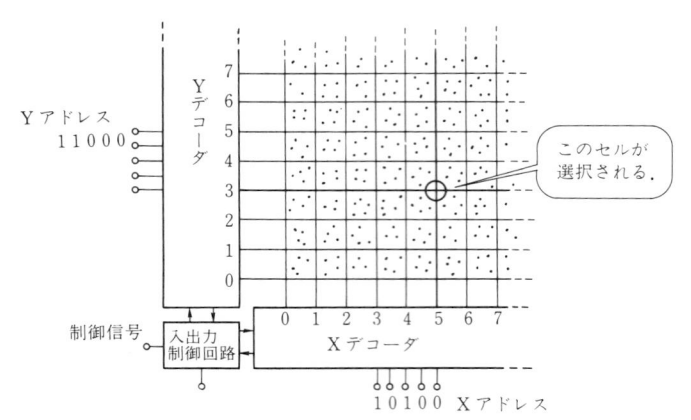

図 9.23 RAM の基本構成

1) ダイナミック RAM (DRAM)
① 書き込み

図 9.24 に示すコンデンサ C の電荷の有無を論理値 H, L に対応させる．コンデンサを充電または放電させることを**書き込み**といい, 次のようにして行う．

(i) 1つの Y アドレスラインに $+V$ を加えると, (ii) そのラインにつながっている FET はすべて ON する．(iii) X アドレスライン(データライン)に電圧 (V_D または 0) を加えると, (iv) X, Y ラインの交点にある FET の C が充電または放電する．(v) こうして H または L が書き込まれる．

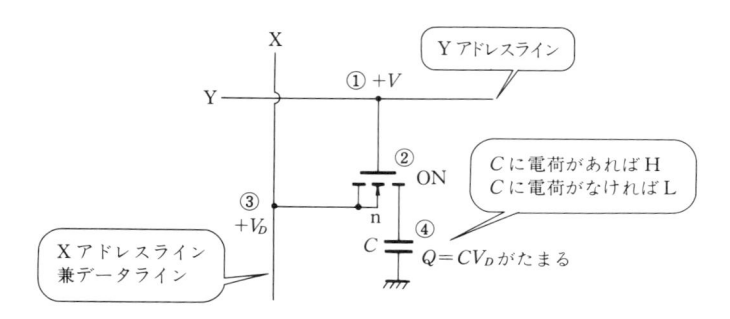

図 9.24 ダイナミック RAM

② 読み出し

上記 (i), (ii) の後, データライン (X ライン)の電位を調べる．V_D であれば H,

0 であれば L である.

③ リフレッシュ
一定の時間間隔ごとに充電する.

2) スタティック RAM (SRAM)

スタティック RAM セルの例として CMOS 構成のものを図 9.25 に示す.

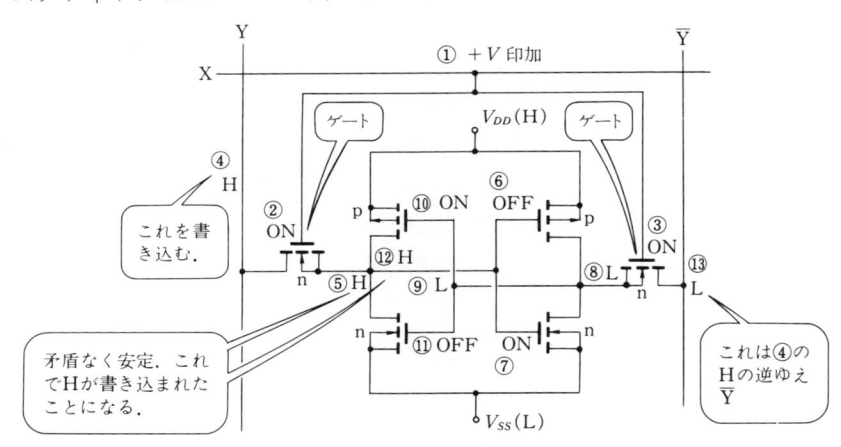

図 9.25　CMOS スタティックセル

① 書き込み
X ラインに電圧を加え，ゲートを開いた状態で，Y ライン，$\overline{Y}$ ラインに書き込みたい状態に対応した電圧を加えればよい.

② 読み出し
X ラインに電圧を加え，ゲートを開く．このとき，Y ラインおよび $\overline{Y}$ ラインには，それぞれインバータの状態に対応した電圧が現われる.

c．ROM (read only memory)

任意のセルにアクセスできるメモリであるが，セル内容の読み出し専用に使用される．セル内容は工場で製造時に決められてしまうか，通常のメモリ動作とはまったく別の特殊な方法によって書き込まれる．電子計算機の計算実行に際し，計算手順などを記憶させておくのに使用する.

ROM は，製造過程で情報が書き込まれる**マスク ROM** と，使用者が後から書き込むことのできる**プログラマブル ROM** に分けられる.

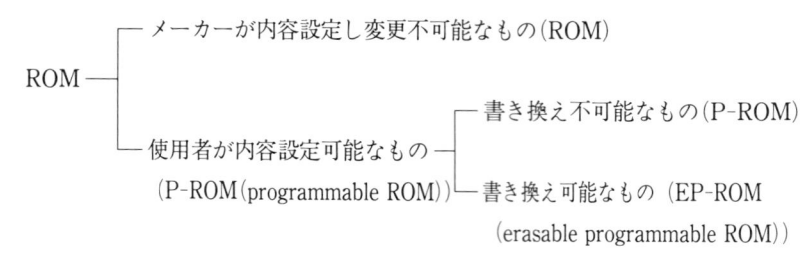

```
ROM ─┬─ メーカーが内容設定し変更不可能なもの(ROM)
     │
     └─ 使用者が内容設定可能なもの ─┬─ 書き換え不可能なもの(P-ROM)
         (P-ROM(programmable ROM)) │
                                    └─ 書き換え可能なもの (EP-ROM
                                        (erasable programmable ROM))
```

1) ROM (マスクROM)

メーカーが情報を書き込み，その後は書き換え不可能なROMの1つにマスクROMがある．これは，工場でROMを作るときに，使用するフォトマスクの一部(実際には何枚かのマスクを使用するがそのうちの1枚)にセルに記憶させたいデータを描き，そのマスクを使用することによって記憶内容を作り込んでしまうものである．したがって，記憶内容が消えることは絶対にない．記憶工程を図9.26に示す．

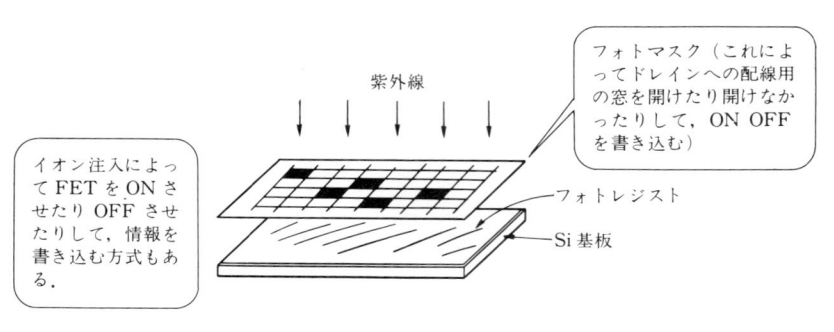

図9.26 マスクROMの露光

2) P-ROM (programmable ROM)

ユーザが指定の方法でデータを書き込んで使用するものである．

P-ROMには，セルの一部にヒューズを入れて電気的に溶断する**ヒューズ切断形**，セルをダイオードで構成し，絶縁破壊によってダイオードを短絡状態にして情報を記憶させる**ダイオード破壊形**などがある．構成の一例を図9.27に示す．

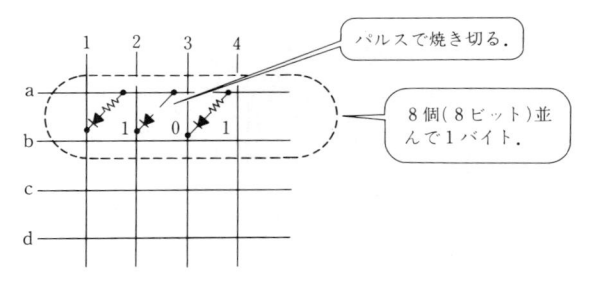

図9.27 ヒューズとダイオードによるP-ROM

3) EP-ROM (erasable programmable ROM)

いったん記憶させた内容を消去して別のデータを記憶させることにより、再利用、再々利用できるものである．

紫外線照射によって内容を消去できるFAMOS (floating gate avalanche injection MOS) などはこの例である（図9.28）．

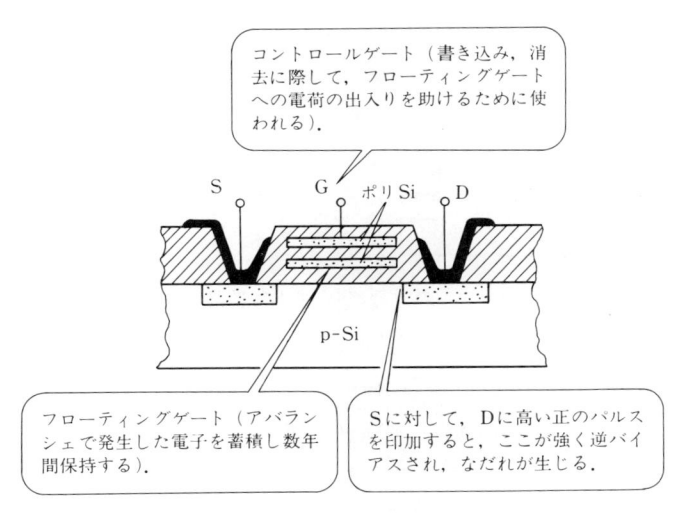

図9.28 FAMOS（二層ゲート構造）

① 書き込み

ドレインにソースに対して正 (nMOSの場合) の高い電圧 (25～40 V) を数msec 印加する．ドレイン側の pn^+ 接合は強く逆バイアスされ，なだれが生じる．これによって発生した電子は，チャネル領域から薄いトンネリング酸化膜

を通して浮遊ゲートに流れ込む．電子が浮遊ゲートに入ったMOSトランジスタは，ゲートが負に帯電しているためソース・ドレイン間にはチャネルが形成されず，常時トランジスタはOFFとなる．このようにして情報を書き込むことができる（図9.28）．

② **消去法**

(i) **紫外線による方法** ICチップの表面に紫外線を照射すると，電子が励起され，フローティングゲートからシリコン基板へと光電流が流れる．こうしてゲート中の電子を流出させることによって行われる（図9.29(a)）．

(ii) **高電界による方法** コントロールゲートに負の電圧を印加した状態でn^+p接合になだれ降伏を起こさせると，正孔がフローティングゲートに注入される．こうして先に注入されていた電子を中和することによって行われる（図9.29(b)）．このように，電気的に個別のセルの記憶を書き替えられるものをEEPROM(electricaly erasable programable ROM)といい，その進化したものが，次のフラッシュメモリである．

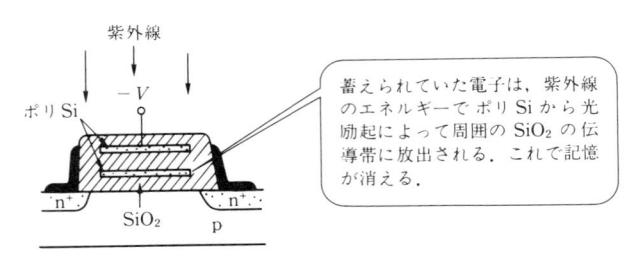

(a) 紫外線による消去

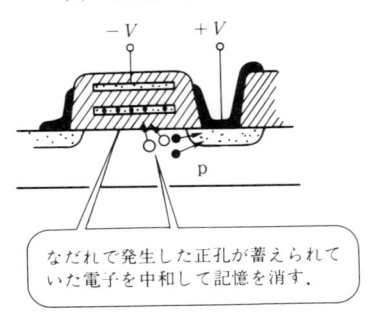

(b) 電界による消去

図9.29 EP-ROMの消去

9.4 フラッシュメモリ

フラッシュメモリ(flash memory)は，電気的に書き換え可能であり，電源を切ってもデータが消えない不揮発性の半導体メモリである．

a. フラッシュメモリセル

フラッシュメモリセルは，図 9.28 と同様に制御ゲートとシリコン基板との間にフローティングゲートを設けた二重ゲート構造からなっている．前節の EEPROM と異なる点はフローティングゲート直下の絶縁 SiO_2 膜が 8〜10 nm と非常に薄いことである．SiO_2 膜が薄くなったことで，低いエネルギーの電子が SiO_2 膜をトンネル効果で通過できるようになり，フローティングゲートへの電子の注入

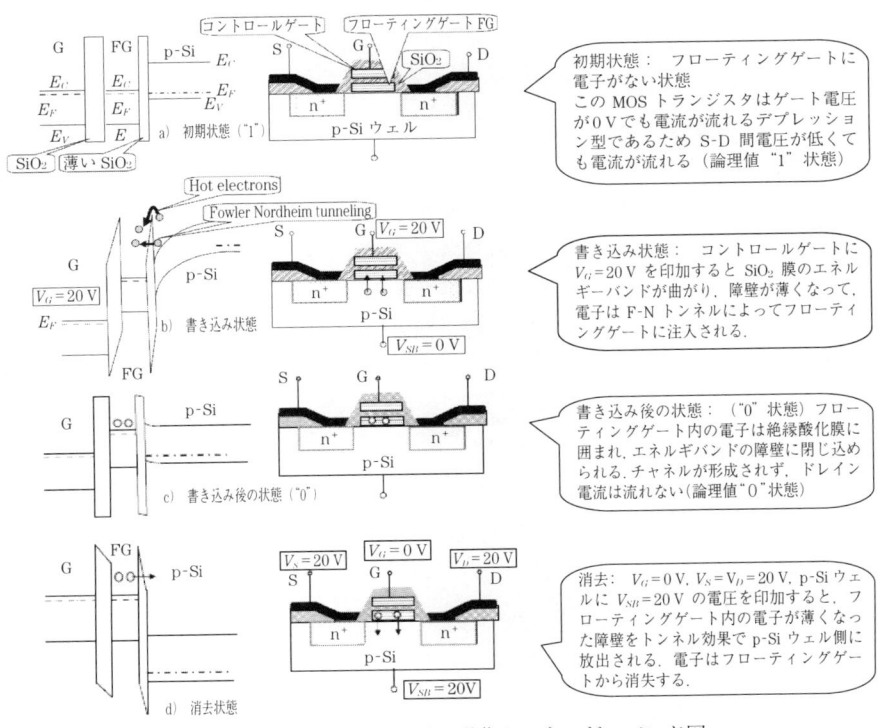

図 9.30 フラッシュメモリの動作とエネルギーバンド図

抽出が容易になる．この種のトンネル電流を，最初に解析的に求めた Fowler と Nordheim の名前に因んで，ファウラー・ノルドハイムトンネリング(F-N トンネル)電流と呼ぶ．

図 9.30 にフラッシュメモリの書き込みと消去の原理と対応したエネルギーバンド図を示す．

b. フラッシュメモリの構成

フラッシュメモリは，その構成方法によって種々あるが，**NAND 型**と **NOR 型**とに大別できる．大容量のメモリチップを実現するために，半導体チップの表面にメモリセルを縦横に並べ，並べたメモリセルの中からアクセスしたいメモリセルを選択するために，ワード線，ビット線，ソース線を張る(図 E.3)．NAND 型と NOR 型との違いは，「ワード線，ビット線，ソース線を，どんなふうにメモリセルと繋げているか」である．

ここでワード線は，2 次元状に並んだメモリセルアレイの中から一列を選択するための制御信号線．メモリセルは，ワード線とビット線の交点に置かれており，読み出し/書き込みを行うアドレスに対応する．ワード線の電圧を上げることで，書き込み/読み出しが可能になる．

ビット線はメモリセルからデータを取り出すための信号線．電圧が上げられたワード線に接続されているメモリセルは，セルに記録されたデータをビット線に出力することで，データの読み出しを行う．

ソース線はソース電極への電圧供給線である．

セルへの書込み，読出し，消去の方法については図 9.30 および付録 E に詳述している．

(1) NAND 型フラッシュメモリ

NAND 型という名前は，図 9.31(a)のようにメモリセルをビット線に対して直列に接続すると論理回路の NAND(Not AND)に対応した特性になることに由来する．NAND 演算ではすべての入力が「1」の場合だけ出力が「0」になり，それ以外の場合は出力が「1」になる．NAND メモリの場合は，すべてのセルが「ON」の場合だけすなわち「1」の場合だけ，ビット線の電圧は低く「0」となる．この対応を表 9.1 に示す．

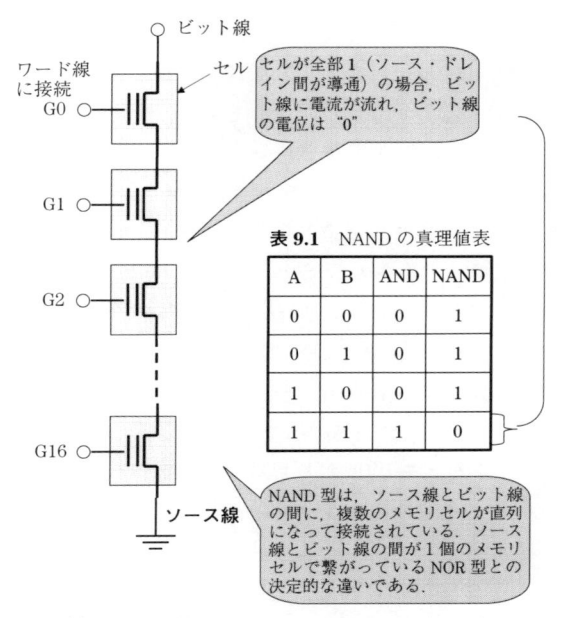

9.4 フラッシュメモリ

表 9.1 NAND の真理値表

A	B	AND	NAND
0	0	0	1
0	1	0	1
1	0	0	1
1	1	1	0

（セルが全部1（ソース・ドレイン間が導通）の場合，ビット線に電流が流れ，ビット線の電位は "0"）

NAND 型は，ソース線とビット線の間に，複数のメモリセルが直列になって接続されている。ソース線とビット線の間が1個のメモリセルで繋がっている NOR 型との決定的な違いである。

(a) NAND 型フラッシュメモリのセルレイアウト

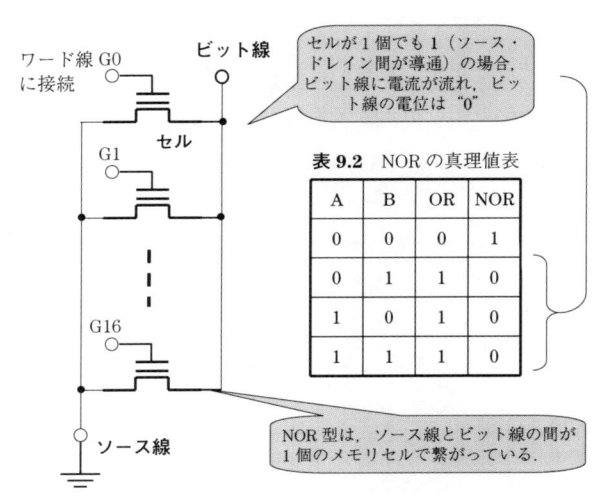

表 9.2 NOR の真理値表

A	B	OR	NOR
0	0	0	1
0	1	1	0
1	0	1	0
1	1	1	0

（セルが1個でも1（ソース・ドレイン間が導通）の場合，ビット線に電流が流れ，ビット線の電位は "0"）

NOR 型は，ソース線とビット線の間が1個のメモリセルで繋がっている。

(b) NOR 型フラッシュメモリのセルレイアウト

図 9.31 フラッシュメモリの構造セルレイアウト

(2) NOR型フラッシュメモリ

NOR型という名前は，論理回路のNOR(Not OR)と同じ構造になることに由来する．図9.31(b)のようにメモリセルをビット線に対して並列に接続すると，表9.2に示すNOR演算が実現される．

c. フラッシュメモリのセル構造レイアウト例

図9.31(a)のセルレイアウトを見ると，図9.32のように複数のセルを直列接続し，ソースとドレインをそれぞれ共有させた構造にし得ることが分かる．特に，NAND型は，メモリセルを直列に繋ぐことで，「ソース線の本数」を減らすことができ，その分だけ高集積化できる．その代わりNAND型は，メモリセルを直列に繋いでいるために，1 bit単位の消去は不可能である．

NAND型フラッシュメモリは，「一括消去でいいから，高集積で安価な電気的に書き換え可能なメモリを作る」という発想の下で開発されたものである．共有させることにより，1ビットあたりのトランジスタの占有面積が従来の約半分になり，これにより記録容量が増大しコストダウンが達成され，広範に用いられるようになった．

消去するにはゲート電圧を零に，他を高電圧にすることによって，p-Siウェル内（ウェルとは，チャネル層とするために，部分的に広範囲にわたってドーピングした領域のこと）に形成されたセル全てのフローティングゲート内電子をp-Siウェル側に一括放出させる．電子が一括放出されることから，カメラのフラッシュをイメージしてフラッシュメモリと命名された．一括処理することによって動作速度を上げることができる．

フローティングゲートへの電子の注入抽出に，低いエネルギーのF-Nトンネル電子を使用することにより，酸化膜への書き換えに伴うダメージが減少し，

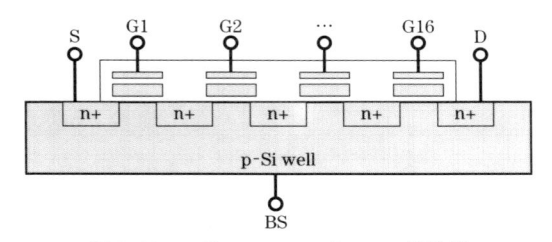

図 9.32 フラッシュメモリのセル構造例

寿命が長くなると共に，消費電力を小さくすることができる．

フラッシュ・メモリーセルのデータを消去したり書き込むには，約 20 [V] の高い電圧が必要である．通常，この電圧は 1.8〜3.3 [V] といった電源電圧をチップ内部のチャージポンプ回路などで昇圧して作り出す．

フラッシュメモリは，(1)集積度に優れ，(2)消去と書き込み速度が速い，(3) F-N トンネリングによる書き換えのため寿命が長い，(4)消費電力が小さいなどの特徴のため，また 21 世紀に入って著しく値下がりしたため，**USB メモリ**，**SD カード**(デジタルカメラ，携帯電話などの携帯機器やテレビなどの家電機器用のメモリ)および **SSD**(9.6 節)まで幅広く利用されている．

9.5 強誘電体メモリ(FeRAM，FRAM，Fe-NAND フラッシュメモリ)

強誘電体メモリは，**強誘電体のヒステリシス**(履歴現象)を利用し**分極**の向きを 1 と 0 に対応させる，不揮発性**半導体メモリ**である．分極(誘電分極，電気分極)とは絶縁体(誘電体)に外部から電界をかけた時に，それに応じて電界を打ち消そうと物体内部の電荷が移動して電荷分布に偏りが生じ，物体表面は電荷を帯びた状態となることである．電界を切っても分極が保持される材料を強誘電体という．

a. 強誘電体メモリの種類

強誘電体メモリには大きく分けて 2 種類のセル構成がある．図 9.33(a)のように**強誘電体キャパシタ**と **MOSFET** を組み合わせる方法と，EEPROM のフローティングゲートを強誘電体に替える方法である図(b)．

図(a)に示す強誘電体キャパシタを利用する不揮発メモリは **FeRAM** あるいは **FRAM** と呼ばれる．Fe(エフイー：ferroelectrics)は強誘電体を表す．強誘電体の分極反転時間は速い(1 ns 以下)ため DRAM 並みの高速動作が期待できる．強誘電体は，加える電圧の極性によって分極の方向を自由に変えられ，その方向を持続させることができる．この性質を利用して，記憶素子を構成する．

最近では，図(b)の構造のセルを NAND 接続した Fe-NAND フラッシュメモリの研究が進んでいる．

188　9. 集積回路

(a) 強誘電体キャパシタンスを使う
(b) フローティングゲートを強誘電体にする

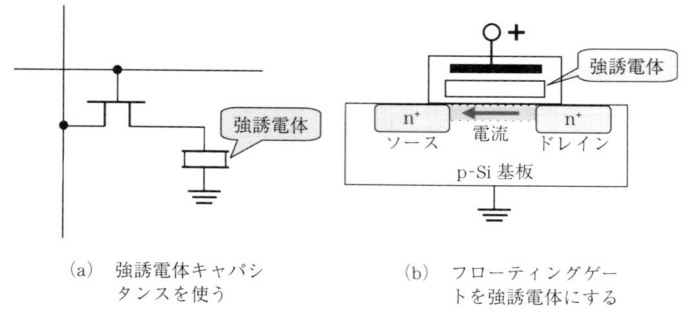

図 9.33　強誘電体メモリの種類

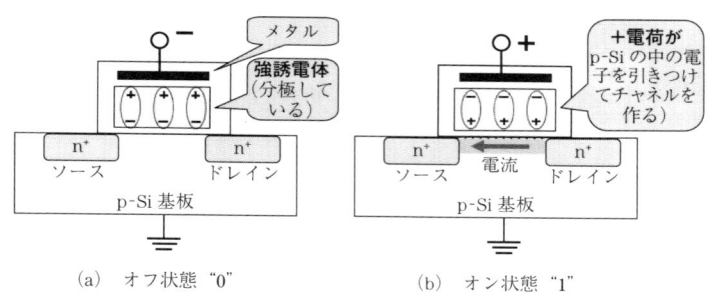

(a) オフ状態 "0"
(b) オン状態 "1"

図 9.34　Fe-フラッシュメモリの原理（図 9.33 の (b) に示した FeRAM の動作原理）

b. Fe-NAND フラッシュメモリ

Fe-NAND（エフイーナンド）フラッシュメモリとは，図 9.34 のようにフローティングゲートを強誘電体にした素子を NAND 接続した不揮発メモリのことである．従来のフラッシュメモリより高密度・高速・大容量で，ハードディスクの代替としての利用が期待される新しいメモリデバイスとして開発中である．メタルゲートを介して強誘電体ゲートに電圧を加えると，ゲート内に電気的な正負が生じた状態（分極）が発生し，その後，電圧を加えなくてもその分極方向を持続させることができる．

現行の浮遊ゲート構造の NAND 型フラッシュメモリは書き込み電圧が約 20 V と高いのに対し，Fe-NAND では約 6 V で書き込める．この特徴から，Fe-NAND は現行の NAND 型フラッシュメモリに比べて，コア回路の駆動電圧を下げることによる低電力化の効果が大きい．また NAND 型フラッシュメモリの

書き換え回数が1万回に対し Fe-NAND フラッシュメモリは1億回以上の書き換え回数を達成しており，性能が著しく向上することが実証されている．

9.6 SSD

SSD(Solid State Drive)はハードディスクの代わりに用いることを目的として，半導体記憶素子を用いて作製された記憶装置である．

記憶素子としては，フラッシュメモリを使用するものが主流である．SSD は**ハードディスク**のように**回転ディスク**を持たないため，読み取り装置(ヘッド)をディスク上で移動させる時間(**シークタイム**)や，目的のデータがヘッド位置まで到達するまでの待ち時間(**サーチタイム**)がなく，高速に読み書きできる．また，モータが無いため消費電力も少なく，機械的に駆動する部品が無いため衝撃にも強く静かであるなどの特長がある．

SSD は HDD の代替として注目されているが，書き換え可能回数に限界があり，寿命を延ばすために特定のメモリ領域に書き換えが集中しないようコントローラによって工夫されている．

SCL と MLC　　NAND 型フラッシュメモリで構成された SSD には，**SLC**(Single Level Cell)と **MLC**(Multi Level Cell)の2種類がある．SLC も MLC もフラッシュメモリのセル構造自体は図 9.30 の構造図と同じで，SLC はフロー

(a) SLC のデータ記憶　　　(b) MLC のデータ記憶

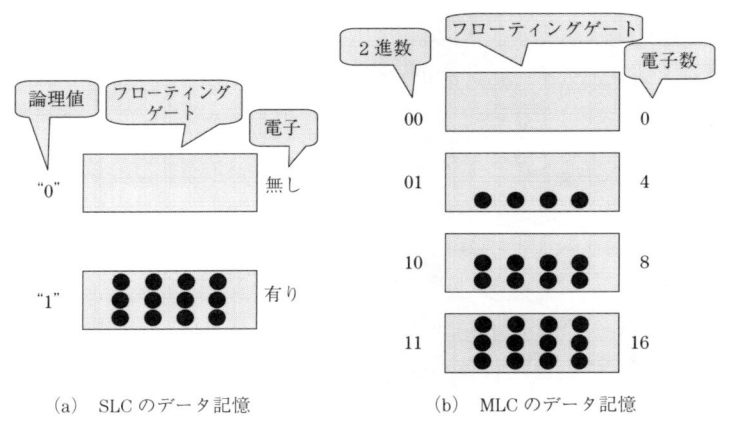

図 9.35　SLC と MLC のデータ記憶

ティングゲートに電子が「有り」「無し」の2値の状態で1ビットの情報を記憶する(1ビット／セル)．一方，MLCはフローティングゲート内の電子の量を制御して4段階に分け「00」「01」「10」「11」の2ビット／セルで情報を記憶する．図9.35にSLCとMLCのビット状態を示す．この例ではMLCはSLCに比較して2倍のデータ記憶を可能にするが，チャージの量を4段階に制御する高度なプロセスが必要である．しかし，多ビット化の研究は進み，すでに多く製品化されている．

演 習 問 題

9.1 バイポーラICとMOS ICとの相違について説明せよ．

9.2 半導体ICの特徴について述べよ．

9.3 ICの比例縮小則(スケーリング)について説明せよ．

9.4 DTLとTTLについて図解せよ．

9.5 ECLについて図解せよ．

9.6 MOS DCTL NORゲートの回路を描き，動作を図解せよ．

9.7 CMOS論理ICの特徴について述べよ．

9.8 メモリICを機能別に分類せよ．

9.9 スタティック形およびダイナミック形ICメモリの相違について述べよ．またスタティック形の回路例を示し，リフレッシュが必要でない理由を述べよ．

9.10 マスクROMとEP-ROMの相異点およびEP-ROMの書き込み，消去法について図解せよ．

9.11 図9.19(b)のMOS ICインバータ回路を用いて，下記の論理記号を電子デバイス回路で示せ．

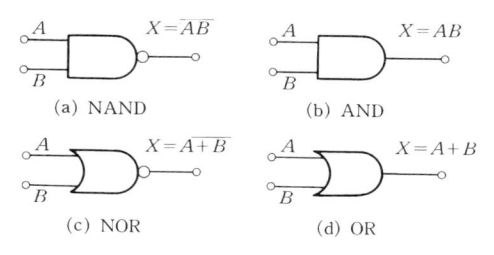

(a) NAND $X = \overline{AB}$

(b) AND $X = AB$

(c) NOR $X = \overline{A+B}$

(d) OR $X = A+B$

9.12 図9.20のCMOS ICの基本回路を用いて，問題9.11の論理図のNAND, AND, NORおよびORをCMOS回路で描け．

9.13 MOS ICインバータ回路におけるEE構成とDE構成の特徴を比較せよ．

9.14 フラッシュメモリの構成と特徴について説明せよ．

9.15 強誘電体メモリの構造と動作原理について説明せよ．

9.16 NAND型とNOR型のメモリについて，フラッシュメモリを例にとって，回路構成と特徴を比較せよ．

9.17 SSDについて述べよ．

10. 集積回路製造技術

　固体電子デバイス工業の今日の隆盛を築いたのは，半導体材料の**精製技術**，**不純物拡散技術**それに**微細加工技術**の進歩といって過言ではない．
　本章では，今日までに確立されたそれらの基本技術を使用して集積回路(integrated circuit, IC)を製造する際の工程について述べる．まず，①典型的な IC 製造工程は，酸化，エピタキシャル成長，写真製版，不純物拡散，電極穴あけおよび Al 蒸着配線などからなっていること，②回路を作りつける基板として半導体を用いたものを**モノリシック IC** ということ，③高品質な単結晶薄膜を形成する方法として**エピタキシャル技術**が有効であること，④基板の特定の位置に不純物を拡散させるためには**フォトレジスト加工**が用いられることなどについて述べている．

10.1 集積回路(IC)

　最近の電子機器は電子計算機に代表されるように大型化し，使用部品点数も著しく多くなってきている．このため部品の信頼度の向上が望まれるが，従来の部品ではほぼ限界に達していて，飛躍的な向上は期待できない．
　部品点数を減らして接続点や接点を少なくし，かつ，機器の空間占有率を上げて無駄な容積をなくすために，1枚の板の上に一連の一貫した工程で部品と配線を同時に作ることを**集積化**(integration)という．
　半導体デバイスの場合，1枚の半導体の板(ウエーハ)の上に多数の回路部品を作りこんで配線したものを**集積回路**(IC)といい，また，1枚の半導体のチッ

プの上に回路が作られているものを**モノリシック IC** (monolithic IC) という．これはギリシャ語の単一の (mono) 石 (lithos) という語源からきたものである．

10.2 集積回路の製造工程

典型的な IC 製造工程を図 10.1 および図 10.2 に示す．半導体材料には多くの種類があるが，実際の電子工業ではほとんどの場合 Si が用いられる．その理由は，次の 4 点が挙げられる．

① 酸化膜が緻密で化学的に安定な SiO_2 を形成し，高抵抗な電気絶縁材料となるので，素子の保護，電気的分離に最適である．
② 元素半導体であり，取り扱いが比較的容易である．
③ エネルギーギャップが $1.1\,\mathrm{eV}$ と手頃で，室温付近での応用に適している（真性抵抗率が高く，不純物による pn 制御が容易）．
④ 資源的に豊富である．

このため主として Si が IC の素材として用いられている．
以下，Si を例に各個別工程を説明する．

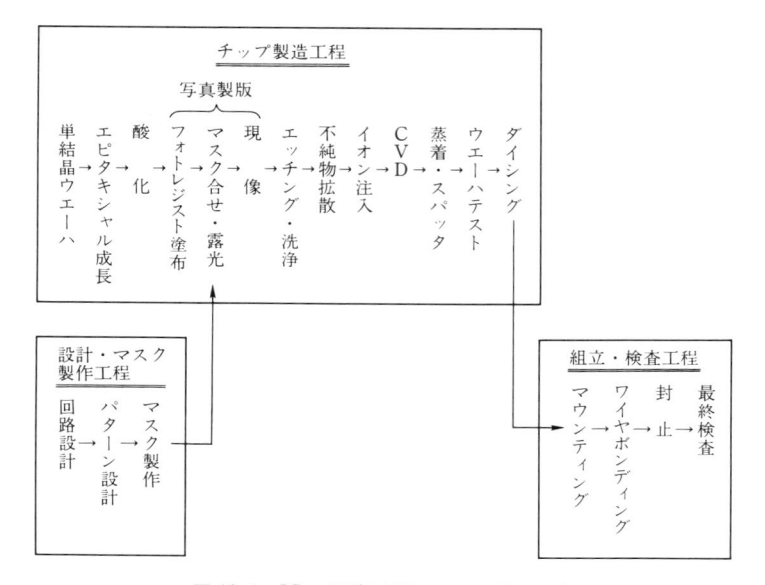

チップ製造工程

単結晶ウェーハ → エピタキシャル成長 → 酸化 → フォトレジスト塗布 → マスク合せ・露光 → 現像 → エッチング・洗浄 → 不純物拡散 → イオン注入 → CVD → 蒸着・スパッタ → ウェーハテスト → ダイシング

（写真製版）

設計・マスク製作工程

回路設計 → パターン設計 → マスク製作

組立・検査工程

マウンティング → ワイヤボンディング → 封止 → 最終検査

図 10.1 IC の製造工程のフローチャート

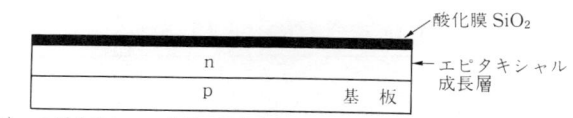

(1) エピタキシャル成長・酸化

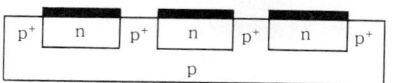

(2) 写真製版，不純物拡散（p⁺アイソレーション形成）

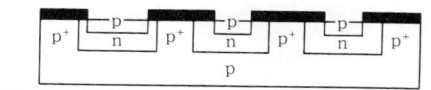

(3) 写真製版，不純物拡散（p形ベース形成）

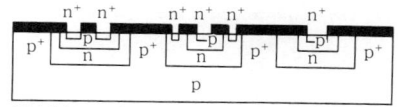

(4) 写真製版，不純物拡散（n⁺エミッタ形成）

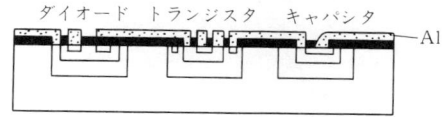

(5) 電極穴あけ，Al蒸着配線

図 10.2　IC の製造工程例

10.3　エピタキシー工程

　エピタキシャル成長には付録 D で述べているような各種の方法があるが，Si について分類すると表 10.1 のようになる．

　工業的に行われている Si のエピタキシー工程は CVD 法である．この方法の概略を図 10.3 に，用いられる原料と反応式を表 10.2 に示す．成長は水素雰囲気中でクロロシランもしくはモノシランの水素還元，熱分解によって，950～1250℃ に加熱された基板上に Si を析出させる．

　クロロシラン系には $SiCl_4$, $SiHCl_3$, SiH_2Cl_2 があり，水素原子が多くなるほど低温での反応が可能になる．SiH_4 による方法はさらに低温で成長ができ，加

10. 集積回路製造技術

表10.1 エピタキシャル成長の分類

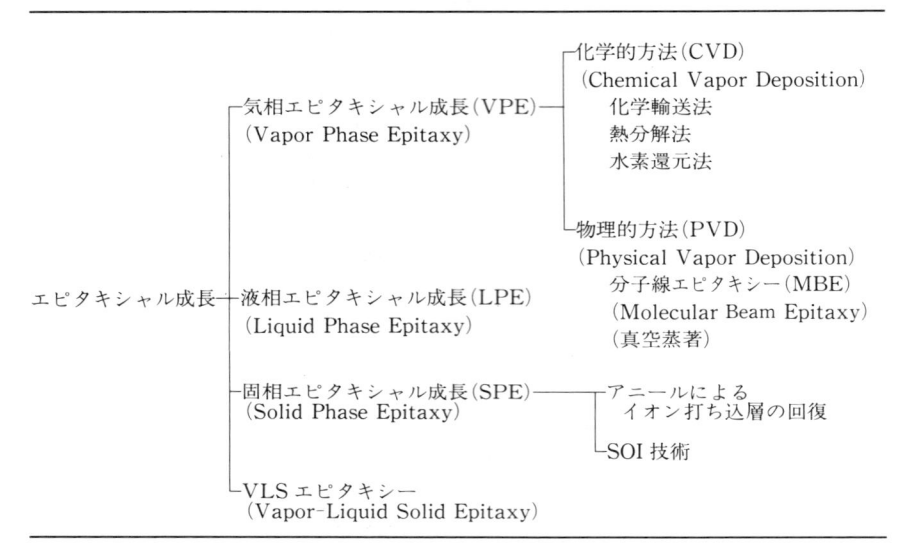

```
                    ┌─気相エピタキシャル成長(VPE)─┬─化学的方法(CVD)
                    │  (Vapor Phase Epitaxy)    │   (Chemical Vapor Deposition)
                    │                            │   化学輸送法
                    │                            │   熱分解法
                    │                            │   水素還元法
                    │                            │
                    │                            └─物理的方法(PVD)
                    │                                (Physical Vapor Deposition)
エピタキシャル成長──┤                                分子線エピタキシー(MBE)
                    │                                (Molecular Beam Epitaxy)
                    │                                (真空蒸着)
                    │
                    ├─液相エピタキシャル成長(LPE)
                    │  (Liquid Phase Epitaxy)
                    │
                    ├─固相エピタキシャル成長(SPE)─┬─アニールによる
                    │  (Solid Phase Epitaxy)       │   イオン打ち込み層の回復
                    │                              └─SOI技術
                    │
                    └─VLSエピタキシー
                       (Vapor-Liquid Solid Epitaxy)
```

表10.2 シリコン半導体の気相反応によるエピタキシャル成長法

成長法	原料		雰囲気	成長温度 (℃)	反応式	成長速度 ($\mu m/min$)
水素還元	$SiCl_4$	(液体)	H_2	1150〜1250	$SiCl_4 + 2H_2 \rightarrow Si\downarrow + 4HCl$	0.4〜1.5
水素還元	$SiHCl_3$	(液体)	H_2	1100〜1200	$SiHCl_3 + H_2 \rightarrow Si\downarrow + 3HCl$	0.4〜2.0
熱分解	SiH_2Cl_2	(気体)	H_2	1050〜1150	$SiH_2Cl_2 \rightarrow Si\downarrow + 2HCl$	0.4〜3.0
熱分解	SiH_4	(気体)	H_2	950〜1050	$SiH_4 \rightarrow Si\downarrow + 2H_2$	0.2〜0.3

(a) 横型炉　　　(b) 縦型炉

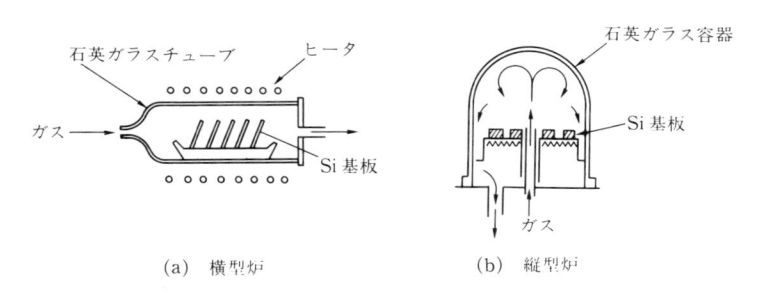

図10.3 典型的なエピタキシャル装置

熱により基板から蒸発した不純物がエピタキシャル層に取り込まれるオートドーピングが少ない利点がある．しかし，非常に分解しやすいので反応容器壁にも Si が析出しやすく，$2\sim3\,\mu$m 以下の薄膜成長に適している．

10.4 酸化工程

集積回路製造工程における Si 酸化膜の生成は，フォトリソグラフィー技術と部分拡散技術に関連して必要になる技術であり，酸化膜をマスクとして用いて特定の部分だけに不純物を拡散させる方法である．この他，Si 酸化膜は電気絶縁膜や半導体表面安定化膜としてきわめて重要な位置を占め，特に，MOS トランジスタではその主要な構成要素となっている．

酸化膜の形成方法には次のような種類があるが，もっとも重要な方法は基板の直接酸化による熱酸化法である．

SiO_2 を利用する表面安定化被膜形成方法

1) **基板の直接酸化による方法**

　　　　　高温法……水蒸気，酸素雰囲気中での酸化
　　　　　　　　　　　陽極酸化（ウェットプロセス）
　　　　　低温法　　　　　　　　　高圧水蒸気
　　　　　　　　　加速酸化　　酸化促進材（PbO など）
　　　　　　　　　　　　　　　酸素プラズマ（ドライプロセス）

2) **外部からの被着による方法**

　　　　　直　接　法……蒸着，反応性スパッタリング
　　　　　　　　　　　　熱分解法（オルガノオキシランなど）
　　　　　化学反応法　　気相反応法（シランの酸化分解など）
　　　　　　　　　　　　加水分解法

高温（>800℃）の酸素雰囲気にシリコンウエーハをさらすと，その表面で次のような反応が進行する．酸素雰囲気として，通常，乾燥酸素（dry）または水（wet）が用いられる．

$$Si(s) + O_2 \longrightarrow SiO_2(s) \quad\quad (低速) \tag{10.1}$$

$$Si(s) + 2\,H_2O \longrightarrow SiO_2(s) + 2\,H_2 \quad (高速) \tag{10.2}$$

この反応は Si と酸化膜の界面で起こり，酸化が進行するためには Si-SiO_2 界

面に O_2 または H_2O が供給され，H_2O を用いた場合には，反応の副生成物である水素ガスが形成された SiO_2 膜を通って逃げてゆくことが必要である．高温酸化の場合，酸化膜厚 x は，

$$x = A\sqrt{t} \quad (A は比例定数) \tag{10.3}$$

に従って増加する．

dry 酸化は薄い酸化膜（〜100 nm）を形成するのに用い，wet 酸化は酸化膜の電気的特性がやや劣るが，酸化膜の形成速度が大きいので，厚い酸化膜（0.5〜1 μm）が必要な場合に用いられる．熱酸化法によって形成された SiO_2 膜は結晶化の進んでいない非晶質（ガラス）で，ふっ酸を含むエッチング液によって容易に溶解することができる．

酸化膜の形成方法として前述の直接熱酸化法以外にも，外部からの被着による方法がある．SiH_4 ガスと O_2 ガスの混合ガスに B_2H_6 や PH_3 または AsH_3 のガスを混合して反応させると，いわゆる，ボロンガラス，リンガラス，砒素ガラスが得られる．これらのガラスは純粋な SiO_2 ガラスとは違った安定性をデバイスに与え，保護膜として利用されている．

さらに，B，P や As は Si に対して p 形や n 形の不純物となるので，低温でこのガラスを析出させたあと熱処理すると，不純物の拡散層を形成することができる（ドープド・オキサイド法）．

10.5 選択的ドーピング工程

ウェーハ上の決められた位置に特定の不純物を拡散させるには，ウェーハ全面に形成した酸化膜の所定位置を取り除き（窓あけ），不純物雰囲気にさらすか不純物源を乗せて熱拡散させる．

集積回路では μm オーダーの微細な加工（パターニング）が必要となるため，酸化膜の選択的窓あけにはフォトレジスト法が用いられる．これは，図 10.4 に示す次のような工程から成り立っている．

1) 酸化膜を形成したウェーハ上に耐薬品性のある感光性有機高分子皮膜（フォトレジスト）を塗布する．
2) あらかじめ回路パターンを焼き付けてあるガラス板（フォトマスク）を密着させて感光させ，現像してウェーハ上にレジストでパターンを形成す

10.5 選択的ドーピング工程

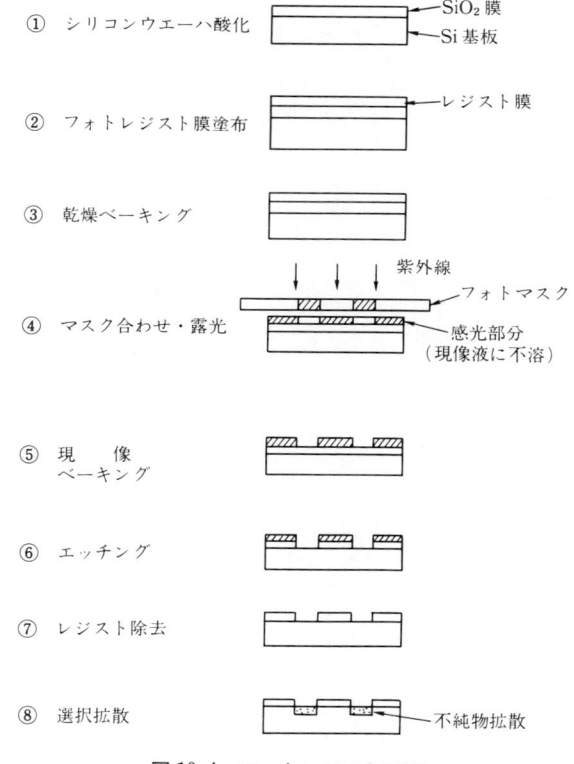

① シリコンウエーハ酸化 — SiO₂膜／Si基板

② フォトレジスト膜塗布 — レジスト膜

③ 乾燥ベーキング

④ マスク合わせ・露光 — 紫外線／フォトマスク／感光部分（現像液に不溶）

⑤ 現像　ベーキング

⑥ エッチング

⑦ レジスト除去

⑧ 選択拡散 — 不純物拡散

図 10.4　フォトレジスト工程

る．

3) このレジスト膜をマスクに，酸化膜を，ふっ酸を含むエッチング液で溶かし去り，窓をあける．

4) 窓のあいたウエーハ全体に不純物を拡散すれば，窓の部分だけ Si 中に不純物が導入され，他の部分では SiO_2 膜でブロックされる．

5) SiO_2 膜の部分のみを選択的に溶かし去るエッチング液で SiO_2 膜をとり除けば，必要部分のみに不純物が拡散された Si ウエーハができあがる．

なお，上記 2) で使用するフォトマスクの製造工程のフローチャートを図 10.5 に示す．

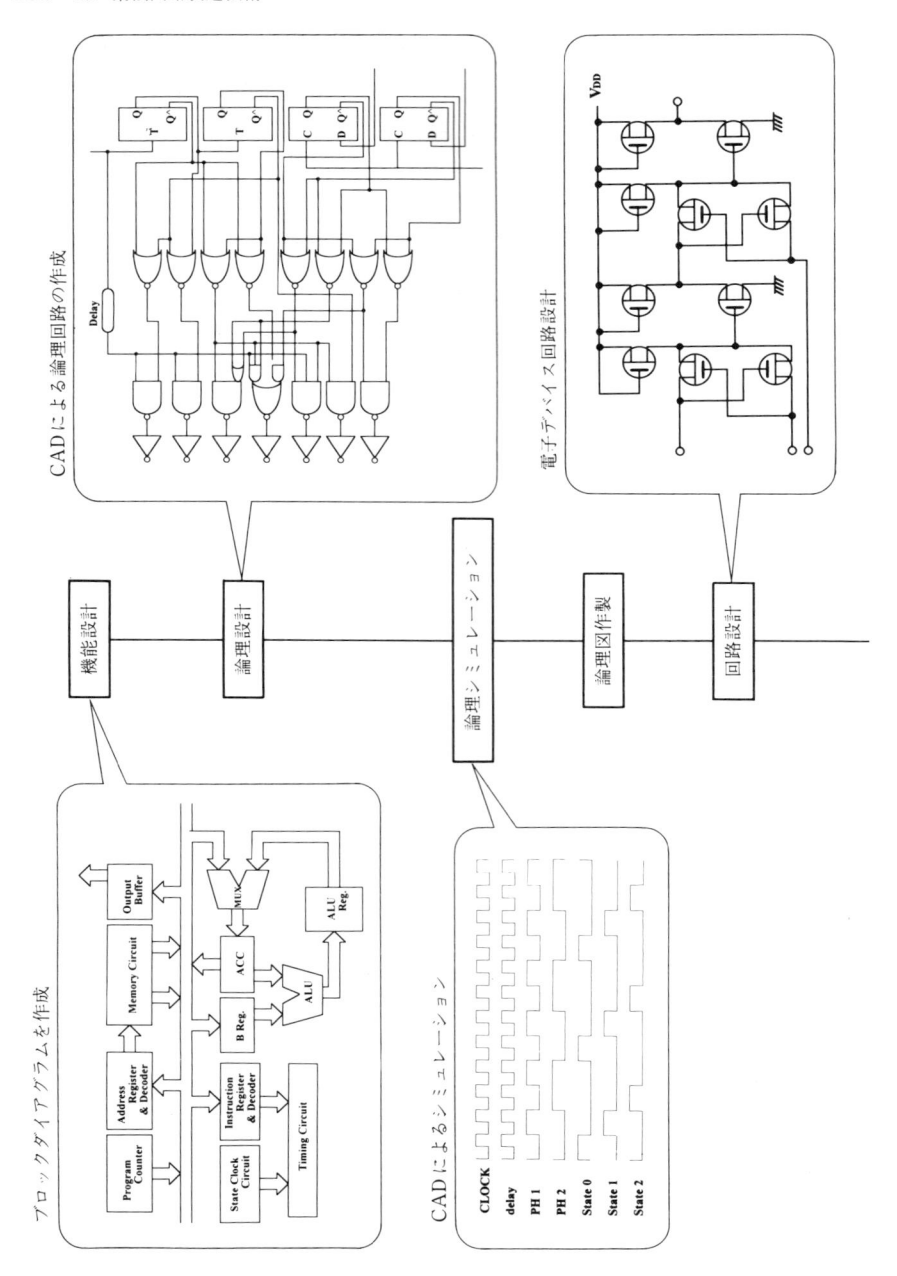

200　10. 集積回路製造技術

CADによる論理回路の作成

電子デバイス回路設計

機能設計 — 論理設計 — 論理シミュレーション — 論理図作製 — 回路設計

ブロックダイアグラムを作成

CADによるシミュレーション

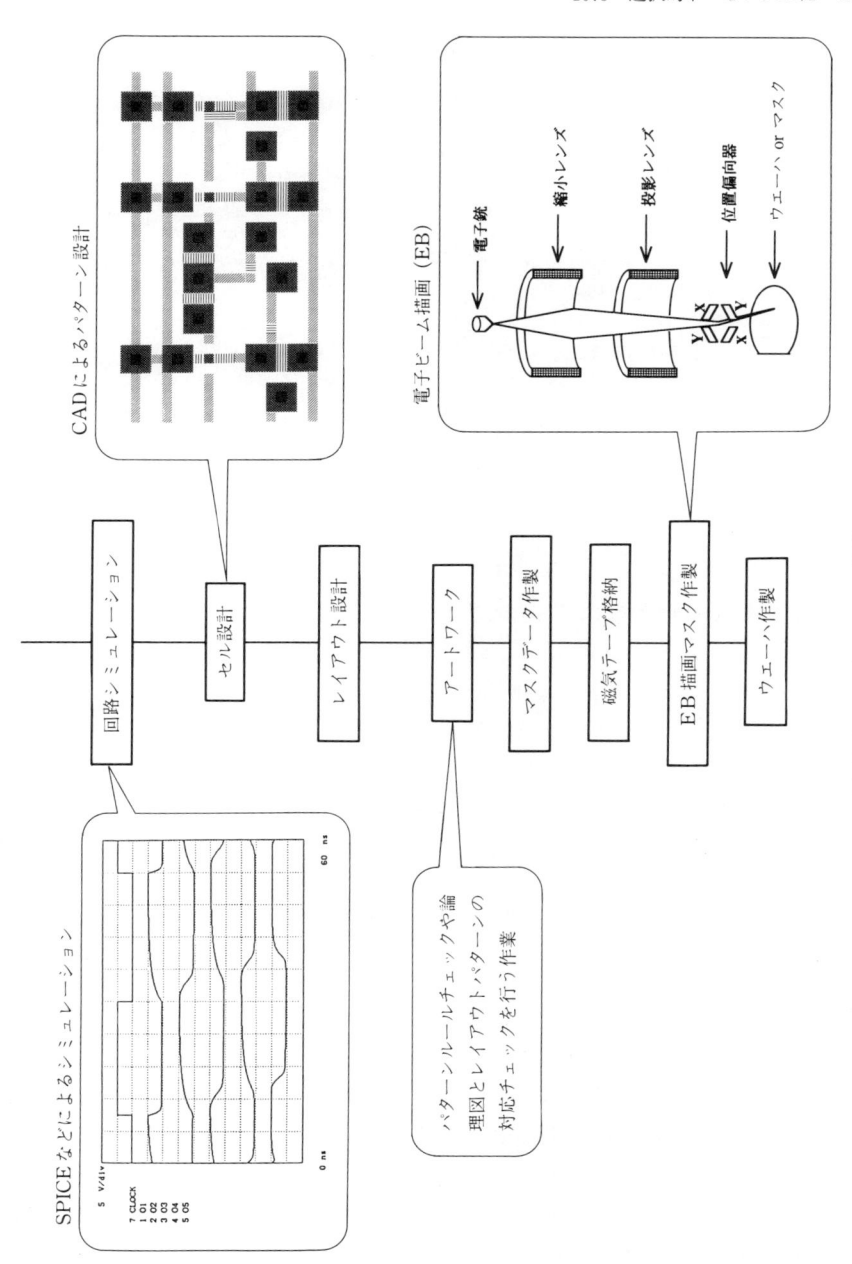

図 10.5 フォトマスクの製造工程

不純物をドープした層の形成方法には，熱拡散法の他，エピタキシー法によりドープ層を積層する方法や，イオン注入による方法も用いられる．

イオン注入法は，核物理の研究に用いられた粒子加速機を応用したものであり，高真空中にて不純物をイオン化し，これを高電界で加速させて半導体ウエーハに衝突・注入させる（打ち込む）方法である．不純物の濃度分布は，不純物イオンの種類，ウエーハの種類と面方位，加速エネルギーの大きさ，不純物量によって決まる．装置の概略を図10.6に示す．

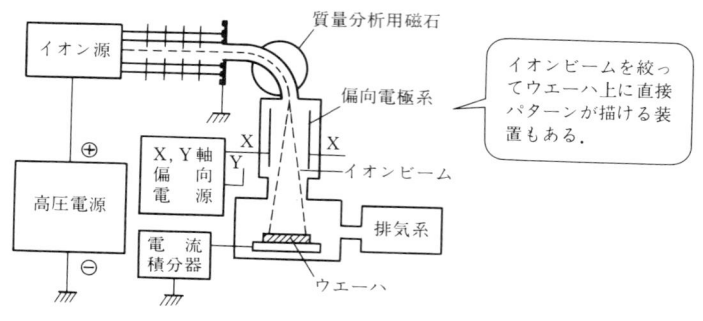

図10.6 イオン注入装置の概略図

イオン注入のパラメータである加速エネルギーの大きさは電圧として，注入量はイオン電流として電気的に測定，制御ができるため，次のような特長をもっている．

① 不純物の濃度分布を高精度に制御できる．
② 熱拡散法では困難な低濃度から高濃度まで自由にドーピングできる．
③ 熱拡散法に比べて低温プロセスである．

10.6 素子間の分離工程

集積回路では，数ミリ角のシリコンチップ内に多数の回路素子を個々に埋め込むため，素子間を電気的に絶縁・分離する必要がある．この分離領域には絶縁抵抗と耐電圧が高く，寄生容量の少ないことが望まれる．

主要な素子分離の方法を次に説明する．
① メサエッチングによる分離（図10.7(a)）
集積回路技術の初期に用いられた方法で，各素子の周囲をメサ（台形）状に溶

10.6 素子間の分離工程

(a) メサエッチング分離

(b) pn 接合分離

この接合を逆バイアスにして分離する．

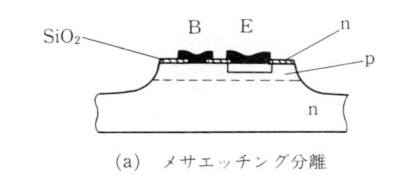

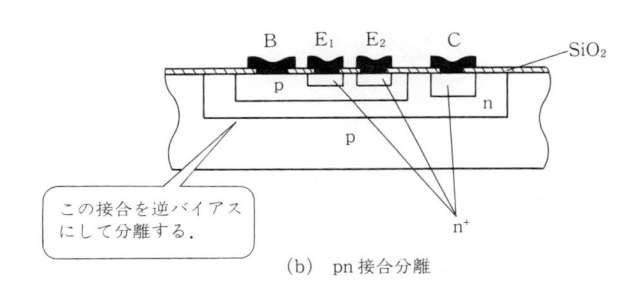

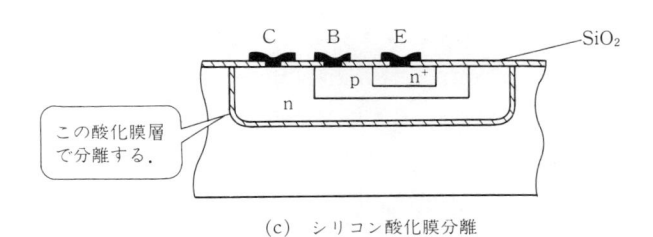

(c) シリコン酸化膜分離

この酸化膜層で分離する．

図 10.7 素子間の分離法

かし去って分離する．現在でも電力用デバイスなどで使用されている．

② pn 接合による分離(図(b))

pn 接合に逆バイアスを加えたときに生じる空乏層を絶縁層として利用する方法で，広く用いられている．しかし，耐圧が比較的低く，寄生容量が大きくなりやすいなどの欠点もある．

③ 絶縁材料による分離(図(c))

電気的絶縁性の層を素子間に設ける方法で，良好な特性が得られる．例えばイオン注入法で酸素イオンを注入して Si 中に SiO_2 の層を埋め込むことができる．

10.7 配線工程

ウエーハに作りこまれた多数の回路要素をモノリシックに接続・配線する目的には，主として，蒸着法やスパッタ法で形成したアルミの薄膜が用いられる．

また，BやPを高濃度にドープして低抵抗にした多結晶Si（ポリシリコン）をCVD法で形成し，配線材料とすることもある．この場合にはアルミよりも抵抗が高いので，その配線長を適当に選ぶことにより，回路要素としての抵抗をモノリシックに形成できる特長がある．

10.8 切断およびパッケージング工程

1枚のウエーハ上に同時に多数個作られたICはそれぞれに切断されて，数ミリ角で厚さ0.4ミリ程度のチップに分割される．このままでは回路に実装しにくいので，ICパッケージと呼ばれる容器に収納される．ICパッケージは図10.8に示すように多種類あるが，基本的にはICを放熱用金属板に緩衝板を介して装着し，ボンディングワイヤで外部接続用リードと結合する構造をとる．なお，ICの高集積化が進むにつれてチップ発熱量が増加するため，パッケージ材料の耐熱性と熱伝導性が重要になりつつある．

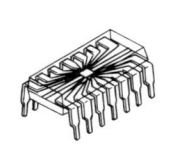

デュアルインライン
パッケージ（DIP）

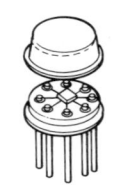

キャンパッケージ

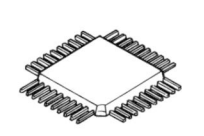

フラットパッケージ（FP）

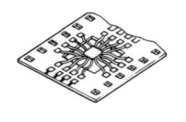

テープキャリア（TC）

アキシャルピン
パッケージ

図10.8　各種のICパッケージ法

演 習 問 題

10.1 半導体材料としてSiが多用されている理由を述べよ．

10.2 ICの製造工程のフローチャートを書け．

10.3 CVD法について説明せよ．

10.4 シリコンの直接熱酸化法について述べよ．

10.5 フォトレジスト工程について図解し，説明せよ．

10.6 イオン注入法の特長を述べよ．

10.7 素子間の分離方法を3種類挙げて説明せよ．

10.8 ICの一部を上から見た構造が図示されている．図中①，②，③は最上層に設けられたAl配線で，黒く塗りつぶした部分は半導体とAl配線を接合するために酸化膜に窓を開けたコンタクトホールである．ただし，酸化膜は省略してある．設問に答えよ．

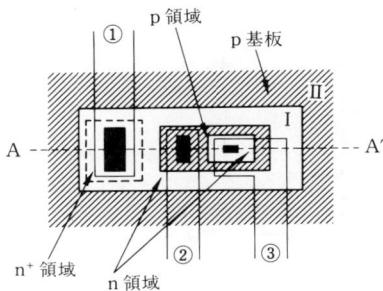

(1) この素子は何か．正確な名称で答えよ．

(2) 図中のA-A′における断面図を示せ．与えられた図では省略されている酸化膜も含めて図示すること．

(3) この素子に増幅作用をもたらすためには，Al配線①〜③にどのような外部直流バイアスを加えればよいか．

(4) この素子を同一寸法でSiとGaAsで作った．どちらの周波数特性がよいか．

(5) 領域ⅠとⅡの間のpn接合の役割は何か．

(6) この素子を作製するプロセスを考え，各工程で必要なフォトマスクのパターンを描け．

参　考

半導体デバイス開発の歴史

西暦	事　項	備　考
1947	点接触トランジスタの発明	Geトランジスタ
1949	接合形トランジスタの発明	Geトランジスタ
1952	合金型トランジスタの生産開始	Geトランジスタ
1956	Siトランジスタの開発	
1957	SCR，FETの開発	
1958	集積回路の発明	IC
1959	プレーナ形モノリシックICの開発	
1963	GaAs固体発振素子の発明	ガンダイオード
1968	CMOS ICの開発	
1970	CCDの発明	
	1Kビット DRAMの開発	LSI
	2重ヘテロ接合レーザダイオードの開発	AlGaAs/GaAs
1971	マイクロプロセッサの発明	4ビットマイコン
1975	8ビットマイクロプロセッサの開発	
1976	64Kビット DRAMの開発	
1980	HEMT（高電子移動度トランジスタ）の発明	AlGaAs/GaAs
1981	16ビットマイクロプロセッサの開発	
1982	1Mビット DRAMの開発	VLSI
1984	32ビットマイクロプロセッサの開発	
1991	緑色半導体レーザの開発	ZnSe/ZnSSe
1992	64Mビット DRAMの開発	ULSI
	64ビットマイクロプロセッサの開発	
1993	高輝度青色半導体発光素子の開発	GaN
1995	1Gビット DRAMの開発	
1997	1Mビット FRAMの開発	
2003	90nmデザインルールLSIの量産化	

11. 光電素子

　光電素子は，**光電効果**（光が物質に作用したとき，その電気的特性を変える現象）を利用した素子で，エネルギー変換や光検出に用いられる．

　本章では，①光電効果には，**光電子放射効果，光起電力効果，光導電効果，電界発光効果**があること，②太陽電池はpn接合のもつ光起電効果を利用したものであり，光照射によって生成された電子と正孔が内部電界によって，電子はn領域に，正孔はp領域にドリフトされ**光電流**を形成すること，③過剰になった電子と正孔がpn接合に順バイアスを生じ，それが順電流を流すが，しかしその向きは光電流の流れを妨げる向きであること，④Seと金属接触のもつ光起電効果を利用した**光電池**は，人間の視感度曲線に近い周波数特性をもっていること，⑤**フォトダイオード**もpn接合を利用しているが，過剰キャリアによる順バイアスの発生を防ぐため，外部電源によって逆バイアスを印加し，発生した光信号電流をすべて有効に利用するものであること，⑥**フォトトランジスタ**では，光で発生したキャリア信号がさらに増幅されるため，光感度が著しく高くなること，⑦**半導体レーザ**では，レーザ発振に必要な反転分布は，pn接合に順電流を流すだけで得ていること，⑧**発光ダイオード**はキャリアが再結合するとき放つ自然放出の光を利用するもので，製造が容易であり，かつ小電流で動作するなどの特長をもつことなどについて述べる．

11.1　光電効果 (photoelectric effect)

　光電効果とは，光が物質に作用したときに，その電気的性質が変化し，また

は物質に加えられた電気エネルギーが光に変換される現象である.

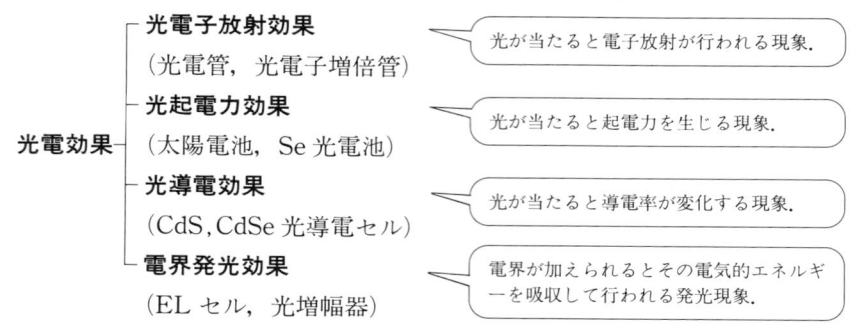

光電効果 ─┬─ 光電子放射効果　　　　　◁ 光が当たると電子放射が行われる現象.
　　　　　│　　（光電管，光電子増倍管）
　　　　　├─ 光起電力効果　　　　　　◁ 光が当たると起電力を生じる現象.
　　　　　│　　（太陽電池，Se光電池）
　　　　　├─ 光導電効果　　　　　　　◁ 光が当たると導電率が変化する現象.
　　　　　│　　（CdS, CdSe光導電セル）
　　　　　└─ 電界発光効果　　　　　　◁ 電界が加えられるとその電気的エネルギーを吸収して行われる発光現象.
　　　　　　　　（ELセル，光増幅器）

以下において，光電効果を利用した主な半導体デバイスについて述べる.

11.2　光-電気変換素子(光センサ，太陽電池 等)

a.　光導電素子

図11.1に示す素子に一定の強さの光が連続的に照射され，定常状態にあるとする．キャリア発生度をG，寿命をτとすると，キャリアの増分は3.3節の議論より,

$$\Delta n = G\tau_n \tag{11.1}$$
$$\Delta p = G\tau_p \tag{11.2}$$

となる．したがって，これによる電気伝導率の増分は

$$\begin{aligned}\Delta \sigma &= q(\mu_n \Delta n + \mu_p \Delta p) \\ &= qG(\mu_n \tau_n + \mu_p \tau_p)\end{aligned} \tag{11.3}$$

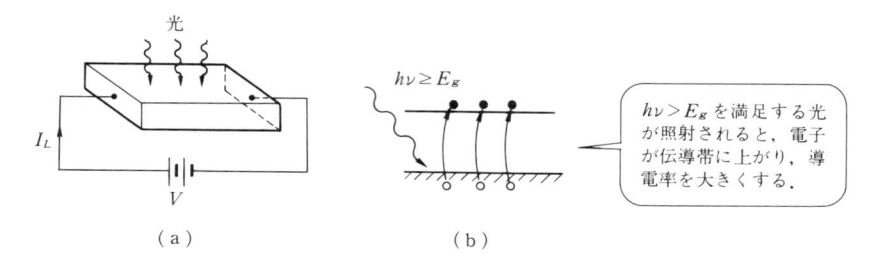

（a）

（b）　$h\nu \geq E_g$

◁ $h\nu > E_g$を満足する光が照射されると，電子が伝導帯に上がり，導電率を大きくする.

図11.1　光導電素子

で表わされる．

b． 太陽電池の原理
1） 電圧-電流関係

図 11.2 の pn 接合について考える．光の照射によって生成された電子と正孔は，接合部の電界によって電子は n 領域に，正孔は p 領域にドリフトされ，**光電流** I_L を形成する．また，電子と正孔の移動により，n 領域が電子過剰に，p 領域が正孔過剰になる結果，**光起電力** V を発生する．この光起電力は pn 接合を順方向にバイアスする向きであり，これは第 5 章で述べたように，

$$I_s(e^{qV/kT}-1) \tag{11.4}$$

① $h\nu \geq E_g$ を満たす光が照射される．

② 電子・正孔対が発生，内部電界によって電子は n 領域にドリフトされる．

③ この領域に電子が過剰になり，負に帯電

④ 発生した正孔は p 領域にドリフトされ，電子とともに光電流を形成する．

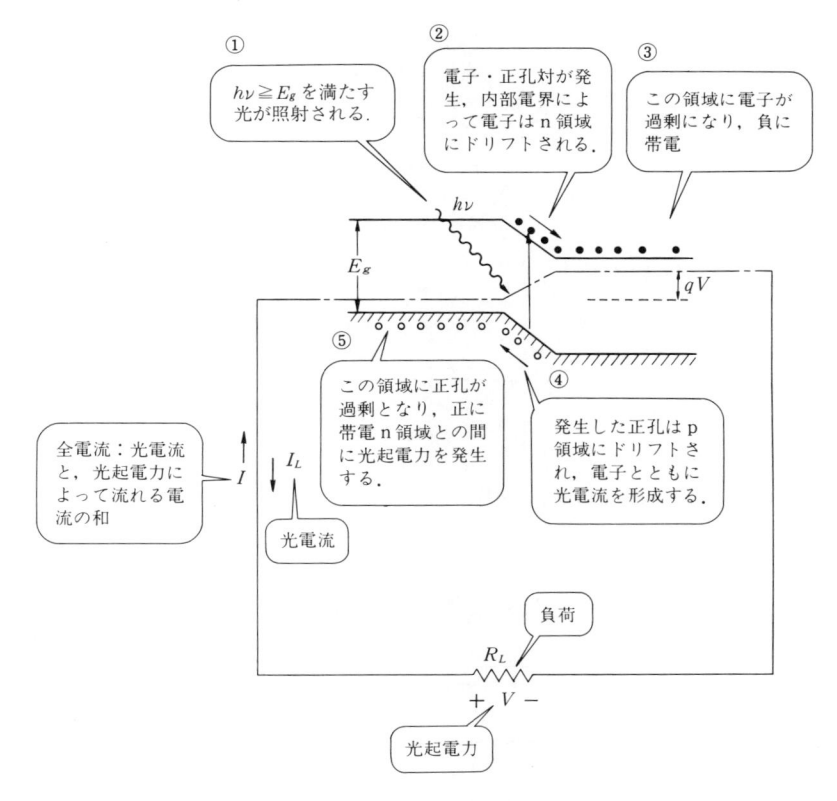

⑤ この領域に正孔が過剰となり，正に帯電 n 領域との間に光起電力を発生する．

全電流：光電流と，光起電力によって流れる電流の和

光電流

負荷

光起電力

図 11.2　太陽電池の原理

なる順電流を流す．したがって，外部に流れる電流は

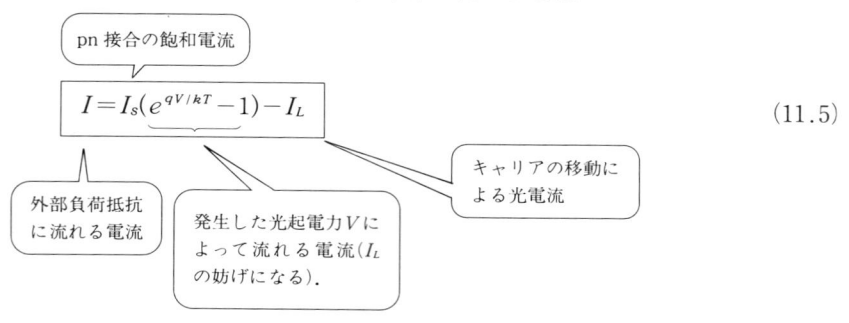

$$I = I_s(e^{qV/kT} - 1) - I_L \tag{11.5}$$

- pn 接合の飽和電流
- 外部負荷抵抗に流れる電流
- 発生した光起電力 V によって流れる電流（I_L の妨げになる）．
- キャリアの移動による光電流

となる．この電圧-電流関係を図 11.3 に示す．

開放電圧 (11.5) で $I=0$ として
$$V_{oc} = \frac{kT}{q} \ln\left(\frac{I_L}{I_s} + 1\right) \tag{11.6}$$

$V_{oc} (\approx 0.6\,\mathrm{V})$

短絡電流(11.5) で $V=0$ として $I_{sc} = I_L$

$I_{sc} (\approx 200\,\mathrm{mA})$

(11.5) を描いた曲線

最適負荷線（効率 $\approx 13\%$）

$$\tag{11.7}$$

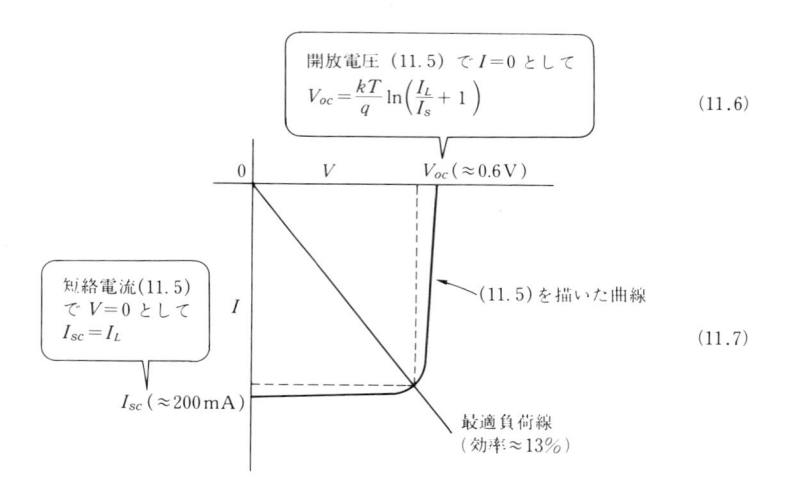

図 11.3　結晶 Si 太陽電池の電圧-電流特性（直径 23 mm，入射光 1 kW/m²）

2) 構　　造

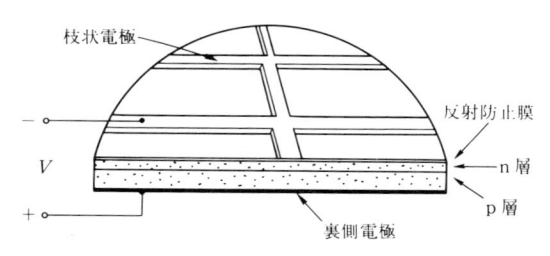

- 枝状電極
- 反射防止膜
- n 層
- p 層
- 裏側電極

図 11.4　太陽電池の構造

結晶 Si を使った太陽電池の構造を図 11.4 に示す．また，太陽電池では結晶 Si に代えてアモルファス Si も用いられる．これは図 11.5 に示すように，アモルファス Si の太陽光に対する吸収係数が結晶 Si よりも大きいので，デバイスに要する厚さが図 11.5 のように 1/10 以下ですむためである．また，ガラスまたはステンレス基板上に大面積で成膜できることから，広い受光面を必要とする太陽電池に適している．

3) アモルファス Si 太陽電池

アモルファス Si 太陽電池は p-i-n 構造から成り，グロー放電分解法(付録図 D.23 参照)によって，SnO_2 などの透明電極をコートしたガラス基板上に形成される．

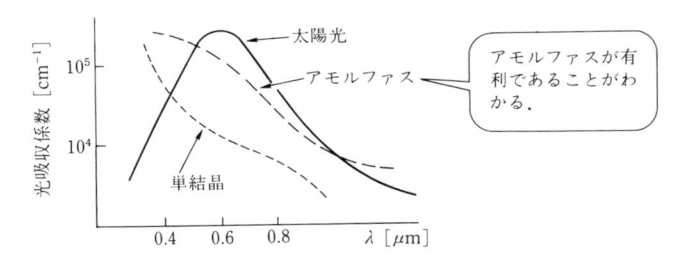

図 11.5 光吸収係数

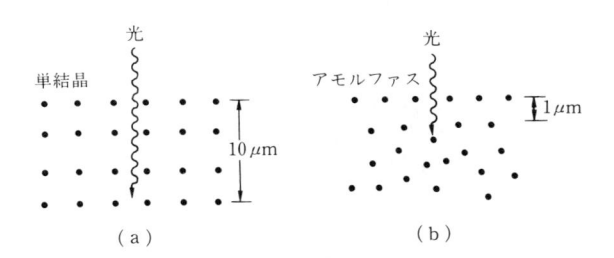

図 11.6 光吸収過程

c. 光 電 池

図 11.7 にセレン光電池の構造を示す．熱処理して結晶化させた Se 膜と，その上に蒸着した Ag や Al 膜との間の金属-半導体接触(ショットキー接合)を利用する(図 11.8)

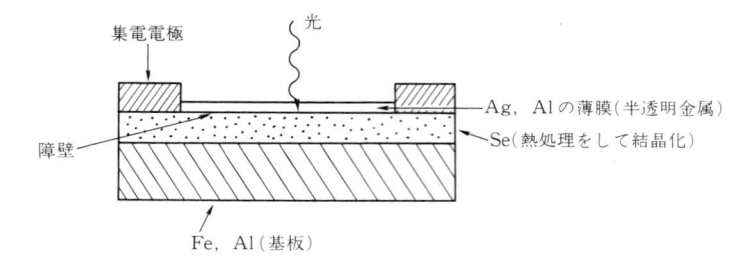

図 11.7 光電池の構造

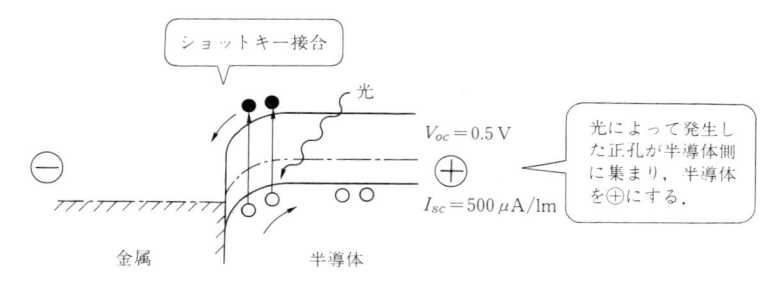

図 11.8 光電池の原理

Se 膜が高抵抗であるため，光-電気の変換効率は 1 ％（太陽電池 13 ％）にも達しない．しかし図 11.9 に示すように，人間の視感度曲線に近い分光感度特性をもっているので，照度計やカメラの露光計として広く使用されている．

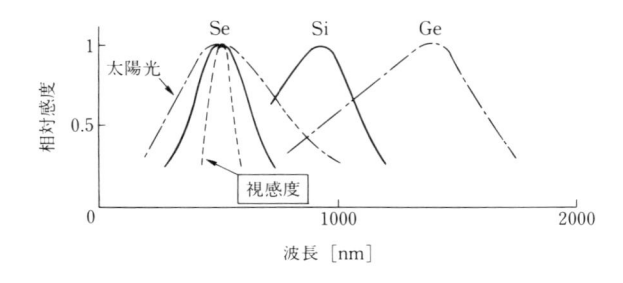

図 11.9 各種材料の分光感度特性

d. フォトダイオード

pn 接合の逆方向電流が光照射によって増加することを利用した光検出用デ

11.2 光-電気変換素子(光センサ,太陽電池 等) 213

バイスであり,図 11.10 のような原理で動作する.
　電流は図 11.11 のように,電圧にほとんど依存しない.

電流の正の向き
(第 5 章での定義)

$$I = -I_s \tag{11.8}$$

(a) 通常のダイオードの場合の電圧電流関係

負荷に流れる電流 I は (11.5) に比較して,光起電力による電流分だけ大きくなることがわかる.

$$I = -I_s - I_L \tag{11.9}$$

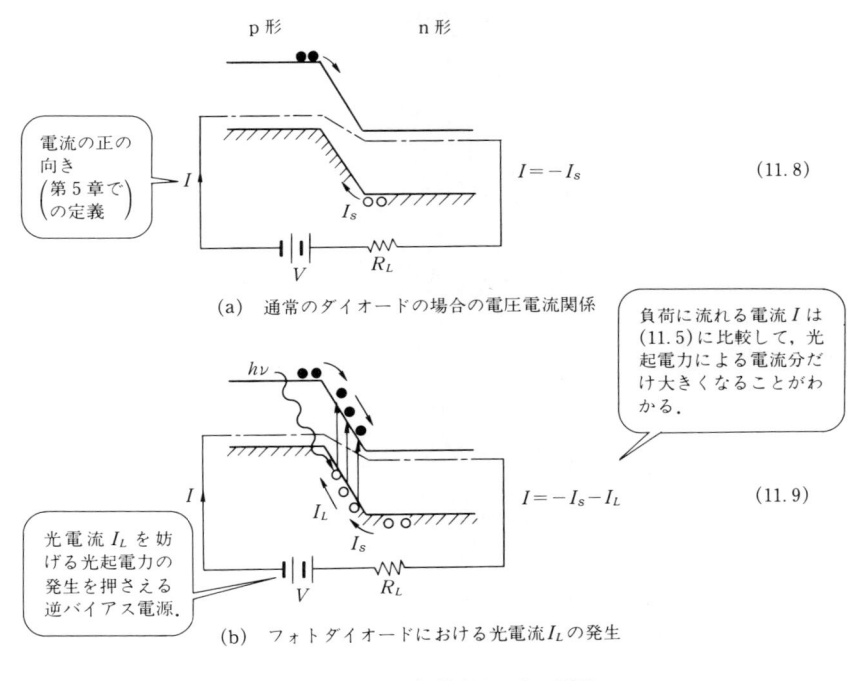

光電流 I_L を妨げる光起電力の発生を押さえる逆バイアス電源.

(b) フォトダイオードにおける光電流 I_L の発生

図 11.10　フォトダイオードの原理

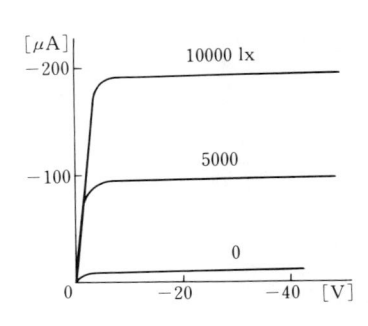

図 11.11　フォトダイオードの出力特性

フォトダイオードの構造を図11.12に示す．

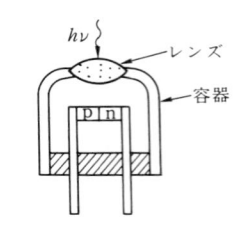

図11.12 フォトダイオードの構造

他に，アバランシェによって電子増倍し，感度を上げる**アバランシェフォトダイオード**(avalanche photo diode：**APD**（図11.13））や**pinフォトダイオード**（図11.14）がある．

1) **APD**

図中注記：光で発生したキャリアがなだれ作用によって増倍される．

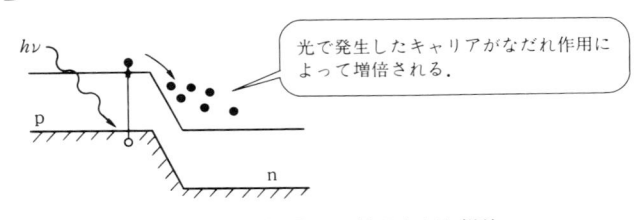

図11.13 APDにおけるなだれ増倍

2) **pinフォトダイオード**

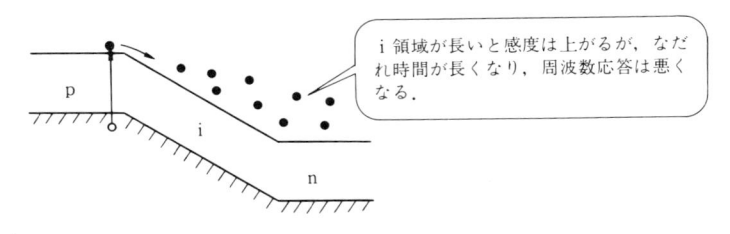

図中注記：i領域が長いと感度は上がるが，なだれ時間が長くなり，周波数応答は悪くなる．

図11.14 pinフォトダイオードにおけるなだれ増倍

e. **フォトトランジスタ**

図11.15にフォトトランジスタの構成を示す．ベースには電極をつけないで浮遊させている．

ベースに光を当てると，図11.16のように，発生した正孔は流れ，電子はベ

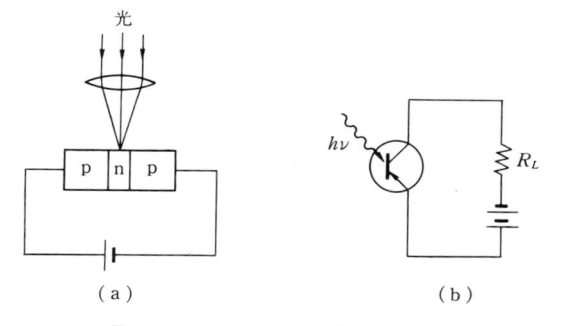

11.2 光-電気変換素子(光センサ，太陽電池 等) **215**

(a)

(b)

図11.15 フォトトランジスタの構成

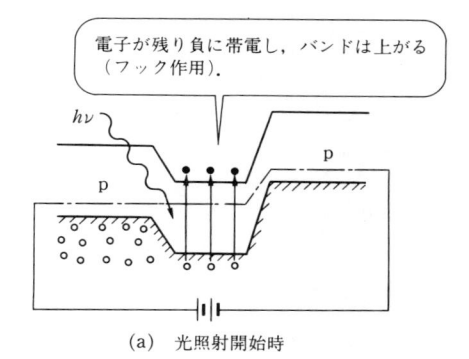

電子が残り負に帯電し，バンドは上がる
（フック作用）．

(a) 光照射開始時

フック作用で順バイアスになり，
大きな拡散電流が流れる．

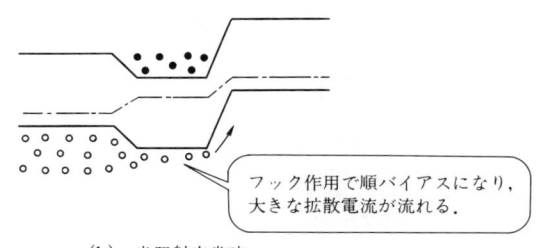

(b) 光照射定常時

図11.16 フォトトランジスタのバンド構造

ースにたまる．その結果，ベース領域は負に帯電し，バンドは上がる．この現象を**フック作用**(hook mechanism)という．

ベースのバンドが上がってエミッタが順バイアスされると，エミッタから多量の正孔が注入されて大きなコレクタ電流が流れる．光照射強度をパラメータ

にとった電流-電圧特性を図 11.17 に示す．

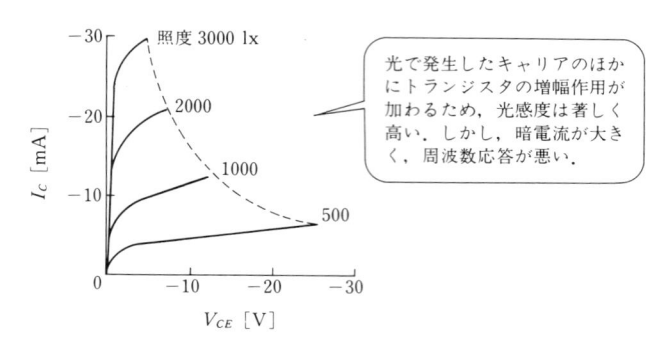

図 11.17 フォトトランジスタの出力特性

（図中の吹き出し：光で発生したキャリアのほかにトランジスタの増幅作用が加わるため，光感度は著しく高い．しかし，暗電流が大きく，周波数応答が悪い．）

11.3 電気-光変換素子(エレクトロルミネセンス,半導体レーザ,発光ダイオード 等)

a. EL セル (electro luminescence cell)

物質に電圧を印加してエネルギーを与えた場合，物質がこのエネルギーを光として再び外部に放出する現象を**エレクトロルミネセンス**という．発光の原理を図 11.18 に示す．

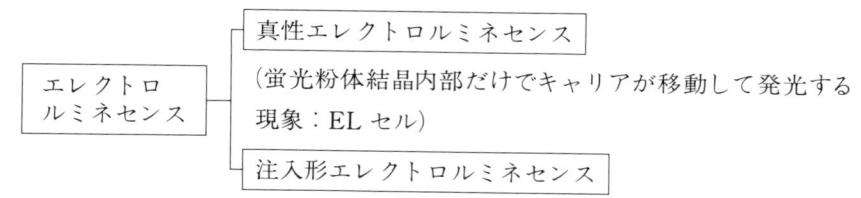

エレクトロルミネセンス
- 真性エレクトロルミネセンス
  (蛍光粉体結晶内部だけでキャリアが移動して発光する現象：EL セル)
- 注入形エレクトロルミネセンス
  (電極から蛍光体にキャリアが流れ込んだとき発光する現象：発光ダイオードや半導体レーザ)

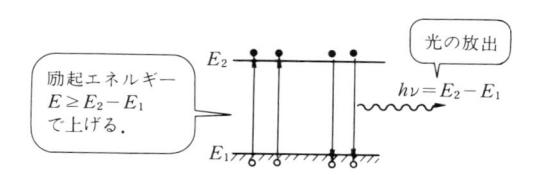

励起エネルギー
$E \geq E_2 - E_1$
で上げる．

光の放出
$h\nu = E_2 - E_1$

図 11.18 ルミネセンス現象のエネルギー図

11.3 電気-光変換素子(エレクトロルミネセンス, 半導体レーザ, 発光ダイオード 等)　217

1) 構造と蛍光粉末のエネルギーバンド図

EL 発光体は, ZnS などの蛍光体粉末と Cu, Mn などの活性剤とを透明な樹脂などの誘電体に混ぜたものである. 構造と蛍光粉末のエネルギーバンドを図 11.19 に示す.

(a) EL セルの構造

(b) 蛍光粉末のエネルギーバンド

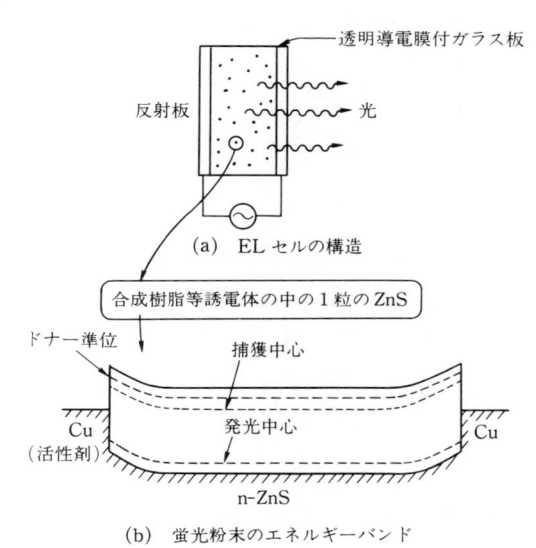

図 11.19　EL の構造とエネルギーバンド(無電界時)

2) 発 光 機 構

この EL セルは交流で駆動されるが, その発光メカニズムを図 11.20 に説明する.

b. 半導体レーザ

1) 誘 導 放 出

物体から放出される光は, 図 11.21 および図 11.22 に示す 2 種類の過程からなる. 誘導放出によるコヒーレント光と自然放出による自然光(インコヒーレント光)の違いを図 11.23 に示した.

① ドナー準位または捕獲中心から電子が熱的あるいは電界によって伝導帯に上げられる．

② 空乏層内で加速され，発光中心に衝突してエネルギーを失い，発光中心の電子を伝導帯に励起する．

④ 電子は正電位の方へドリフトされる．

(−)　(+)

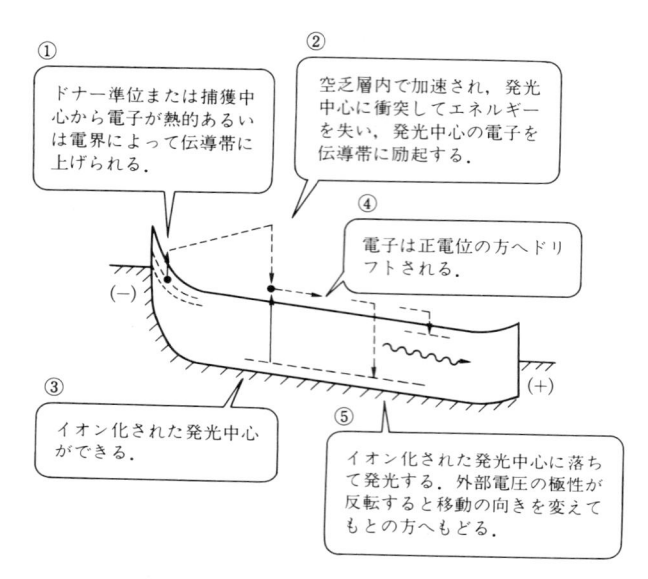

③ イオン化された発光中心ができる．

⑤ イオン化された発光中心に落ちて発光する．外部電圧の極性が反転すると移動の向きを変えてもとの方へもどる．

図 11.20　EL のバンド（電界印加時）

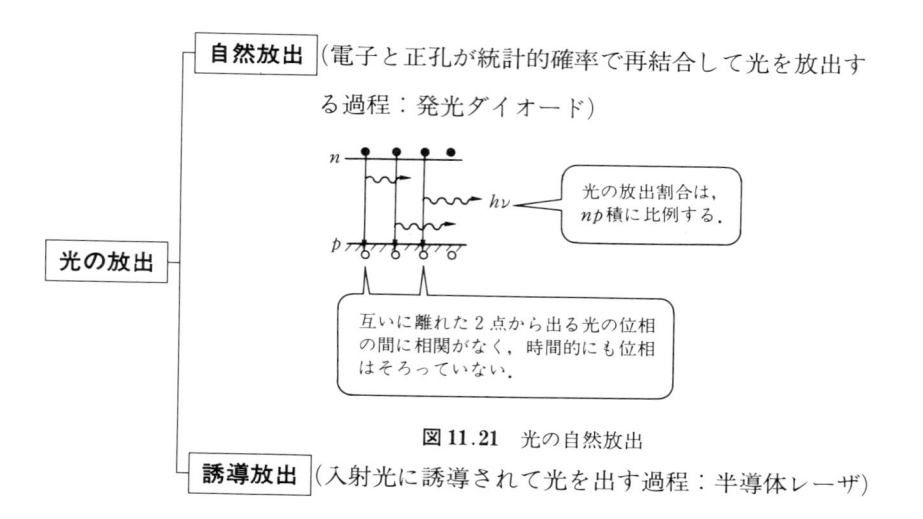

光の放出
├─ **自然放出**（電子と正孔が統計的確率で再結合して光を放出する過程：発光ダイオード）
│
│　　光の放出割合は，np 積に比例する．
│
│　　互いに離れた 2 点から出る光の位相の間に相関がなく，時間的にも位相はそろっていない．
│
│　図 11.21　光の自然放出
│
└─ **誘導放出**（入射光に誘導されて光を出す過程：半導体レーザ）

11.3 電気-光変換素子(エレクトロルミネセンス,半導体レーザ,発光ダイオード 等)

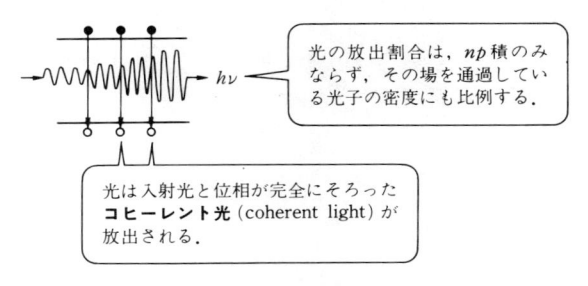

図11.22 光の誘導放出

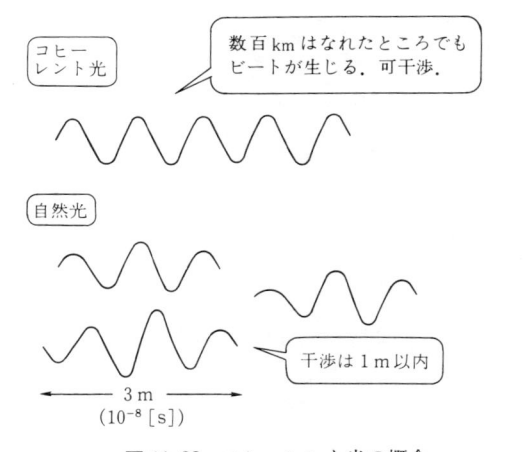

（吹き出し）光の放出割合は,np 積のみならず,その場を通過している光子の密度にも比例する．

（吹き出し）光は入射光と位相が完全にそろった**コヒーレント光**(coherent light)が放出される．

図11.23 コヒーレント光の概念

コヒーレント光：数百kmはなれたところでもビートが生じる．可干渉．

自然光：干渉は1m以内

3m (10^{-8} [s])

2) 発光効率

発光素子にはフォトンのみを介してキャリアの再結合が生じるGaAsのような直接遷移形半導体を用いることが多い．間接遷移形半導体では再結合がフォノン(格子振動,すなわち熱エネルギー)を介して生じるため発光効率が低く,そのままでは実用素子に適さない．ただし,間接遷移形半導体の場合でも適当な不純物をドープすることにより,発光効率を改善することができる(GaP 発光ダイオード).

なお,発光効率は,電子1個当たりによって外部へ放出されるフォトンの数で定義される外部量子効率 η_{ext} で表わされる．すなわち,

$$\eta_{ext}=[P(\nu)/h\nu]/(I/q) \tag{11.10}$$

である．

3） 反転分布・負温度

発光素子において，吸収されるよりも光放出を起こしやすくするには，熱平衡状態とは違って，高エネルギー状態の電子数が低エネルギー状態よりも多い必要がある（光は高エネルギー状態の電子が低エネルギー状態に遷移するときに放出される）．このために電子分布を図 11.24 のように，熱平衡分布とは逆に $N_2 > N_1$ にする必要がある（発振条件）．

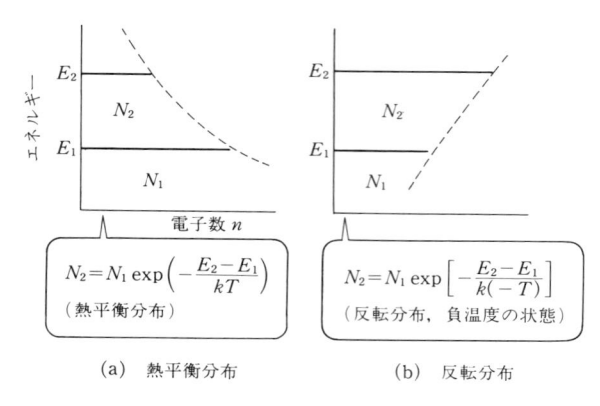

(a) 熱平衡分布 $\left(N_2 = N_1 \exp\left(-\dfrac{E_2 - E_1}{kT}\right)\right)$

(b) 反転分布 $\left(N_2 = N_1 \exp\left[-\dfrac{E_2 - E_1}{k(-T)}\right]\right)$（反転分布，負温度の状態）

図 11.24　電子の反転分布

キャリアの注入などによって，高いエネルギー準位 E_2 の電子の数 N_2 を低いエネルギー準位 E_1 の数 N_1 より大（反転分布）にさせることを**ポンピング**（pumping）という．半導体レーザでは，図 11.25 のように，反転分布は単に順電流を流すだけで得られる．

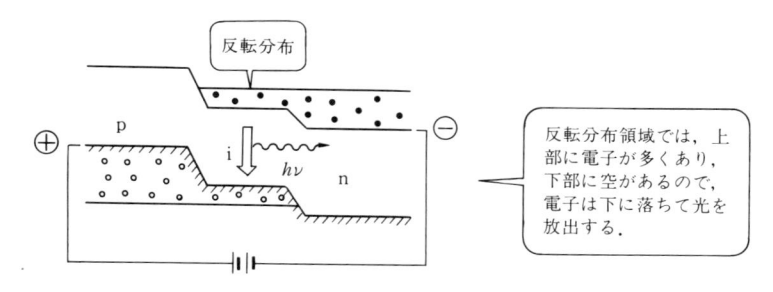

反転分布領域では，上部に電子が多くあり，下部に空があるので，電子は下に落ちて光を放出する．

図 11.25　注入形レーザのエネルギーバンド

4） pn 接合レーザの構造

図 11.26 のように，半導体レーザダイオード（LD）は，接合面に垂直な端面を

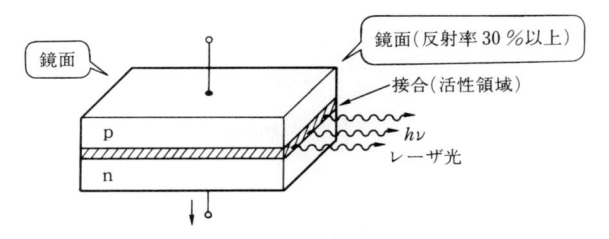

11.3 電気-光変換素子(エレクトロルミネセンス,半導体レーザ,発光ダイオード 等)

図 11.26 注入レーザの構造

鏡面に仕上げ，光の定在波を発生させてその一部を外部に取り出す構造になっている．鏡面間で定在波を発生させる様子を図 11.27 に示す．

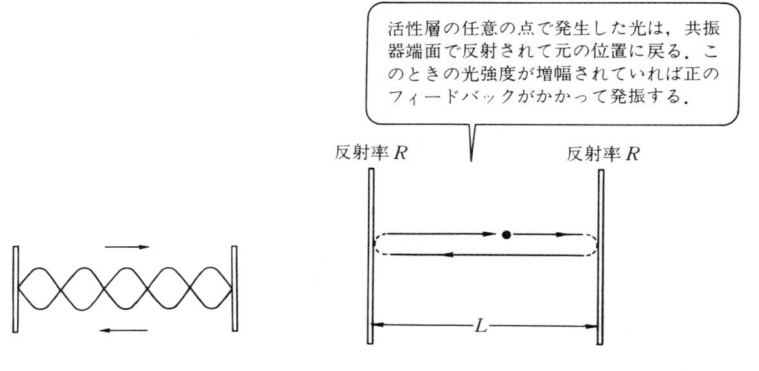

図 11.27 レーザ共振器内の定在波
(ファブリ・ペロの共振器)

図 11.28 レーザ共振器内の光のパス

図 11.28 のように，活性層のある点において $I_\varepsilon(0)$ なる強度の光が発生したとき，この光が端面で反射されて元の位置まで戻ったときの強度 $I_\varepsilon(2L)$ が $I_\varepsilon(0)$ より大きくなれば発振する．発振のしきい値は，$I_\varepsilon(2L)=I_\varepsilon(0)$ で与えられる．ここで，

$$I_\varepsilon(2L)=I_\varepsilon(0)R^2\exp[(g-\alpha)\cdot 2L] \tag{11.11}$$

となる．ただし，

　　増幅利得 g：単位長当たりの誘導放出の割合
　　共振器損失 α：単位長当たりの光減衰の割合
　　反射率 R：共振器端面の反射率

である．この式から，発振しきい値における増幅利得 g_{th} は

$$g_{th} = \frac{1}{L}\ln\frac{1}{R} + \alpha \tag{11.12}$$

で与えられる．J をダイオードに流れる電流密度とし，J_0 を反転分布を生じるに必要な活性層厚さ当たりの電流密度とすれば，増幅利得は比例定数 β を用いて

$$g = \beta\left(\frac{J}{d} - J_0\right) \tag{11.13}$$

と表わされる．ここに，d は活性層の厚さである．レーザ発振のしきい電流密度 J_{th} は

(a) ホモ，DH レーザダイオードの構造

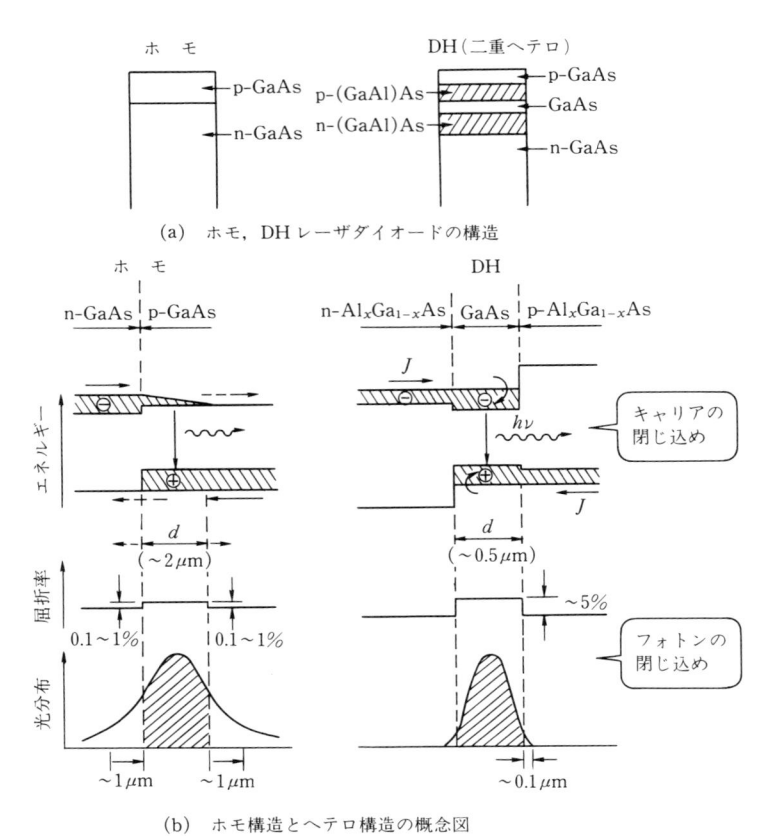

(b) ホモ構造とヘテロ構造の概念図

図 11.29　GaAs ホモ接合構造レーザダイオードと
　　　　　GaAs-AlGaAs 二重ヘテロ接合レーザダイオードの概念図

11.3 電気-光変換素子(エレクトロルミネセンス,半導体レーザ,発光ダイオード 等) **223**

$$g_{th} = \beta\left(\frac{J_{th}}{d} - J_0\right) \tag{11.14}$$

から与えられる．この式に(11.12)を代入すれば

$$J_{th} = \frac{d}{\beta}\left[\left(\frac{1}{L}\ln\frac{1}{R} + \alpha\right) + \beta J_0\right] \tag{11.15}$$

となる．(11.15)に示されるように，発振開始電流密度のしきい値を下げるためには，活性層(共振器)の長さ L を大きく，厚さ d を薄くする必要がある．この観点から，活性層をバンドギャップエネルギーの異なる異種材料で挟んでキャリアと光(フォトン)を閉じ込めるヘテロ接合，特に二重ヘテロ接合とする構成は，低しきい値レーザダイオードの実現に有効である．そのバンド構造を図11.29に示す．レーザダイオードに順方向電流を流してゆくと，(11.15)の J_{th} 以下では誘導放出は生じず，発光は LED モードである．J_{th} 以上の電流密度になると，誘導放出が支配的になってレーザ発振する(図11.30)．

5) 注入形レーザの特性

これ以上の電流を流すとレーザ発振する．

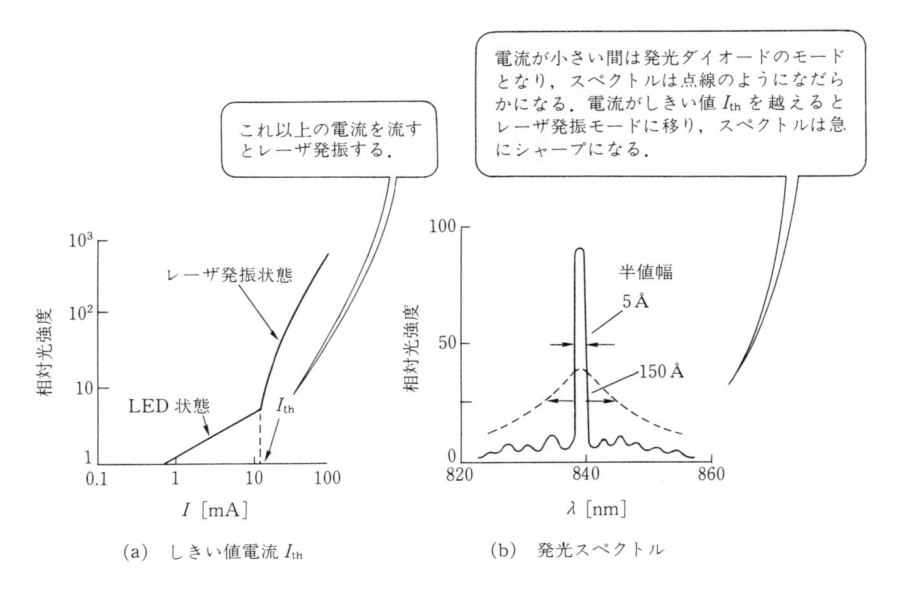

電流が小さい間は発光ダイオードのモードとなり，スペクトルは点線のようになだらかになる．電流がしきい値 I_{th} を越えるとレーザ発振モードに移り，スペクトルは急にシャープになる．

(a) しきい値電流 I_{th}

(b) 発光スペクトル

図 11.30 レーザの発光

c. 発光ダイオード

注入されたキャリアが再結合するとき放つ自然放出の光を利用するダイオードを**発光ダイオード**(LED)という．これはレーザダイオードに比べると製造が容易，小電流であるなどの点ですぐれ，また小型，低電圧，長寿命など，いままでの光源に望むことのできなかった種々の特長がある．

各種発光ダイオードの発光スペクトルの比較を図 11.31 に示す．

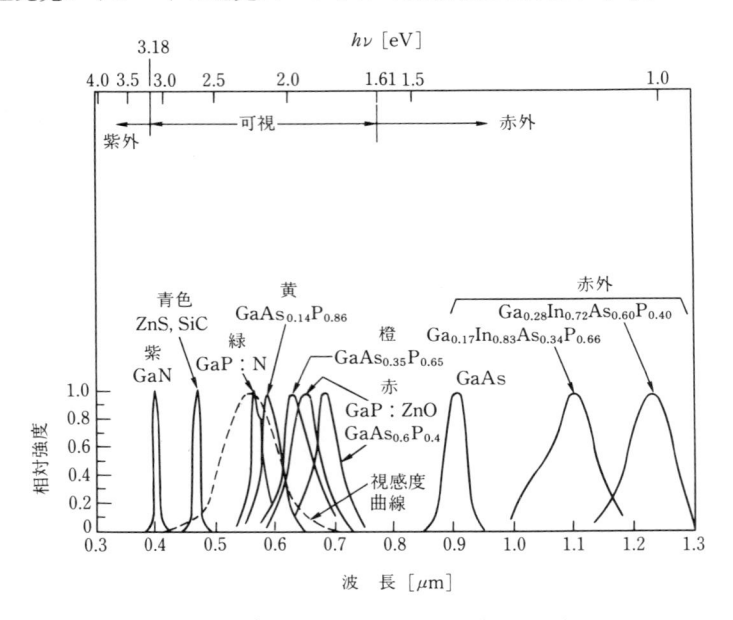

図 11.31 各種発光ダイオードの発光スペクトル

d. フォトカプラ（光結合素子）

発光ダイオードとフォトダイオード，フォトトランジスタ，サイリスタ，トライアックなどのいずれかを，**1つのケースの中**に組み込んだものを**フォトカプラ**といい，図 11.32 のような動作をする．

発光ダイオードの回路に流れる電流が光を放射させ，その光が受光素子の回路に電流を生じさせ，リレーのような働きをする．

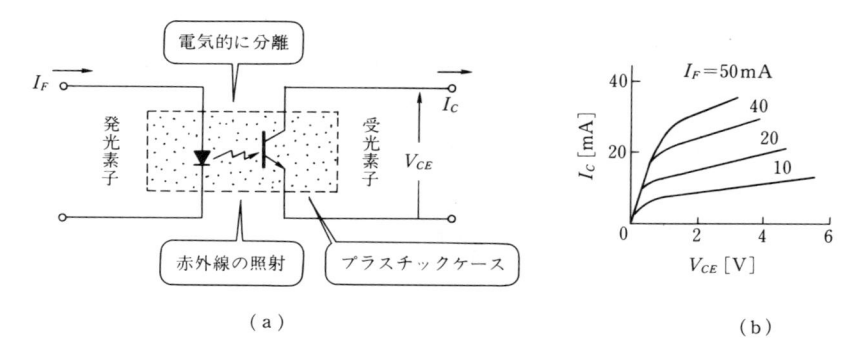

図 11.32 フォトカプラの構造と出力特性

演 習 問 題

11.1 地上における太陽光エネルギーは $1\,\mathrm{kW/m^2}$ であるという．これを 589 nm の光と等価に考えて，1 秒間に到達する $1\,\mathrm{m^2}$ 当たりの光子数を求めよ．

11.2 300 K におけるシリコンのエネルギーギャップを 1.1 eV とし，光で電子正孔対が生成されるための限界波長を求めよ．

11.3 暗抵抗率が $0.4\,\Omega\cdot\mathrm{m}$ の半導体がある．電子密度は $3\times10^{19}\,\mathrm{m^{-3}}$ である．これに光を照射したところ抵抗率が $0.2\,\Omega\cdot\mathrm{m}$ になったという．生成された電子正孔対の数はいくらか．ただし，$\mu_n=0.38\,\mathrm{m^2/V\cdot s}$, $\mu_p=0.18\,\mathrm{m^2/V\cdot s}$ とする．

11.4 受光面積 $1\times1\,\mathrm{mm^2}$，厚さ 0.1mm の CdS 光導電セルがある．光子 1 個当たり電子正孔対が 1 つ生成されるとし，これに波長 589 nm，強さ $10\,\mathrm{kW/m^2}$ の光を照射したときの次の諸量を求めよ．ただし，電子の寿命は $100\,\mu\mathrm{s}$，移動度は $0.03\,\mathrm{m^2/V\cdot s}$，正孔は発生後直ちに捕獲されるとして計算せよ．（ヒント）光の波長とエネルギーの関係は $E=h\mu=ch/\lambda (=1240/\lambda)$ ただし μ は振動数，c は光速で，括弧内は E を eV，λ を m で表わしたとき．

(1) 1 秒間に発生する電子正孔対の数
(2) 光の照射によって生じている電子の増分

(3) 端子間のコンダクタンスの増分

(4) 10 V の外部電圧を加えたとき流れる光電流

11.5 太陽電池の原理をエネルギーバンド図を用いて説明せよ．

11.6 フォトダイオードおよびフォトトランジスタの原理をエネルギーバンド図を用いて説明せよ．

11.7 EL セルの原理をエネルギーバンド図を用いて説明せよ．

11.8 二重ヘテロ (DH) 構造半導体レーザの原理をエネルギーバンド図を用いて説明せよ．

11.9 発光ダイオードの特長について述べよ．

12. 負性抵抗素子

　負性抵抗素子は，微分抵抗値が $R=dV/dI<0$ で定義される素子で，負性抵抗特性が，直流 I-V 特性上で現われる**静的な負性抵抗**と，直流的には負性抵抗特性を示さないが，キャリア走行時間などの効果により負性抵抗を示す**動的な負性抵抗**に分類できる．

　本章ではまず，①静的負性抵抗素子として**トンネルダイオード**，**サイリスタ**，**ジャンクショントランジスタ**を挙げ，それらの動作が pn 接合の理論によって説明できること，②動的負性抵抗素子として**インパットダイオード**，**ガンダイオード**を挙げ，それらの動作が，キャリアの走行時間や材料のバンド構造の特殊性で説明できること，③負性抵抗素子が**スイッチング**，**発振**，**増幅**に応用できることなどについて述べる．

12.1　負性抵抗特性

　負性抵抗とは，電圧が増加するとき電流が減少するという，通常の抵抗とは逆の関係にある特性を総称していうもので，図 12.1 のように，その微分抵抗値 R が $R=dV/dI<0$ で定義されるものである．

　次節以後，各種の負性抵抗素子について述べる．

228　12. 負性抵抗素子

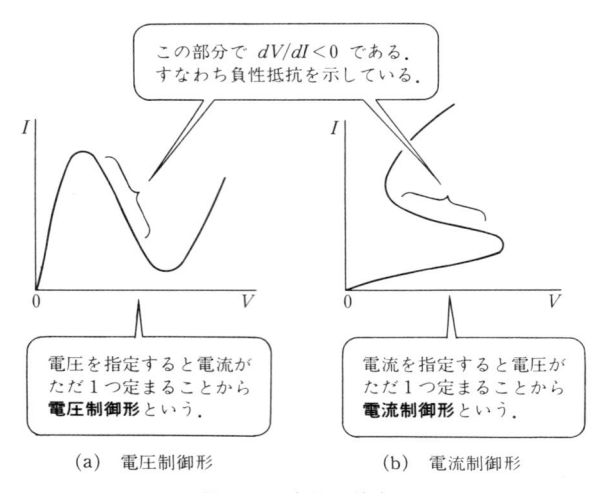

(a) 電圧制御形: この部分で $dV/dI<0$ である．すなわち負性抵抗を示している．電圧を指定すると電流がただ1つ定まることから**電圧制御形**という．

(b) 電流制御形: 電流を指定すると電圧がただ1つ定まることから**電流制御形**という．

図 12.1　負性抵抗素子

12.2　静的負性抵抗素子(エサキダイオード，SCR 等)

a.　トンネルダイオード (tunnel diode)

発明者の名前をとって別名**エサキ**(江崎)**ダイオード**とも呼ばれる．

pn 接合の両不純物密度を十分高くしていくと空乏層の幅が薄くなり(図 5.29 参照)，トンネル効果によって図 12.2 のような負性抵抗特性を示す．図 12.3 は，負性抵抗特性が起こるメカニズムを示したものである．

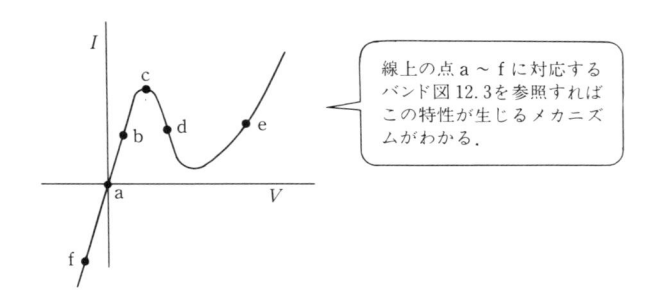

線上の点 a～f に対応するバンド図 12.3 を参照すればこの特性が生じるメカニズムがわかる．

図 12.2　エサキダイオードの V-I 特性

12.2 静的負性抵抗素子(エサキダイオード, SCR 等)　229

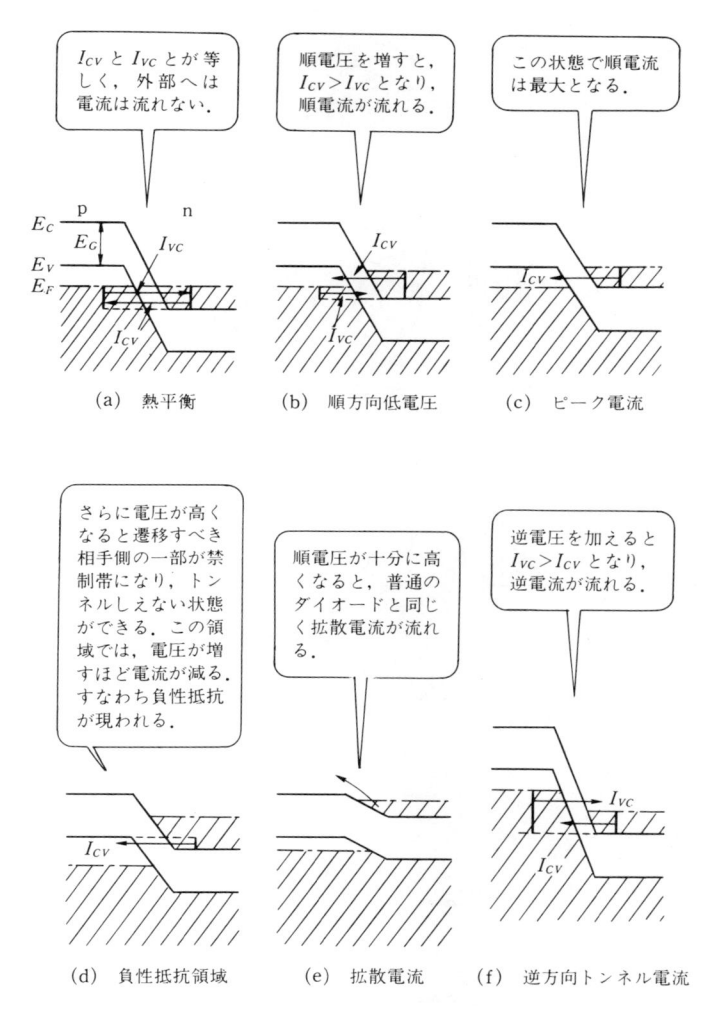

(a) 熱平衡 — I_{CV} と I_{VC} とが等しく、外部へは電流は流れない.

(b) 順方向低電圧 — 順電圧を増すと、$I_{CV} > I_{VC}$ となり、順電流が流れる.

(c) ピーク電流 — この状態で順電流は最大となる.

(d) 負性抵抗領域 — さらに電圧が高くなると遷移すべき相手側の一部が禁制帯になり、トンネルしえない状態ができる. この領域では、電圧が増すほど電流が減る. すなわち負性抵抗が現われる.

(e) 拡散電流 — 順電圧が十分に高くなると、普通のダイオードと同じく拡散電流が流れる.

(f) 逆方向トンネル電流 — 逆電圧を加えると $I_{VC} > I_{CV}$ となり、逆電流が流れる.

図 12.3　負性抵抗特性の起こるメカニズム

[トンネル効果]

　空乏層の幅が 10^{-8} m 以下程度に狭くなると, 図 12.4 のように, 電子のもつエネルギー以上の障壁でもほぼ,

$$D \propto e^{-\sqrt{(V-E)}\,d} \qquad \boxed{(V-E)d\text{ は，ほぼ図 12.4 の斜線の面積．}\atop \text{面積が大きくなると通り抜け難くなる．}} \qquad (12.1)$$

なる確率で通り抜けることができるようになる．このような現象を**トンネル効果**という．

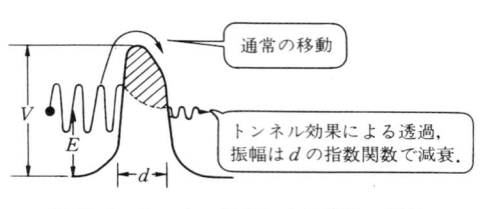

図 12.4 トンネル効果による電子の移動

b. サイリスタ (thyristor)

ON-OFF 状態を切り替えることのできる 3 つ以上の接合をもつ半導体素子

表 12.1 各種サイリスタ

特性＼電極数	2	3	4
逆阻止形	逆阻止 2 端子サイリスタ 4 層ダイオード (pnpn ダイオード) LAS	逆阻止 3 端子サイリスタ SCR LASCR GTO SUS	逆阻止 4 端子サイリスタ SCS LASCS
双方向形	2 端子双方向サイリスタ SSS (バイスイッチ)	3 端子双方向サイリスタ TRIAC SBS	4 端子双方向サイリスタ
逆導通形	逆導通 2 端子サイリスタ	逆導通 3 端子サイリスタ 逆導通サイリスタ	逆導通 4 端子サイリスタ

で，これには表 12.1 に示すような多くの種類がある．ここではそれらの理解に必要な原理について述べる．

1) pnpn ダイオード

逆阻止 2 端子サイリスタの 1 つで，**ショックレーダイオード**ともいう．

この構造および端子電圧-電流特性を図 12.5 および図 12.6 に示す．端子に高抵抗を介して電源をつなぎ，徐々に電源電圧を上げていったときのエネルギーバンドの変化を図 12.7 に示す．それより負性抵抗特性の現われる理由がわかる．

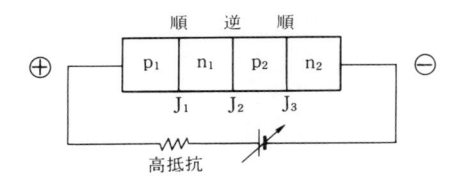

図 12.5 pnpn ダイオードの構造

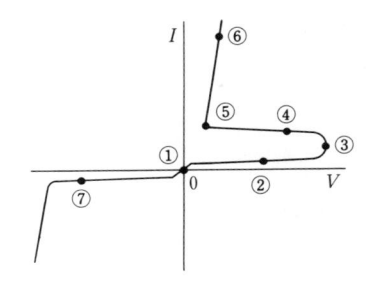

図 12.6 pnpn ダイオードの電圧-電流特性（電流制御形負性抵抗特性）

232　12. 負性抵抗素子

① 平衡

電圧がかかっていない状態で外部に電流は流れない．

⑤

なだれが進むと J_2 の逆バイアス（電圧降下）は小さくなる．

②

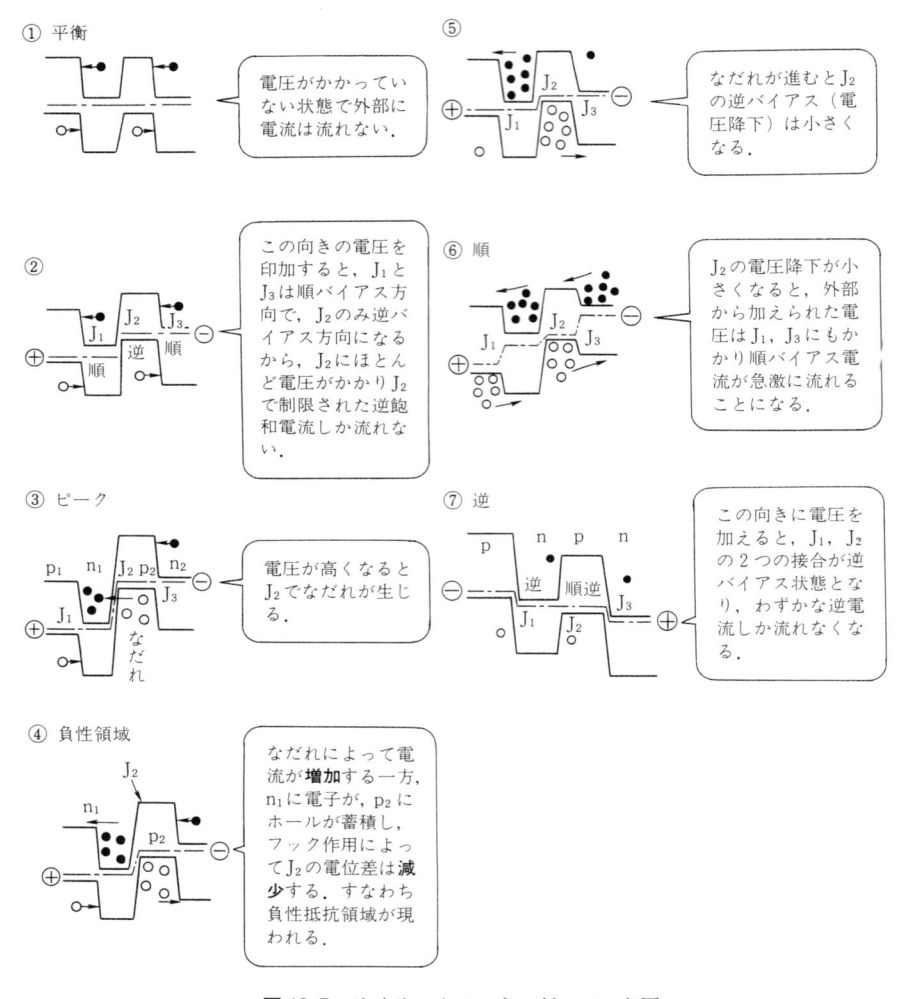

この向きの電圧を印加すると，J_1 と J_3 は順バイアス方向で，J_2 のみ逆バイアス方向になるから，J_2 にほとんど電圧がかかり J_2 で制限された逆飽和電流しか流れない．

⑥ 順

J_2 の電圧降下が小さくなると，外部から加えられた電圧は J_1，J_3 にもかかり順バイアス電流が急激に流れることになる．

③ ピーク

電圧が高くなると J_2 でなだれが生じる．

⑦ 逆

この向きに電圧を加えると，J_1，J_2 の2つの接合が逆バイアス状態となり，わずかな逆電流しか流れなくなる．

④ 負性領域

なだれによって電流が**増加**する一方，n_1 に電子が，p_2 にホールが蓄積し，フック作用によって J_2 の電位差は**減少**する．すなわち負性抵抗領域が現われる．

図 12.7　サイリスタのエネルギーバンド図

2)　SCR(silicon controlled rectifier, 逆阻止3端子サイリスタの1つ)

pnpn ダイオードの p_2 の部分に図 12.8 のように第3の電極 (gate) をつけ，それから流れ込むゲート電流によってブレイクオーバ電圧を制御するようにしたものである．

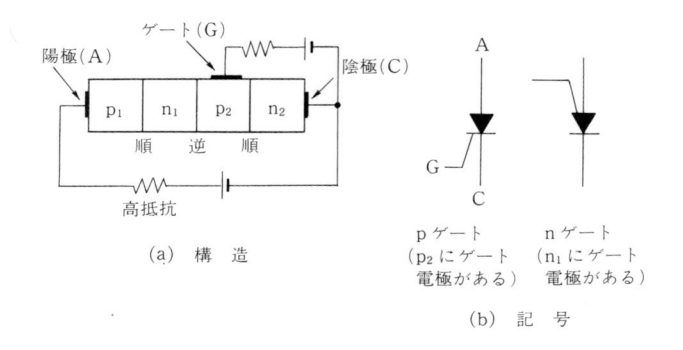

12.2 静的負性抵抗素子(エサキダイオード,SCR 等) 233

図 12.8 SCR

ゲート電流 I_G を流すと p_2 にホールが供給され,これが n_1p_2 接合でのなだれの種となり,低い順電圧でブレイクオーバする.I_G が大きいほどブレイクオーバ電圧 V_{B0} は低くなり,図 12.9 のような電流制御が可能となる.

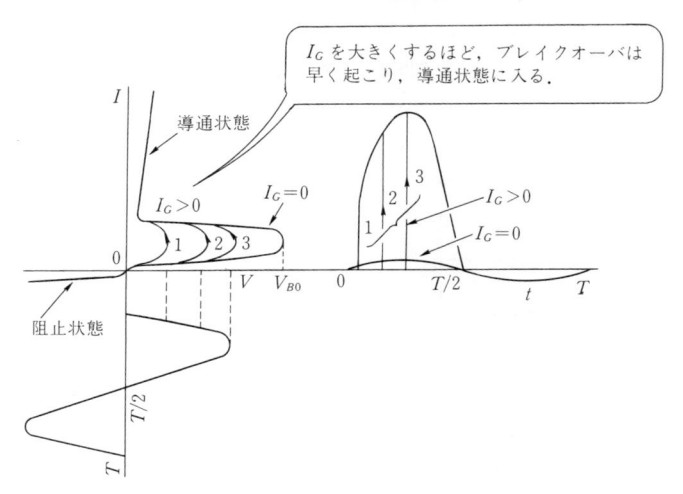

図 12.9 SCR のゲート電流 I_G による出力制御

導通状態の SCR を阻止状態に戻すには,順電流を十分減少させるか,逆バイアスさせる必要がある.この点を改良してゲートに逆電流を流すことによりターンオフを可能にしたものに GTO(gate turn off)サイリスタがある.

GTO サイリスタでは,このような特性を得るため,次のような構造上の工夫がなされている.

① n_1 ベース幅を広くする．
② 金拡散などにより n_1 領域の少数キャリアの寿命を短くする．
③ p_1 層を薄くして p_1 側の注入効率を下げる．

SCR の構造例を図 12.10 に示す．

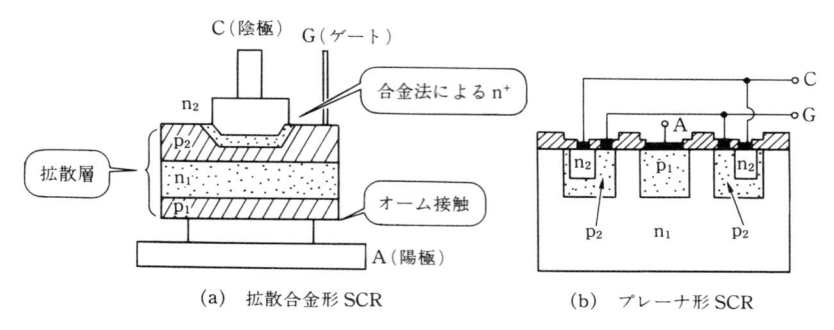

図 12.10 SCR の構造

(a) 拡散合金形 SCR (b) プレーナ形 SCR

3) SSS(silicon symmetrical switch，2端子双方向サイリスタ)

SSS は，図 12.11 のような五層構造になっている．

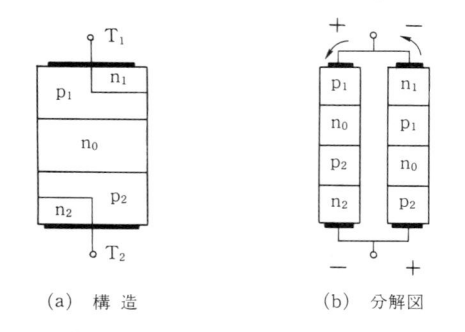

(a) 構造 (b) 分解図

図 12.11 SSS（双方向サイリスタ）

いま，T_1 に正の電圧を加えると，素子の左半分は pnpn ダイオードの順方向，右半分は逆方向にバイアスされたと同じ状態になり，図(b)のように，pnpn ダイオード 2 個を逆並列接続したものと等価になる．したがって端子電圧，電流特性は図 12.12 のようになる．

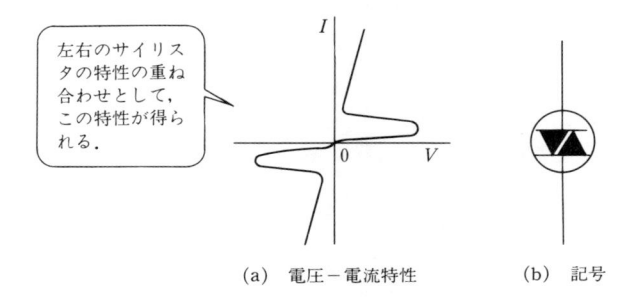

12.2 静的負性抵抗素子(エサキダイオード, SCR 等) **235**

左右のサイリスタの特性の重ね合わせとして，この特性が得られる．

(a) 電圧－電流特性　　(b) 記号

図 12.12 SSS の V-I 特性と記号

4) トライアック(triac, 3 端子双方向サイリスタ)

SSS にゲートを設けた図 12.13 の構造のものをトライアックといっている．これを用いれば，図 12.14 の結線で，交流電力を制御できる．

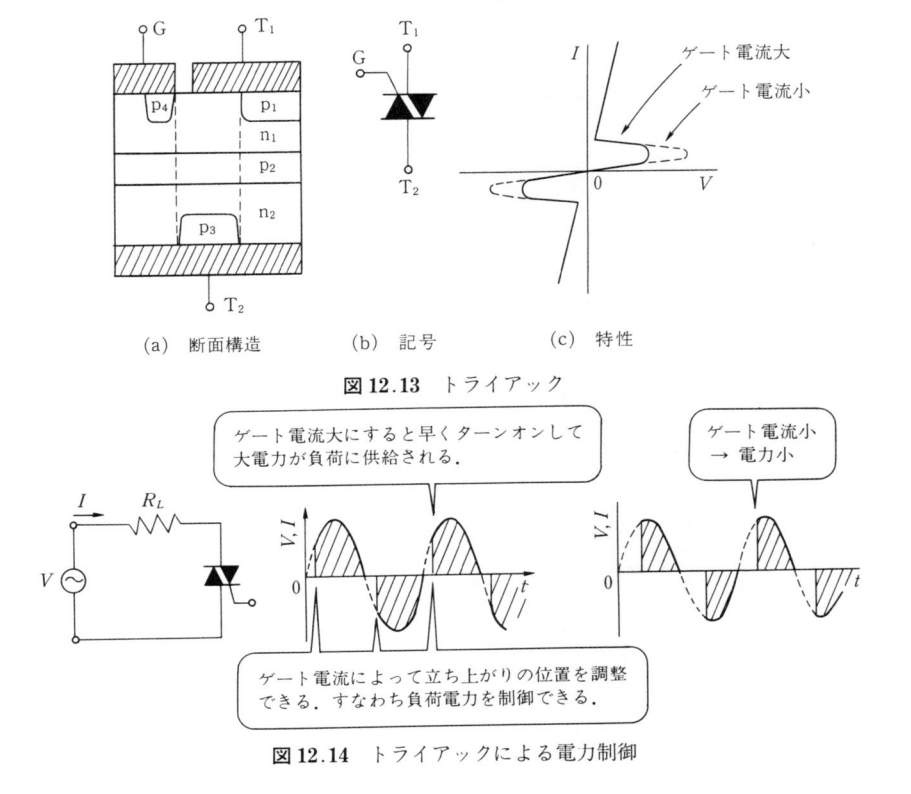

(a) 断面構造　　(b) 記号　　(c) 特性

図 12.13 トライアック

ゲート電流大にすると早くターンオンして大電力が負荷に供給される．

ゲート電流小 → 電力小

ゲート電流によって立ち上がりの位置を調整できる．すなわち負荷電力を制御できる．

図 12.14 トライアックによる電力制御

c. ユニジャンクショントランジスタ (UJT：unijunction transistor)

図 12.15 のように，n-Si の棒の両端にオーム接触の 2 つのベース B_1, B_2 をつけ，中間に 1 つの pn 接合を作ったものであり，**ダブルベースダイオード** (double base diode) ともいう．

2 つのベース間に電圧 V_{BB} を加えると，半導体中に直線的な電位分布が生じる．エミッタ電位 V_E が半導体中の電位 ηV_{BB} より低いときは，エミッタ接合は逆方向にバイアスされていて，ごく小さい逆電流 I_{E0} しか流れない．

いま，V_E を増加して $V_E > \eta V_{BB}$ とすると，エミッタ E は順バイアス状態になり，ホールが注入される．このため，導電率変調によって EB_1 間の抵抗が下がり，内部の電圧降下は低下する．したがってエミッタ E はますます順バイアスが進み，電流は増加し，電圧は低下する．このようにして図(b)に示すような負性抵抗が生ずる．

電流がさらに増すと，電流による電圧降下の方が優勢となり，正抵抗となる．

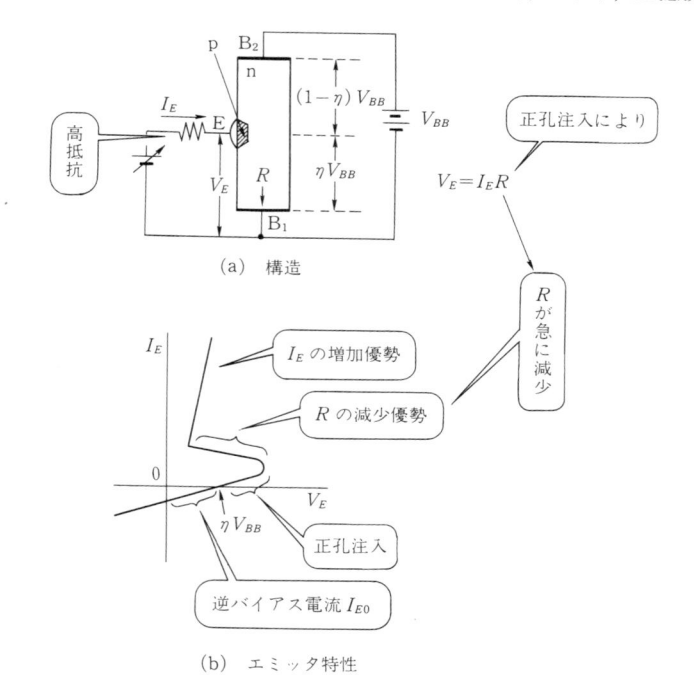

(a) 構造

(b) エミッタ特性

図 12.15 ユニジャンクショントランジスタ (電流制御形負性抵抗特性)

12.3 動的負性抵抗素子(IMPATT ダイオード,ガンダイオード 等)

a. インパットダイオード(IMPATT ダイオード：impact avalanche transit time diode)

次のような電子なだれおよびキャリアの走行時間を利用したダイオードを総称して **IMPATT ダイオード**という．

1) リードダイオード(read diode)

リードダイオードの構造と電界分布を図 12.16 に示す．

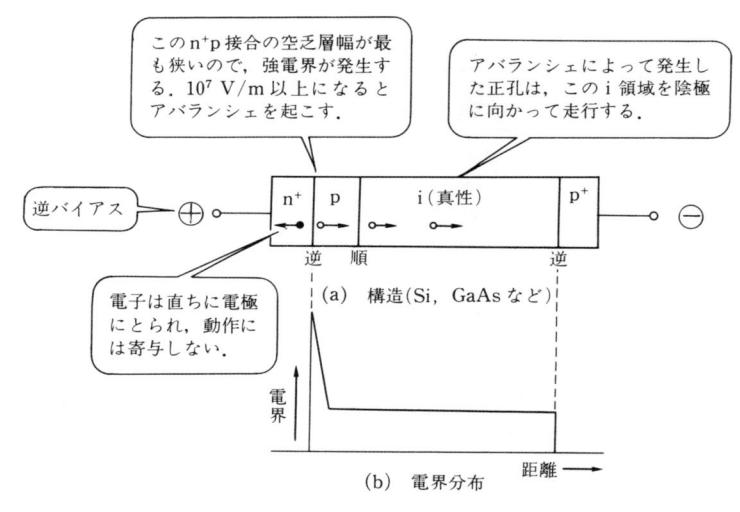

図中の吹き出し：
- この n^+p 接合の空乏層幅が最も狭いので，強電界が発生する．10^7 V/m 以上になるとアバランシェを起こす．
- アバランシェによって発生した正孔は，この i 領域を陰極に向かって走行する．
- 電子は直ちに電極にとられ，動作には寄与しない．

逆バイアス ⊕ — n^+ | p | i (真性) | p^+ — ⊖
　　　　　　　　　逆　順　　　　　　　逆

(a) 構造(Si, GaAs など)

電界／距離

(b) 電界分布

図 12.16 リードダイオードの構造と電界分布

このリードダイオードに並列共振回路をつなぎ，アバランシェを起こすギリギリの電圧 V_{th} を印加する．そうすると図 12.17(b) に示すような交流電圧（共振回路の振動電圧）が V_{th} に重畳されてダイオードに加わることになる．したがって，ほぼ $0 \leq t < T/2$ の区間で正孔が発生し，$T/2 \leq t \leq T$ の区間で走行する．その結果，外部回路に図(d)のような誘導電流が流れる．この外部電流と図(b)の電圧波形は，位相が 180°ずれていることがわかる．つまり，負性抵抗が実現されることになる．

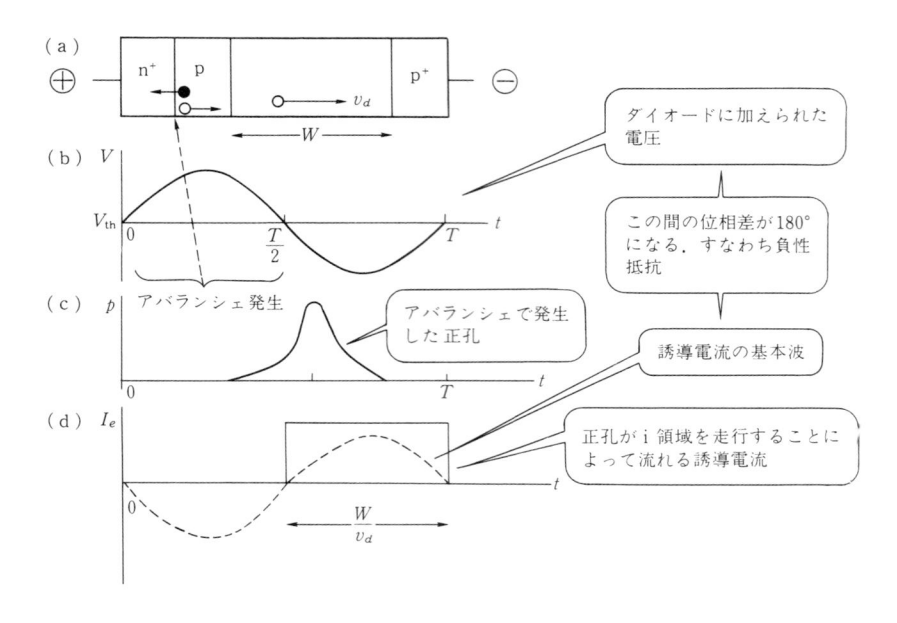

図12.17 リードダイオードの動作原理

2) アバランシェダイオード (avalanche diode)

単に pn 接合ダイオード構造でも，リードダイオードと同様な原理によってマイクロ波の発生が可能である．このダイオードを**アバランシェダイオード**という．

キャリアの発生は pn 接合部で，キャリアの走行は p, n 領域のいずれかで行われる．

b. ガンダイオード (Gunn diode)

pn 接合をもたない均一な n 形 GaAs や InP に図 12.18 のように高電界を加えると，マイクロ波が発生することがガン (J. B. Gunn) によって発見された．この現象は以下で述べるような，半導体のバンド構造に基づく負性抵抗によって生じる．

図 12.19 に GaAs のバンド図を示す．伝導帯 U (upper valley, 上の谷) は，伝導帯 L (lower valley, 下の谷) よりエネルギー的に 0.36 eV 高い位置にある．したがって室温における熱平衡状態では，ほとんどすべての電子は伝導帯 L の

12.3 動的負性抵抗素子(IMPATTダイオード，ガンダイオード 等)

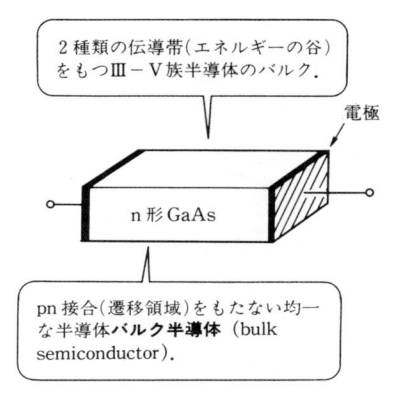

図12.18 ガンダイオード

- 2種類の伝導帯(エネルギーの谷)をもつIII-V族半導体のバルク．
- 電極
- n形GaAs
- pn接合(遷移領域)をもたない均一な半導体バルク半導体(bulk semiconductor)．

伝導帯 L
$m_{nL}^* = 0.072 m_0$
$\mu_{nL} = 0.5\,\mathrm{m^2/V\cdot s}$

伝導帯 U
$m_{nU}^* = 1.2 m_0$
$\mu_{nU} = 0.01\,\mathrm{m^2/V\cdot s}$

電子が上の伝導帯に上がると速度が落ちる．

$0.36\,\mathrm{eV}$
$E_g = 1.43\,\mathrm{eV}$
価電子帯

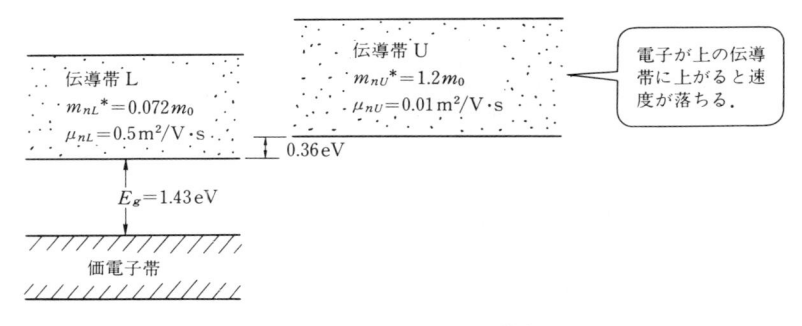

図12.19 GaAsのバンド構造

底に存在する．伝導帯 L 中の電子は，有効質量が小さく移動度が大きい．反対に伝導帯 U 中の電子の有効質量は大きく，移動度は小さい(第2章参照)．

このような2種類の伝導帯をもつn-GaAsのバルク(bulk)に電界を加え，増大していくと，300 V/mm 程度以上で電子の一部が上部伝導帯に移る．したがってそのドリフト速度は低下する．この様子を図12.20に示す．

このような特性のため，n-GaAsの棒に電圧を加えると，図12.21のように，はじめはオーム性の電流が流れるが，電圧がある値に達すると電流が急に減少し，振動電流が認められるようになる(**ガン効果**)．

図12.22はガン効果の発生原理を示すモデル図で，印加電圧が低い場合には，図(a)のような陰極および陽極をもつGaAsの結晶に一定の電流が流れ，図(b)のような均一な電界分布となる．

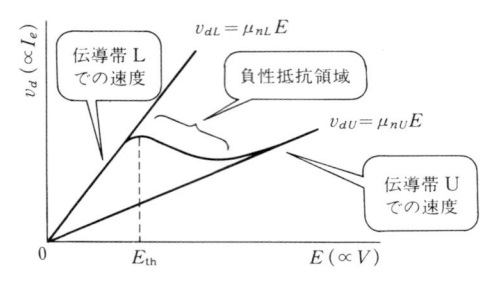

図12.20 電界強度 $E(\propto V)$ とドリフト速度 $v_d(\propto I_e)$ との関係

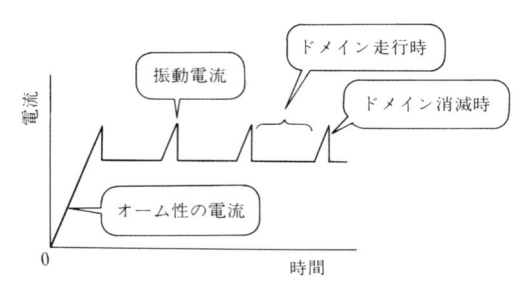

図12.21 ガンダイオードの特性

　もし，結晶内の一部にしきい値電界 E_{th} 以上の部分ができると，そこでは電子のドリフト速度が減少するため，その領域の陰極側では電子がたまり，陽極側では電子が欠乏して図(c)のように電気二重層が形成される．この電気二重層によってその部分の電界はますます強くなる．電界が強くなれば電気二重層もどんどん成長し，結晶中に図(d)のように高電界ドメインが発達する．高電界ドメインはドリフトによって移動し，陽極に到達すると消滅する．

　高電界ドメインがいったんできると，電圧がドメインにかかってしまうため，電流は減少する．逆にドメインが消滅すると，電流は増加する(図12.23)．すなわち素子には図12.21に示すような振動電流が発生する．

　このドメインの走行速度 v_d は，高電界における電子の速度(電子とフォノンの衝突で制限される高電場飽和速度)によって決定され，材料固有の値である．GaAsの場合は $v_d \simeq 10^5$ m/s であるから，電極間の距離 l が 10 μm で $f=1/T=1/(l/v_d) \simeq 10$ GHz くらいのマイクロ波発振が得られる．より定量的な解析を以下に行う．

12.3 動的負性抵抗素子（IMPATT ダイオード，ガンダイオード 等） **241**

(a)

(b) 印加電圧が低い場合

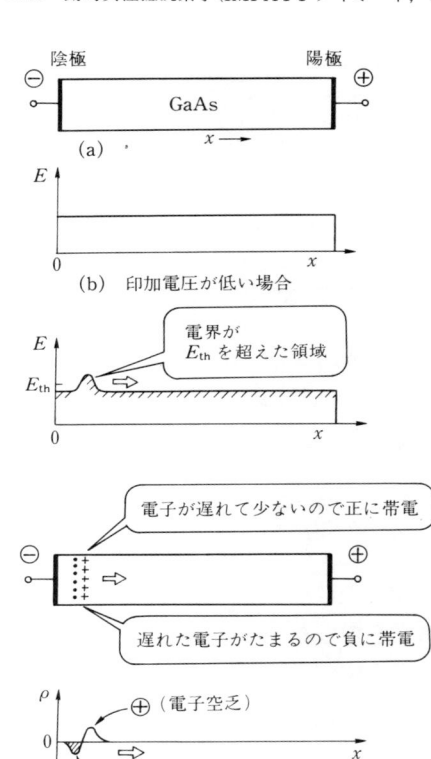

電界が E_{th} を超えた領域

電子が遅れて少ないので正に帯電

遅れた電子がたまるので負に帯電

⊕（電子空乏）
⊖（電子過剰）

(c) 種電界の発生（結晶の欠陥や電子密度の小さい部分に種になる電界が発生する）

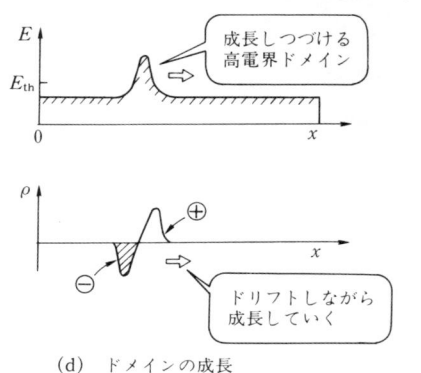

成長しつづける高電界ドメイン

ドリフトしながら成長していく

(d) ドメインの成長

図 12.22　ガン効果の原理

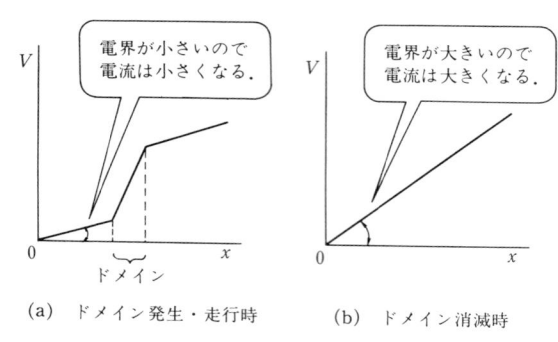

(a) ドメイン発生・走行時   (b) ドメイン消滅時

図 12.23 ドメインの発生・消滅と素子電流との関係

ダイオードを流れる電流の一般式は,

$$J = qn\mu E - qD\frac{\partial n}{\partial x} + \varepsilon_s \frac{\partial E}{\partial t} \tag{12.2}$$

で与えられる．ここに第1項はドリフト電流，第2項は拡散電流，第3項は変位電流を示し，ε_s は誘電率である．ガン発振は高電界における現象であるから，拡散電流の寄与はドリフト電流に比べて微小である．そこで(12.2)の第2項を無視して x で微分し，ポアソンの式

$$\frac{\partial E}{\partial x} = \frac{q}{\varepsilon_s}(n - n_0) \tag{12.3}$$

と連立させると,

$$\frac{qn\mu}{\varepsilon_s}(n - n_0) + \frac{\partial}{\partial t}(n - n_0) = 0 \tag{12.4}$$

が得られる．ここで n は距離 x における電子密度，n_0 は熱平衡電子密度であり，電流の連続性から $\partial J/\partial x = 0$ としている．(12.4)で，n，μ が時間に依存しなければ解は,

$$n - n_0 = e^{-t/\tau_d} \tag{12.5}$$

$$\tau_d = \varepsilon_s/qn\mu \tag{12.6}$$

（**誘電緩和時間**という．）

で与えられる．

(12.5)と(12.6)から，移動度 μ に微分移動度 μ_d をとると，μ_d が正の場合には $(n-n_0)$ は時間とともに減衰するが，負の場合には成長することがわかる．この結果は，図12.22で，電界が E_{th} を越えた領域で μ_d が負になり，電子密度が増大すること，すなわち電子密度のゆらぎが成長して高電界電気二重層が形成されることに対応している．

GaAs ではこの領域の μ_d は -7.0×10^{-3} m²/V·s 程度であり，n は n_0 と同じオーダーであるので，(12.6)の n に n_0 を用いれば，$|\tau_d| = 10^{11}/n_0$ 秒程度となる．ダイオードの両電極間を高電界ドメインが走行するのに要する時間 T は $l/v_d (\simeq l/10^5)$ 秒であるから，$|\tau_d|/T \simeq 10^{16}/n_0 l$ 程度である．ドメイン走行中に電気二重層が充分に形成されるためには $|\tau_d|/T \geq 1$ であることが必要であるから，

$$n_0 l \geq 10^{16} \text{ m}^{-2} \quad \Longleftarrow \text{重要} \tag{12.7}$$

がガン発振の必要条件となる．

なお，この振動電流はドメイン走行時間を1周期とするので，発振周波数は素子の長さで決まり，外部共振回路で発振周波数を大きく変えることはできない．

ところが，図12.24および図12.25のように適当なバイアス E_{DC} をかけ，ドメインの発生をおさえて，素子全体を負性抵抗の状態で発振させれば，発振周波数を外部回路によって変えることができる．このようにしてマイクロ波の発生を行わせるダイオードを **LSA**(limited space charge accumulation)**ダイオード**という．

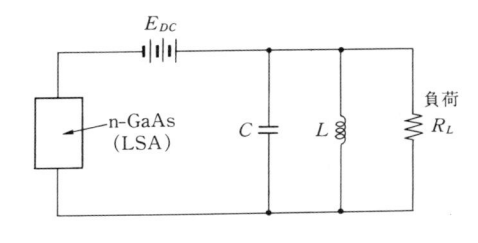

図 12.24 LSA 発振回路

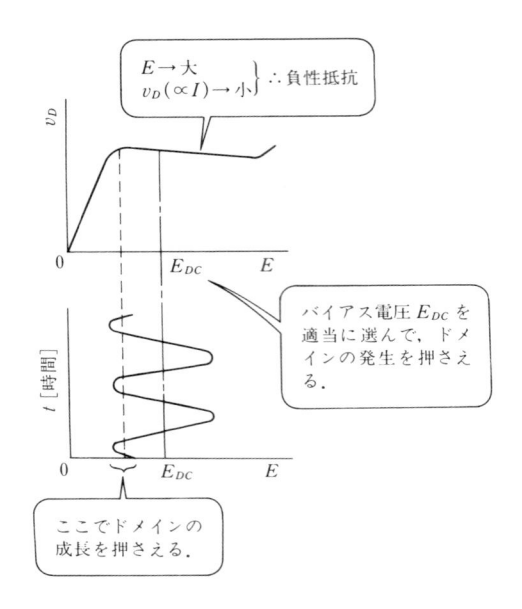

図 12.25　LSA モード

12.4　負性抵抗素子の応用

a.　スイッチング作用

図 12.26(a) のように，負荷 R_L と直列に負性抵抗素子をつないだ回路のスイッチング動作を考える．

いま，回路が図(b)の ON 状態にあるとし，電源電圧 V_0 を V_1 まで高くすると，状態は P_1 に移る．そこで再び電圧を V_0 に戻すと，状態は OFF に変わる．

一方，V_0 を V_2 に減らし，再び V_0 に戻すと，状態は P_2 を経て ON 状態に変わる．回路の開閉は一般に，パルス電圧を V_0 に重畳して図(c)のように行う．このパルスを**トリガパルス**(trigger pulse)という．

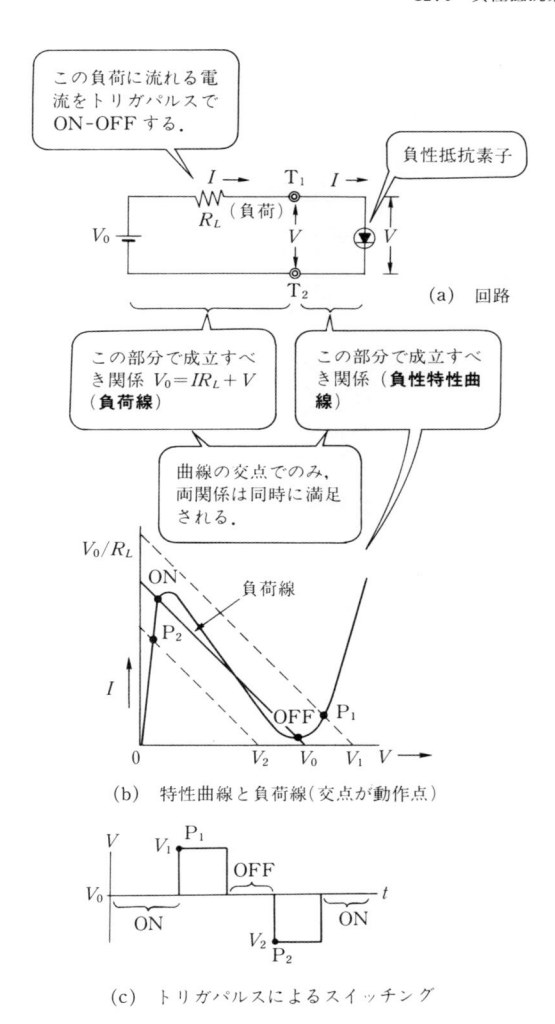

図 12.26　負性抵抗によるスイッチング（電圧制御形の場合）

b. 発振作用

UJT（ユニジャンクショントランジスタ）を用いた発振回路を図 12.27(a)に示す．共振回路の抵抗分を負性抵抗が打ち消して持続振動が得られる様子を図(c)に示す．

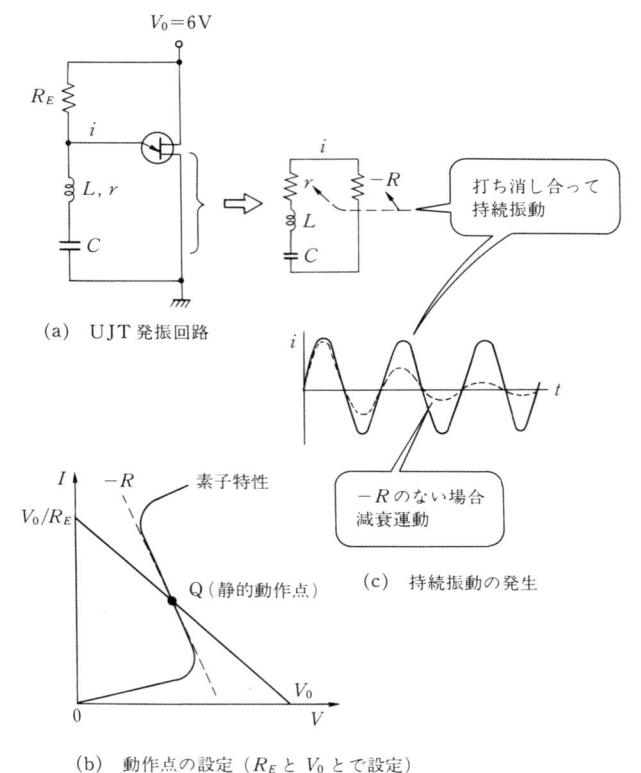

図 12.27 に UJT 発振回路、動作点の設定、持続振動の発生を示す。

(a) UJT 発振回路

打ち消し合って持続振動

−R のない場合減衰運動

(b) 動作点の設定（R_E と V_0 とで設定）

(c) 持続振動の発生

図 12.27 負性抵抗による発振器（電流制御形の場合）

c. 増幅作用

負性抵抗増幅器の原理図を図 12.28 に示す．負荷 R_L に与えられる出力電力は

$$I^2 R_L = \left(\frac{V_s}{r_s + R_L - R}\right)^2 R_L \tag{12.8}$$

と表わされる．これより，負性抵抗 R が大きくなり，分母が小さくなれば，大きな出力電力が得られることがわかる．

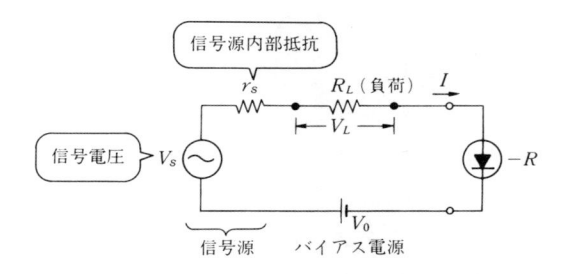

図 12.28　負性抵抗増幅器

演 習 問 題

12.1　エサキダイオードの特性を描き，負性抵抗が現われる理由をエネルギーバンド図を用いて説明せよ．

12.2　pnpn ダイオードの特性を描き，そのような特性となる理由を説明せよ．

12.3　SCR の特性について説明せよ．

12.4　SSS の動作原理を説明せよ．

12.5　UJT の特性について説明せよ．

12.6　リードダイオードでマイクロ波の発振が生じることを説明せよ．

12.7　バルクの n 形 GaAs が負性抵抗をもつことを説明せよ．

12.8　高電界二重層モードで動作する GaAs ガンダイオードで，発振周波数を 10, 50, 100 GHz とするためには素子長（電極間距離）および不純物密度（熱平衡電子密度）をいくらにすればよいか．

12.9　電流制御形負性抵抗の特性を描き，スイッチ作用が行われることを説明せよ．

12.10　電流制御形負性抵抗の特性を描き，発振作用が行われることを説明せよ．

参考　パワー半導体と絶縁ゲートバイポーラトランジスタ（IGBT）

パワー半導体とは，電力の制御や周波数変換を行うパワーエレクトロニクスに用いる半導体素子のことで，高耐圧で大電流を制御できるように工夫された接合ダイオード，接合トランジスタ，電界効果トランジスタや，この章で述べた SCR，GTO，TRIAC 等が代表的な素子である．3端子パワー半導体について，図1に大まかな動作周波数と出力電力容量の関係を示す．

図1で重要な位置を占める**絶縁ゲートバイポーラトランジスタ（IGBT）**は高速スイッチング動作と大電力容量を兼ね備えた素子として開発され，最近では 10MVA 近い大電力装置にも応用されている．IGBT の素子構造と回路記号を図2に示す．入力段の MOS FET に p 形コレクタ層を追加した簡単な構成で，MOS FET の「オン抵抗による発熱が大きい」欠点と，接合トランジスタの「ベース電流が大きい（入力抵抗が小さい）」欠点を同時に解消している．コレクタ・エミッタ間を順バイアスした状態で上面の MOS FET を ON させると下面の pn 接合が順バイアスされ，注入された正孔でドリフト層の伝導度が増加して IGBT は ON 状態となる．MOS FET を OFF させると上面の pn 接合が逆バイアスされるので，下面の pn 接合からの正孔注入が止まって IGBT は OFF 状態になる．

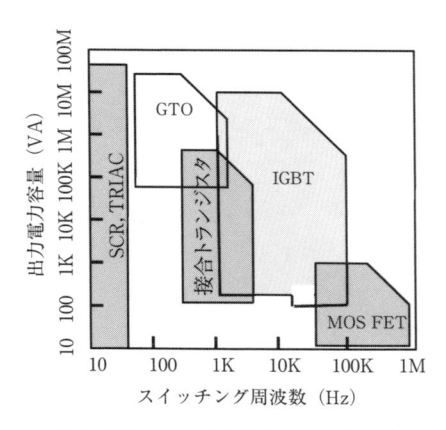

図1　各種パワー半導体素子の動作領域

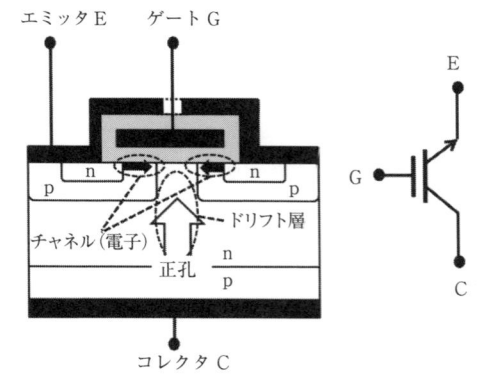

図2　IGBT の素子構造と回路記号

13. その他の半導体素子

　半導体素子には種々のものがあるが，ここではこれまで述べなかった重要な素子であるホール素子やサーミスタなどをとり上げる．また，最近特に注目されているアモルファス半導体素子であるアモルファス太陽電池や薄膜トランジスタ，HEMT および表示デバイスなどについて述べる．

　本章では，①**ホール素子**の発電電圧（ホール電圧）が，素子を流れる電流と磁界の双方に比例すること，②感温素子である**サーミスタ**は不純物原子の注入による電子配置の変化により，また，**クリテジスタ**や**ポジスタ**は温度による結晶構造変化や転移により，温度に敏感に反応すること，③**アモルファス太陽電池**は，製造工程が簡単であり，安価であること，④高電子移動度トランジスタ（**HEMT**）は，電子の走行領域を真性化し，高移動度を実現し，高周波化を達成していること，⑤CCD，液晶ディスプレイ，有機 EL ディスプレイおよび IC タグなどについて述べる．

13.1　ホール素子 (Hall element)

　半導体に図 13.1 のように電流を流し，それと直角に磁界を加えると，それら両者に直交する方向に電圧が発生する．この現象を**ホール効果**(Hall effect) といい，この現象を使った素子を**ホール素子**という．ホール効果は 1879 年，ホール (E.H. Hall) によって発見された．

　p 形半導体中で速度 v で運動している正孔は，磁界によって

$$qvB \tag{13.1}$$

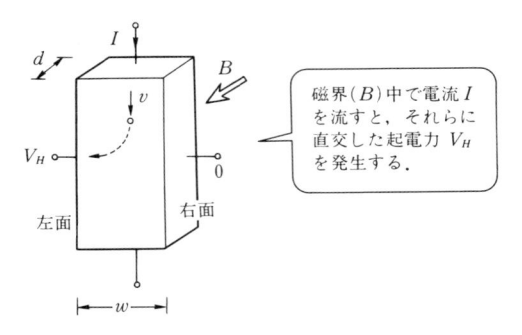

図 13.1 ホール素子

（図中の注釈：磁界(B)中で電流 I を流すと，それらに直交した起電力 V_H を発生する．）

なる力を受け，左面の側に曲げられて蓄積する．その結果，左面から右面に向かう電界が発生する（ホール電界）．正孔は図 13.2 のように，この電界による力と磁界による力の平衡したところで定常状態となる．すなわち

$$qvB = qE_H \tag{13.2}$$

となり，これより，ホール電界は

$$E_H = \frac{qvB}{q} = \frac{qpv}{qp}B = \frac{J}{qp}B$$
$$= R_H JB \tag{13.3}$$

となる．ただし

$$R_H = \frac{1}{qp} \tag{13.4}$$

である．R_H を**ホール定数**または**ホール係数**という．この式を磁界内のキャリアの散乱に関する係数 γ（1に近い値）で補正すると

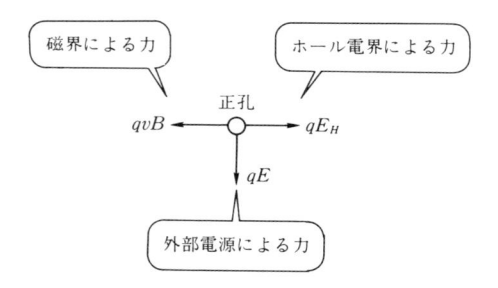

図 13.2 定常状態における力のつり合い

（図中の注釈：磁界による力 qvB，ホール電界による力 qE_H，外部電源による力 qE，正孔）

$$\boxed{R_H = \frac{\gamma}{qp}} \tag{13.5}$$

となる．

ここで，図 13.1 より，$V_H = E_H w$，$I = wdJ$ であるから，これらを (13.3) に代入すると

$$\boxed{V_H = \frac{R_H}{d} IB} \tag{13.6}$$

となる．p 形半導体の導電率 σ は近似的に

$$\sigma = qp\mu_d \tag{13.7}$$

と書かれる．これより

$$\mu_d = \frac{\sigma}{qp} \fallingdotseq \frac{\gamma}{qp}\sigma = R_H \sigma = \mu_H \tag{13.8}$$

が得られる．μ_H を**ホール移動度**（Hall mobility）という（正孔 hole の移動度と混同せぬこと）．

図 13.2 に示す外部から印加した電界強度 E および誘起されるホール電界 E_H の比

$$\tan\theta = \frac{E_H}{E} \tag{13.9}$$

で与えられる θ を**ホール角**という．

(13.2) より

$$E_H = vB = \mu_d EB \tag{13.10}$$

である．これを (13.9) に代入すると

$$\theta = \tan^{-1}(\mu_d B) \tag{13.11}$$

が得られる．

ホール効果の実験を行うと

(1) 半導体の形がわかる（V_H が正なら p 形，負なら n 形）．
(2) (13.6) よりホール定数 R_H を求めると，(13.4) よりホール密度 p が求まる．
(3) 導電率 σ を測定すると，(13.8) より $\mu_H \fallingdotseq \mu_d$ が求まる．

13.2 サーミスタ

Fe, Ni, Mn, Co, Zn などの金属の酸化物からなる半導体の抵抗率は, 温度によって大きく変化する. このような抵抗が温度によって著しく変化する現象を利用する電子デバイスを**サーミスタ** (thermistor) という.

サーミスタ材料の1つの NiO はもともと絶縁物であるが, Li_2O を少量加えると温度に敏感な半導体に変わる. その様子を次に示す.

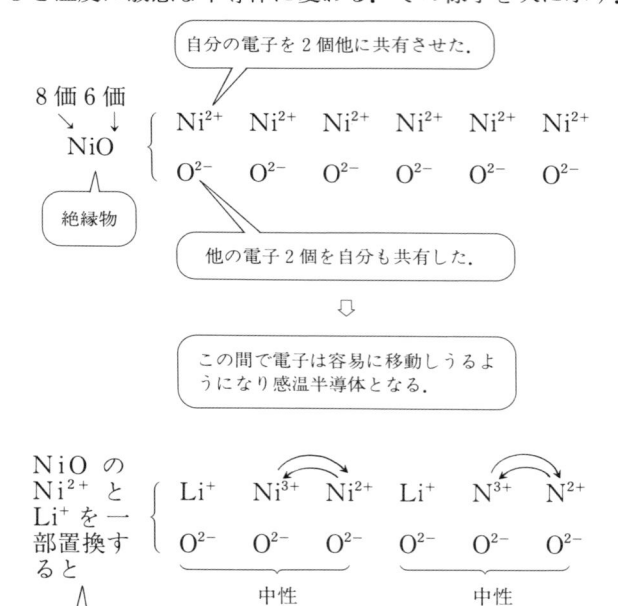

```
                   ┌─ 自分の電子を2個他に共有させた. ─┐
 8価 6価          ╱
   ↘  ↓    ┌ Ni²⁺  Ni²⁺  Ni²⁺  Ni²⁺  Ni²⁺  Ni²⁺
   NiO   {  
            └ O²⁻   O²⁻   O²⁻   O²⁻   O²⁻   O²⁻
  絶縁物         ╲
                  └─ 他の電子2個を自分も共有した. ─┘

                  ⇩

          この間で電子は容易に移動しうる
          ようになり感温半導体となる.
```

```
NiO の
Ni²⁺ と     ┌ Li⁺   Ni³⁺ → Ni²⁺   Li⁺   N³⁺ → N²⁺
Li⁺ を一  {
部置換す    └ O²⁻   O²⁻   O²⁻    O²⁻   O²⁻   O²⁻
ると              └──────┬──────┘    └──────┬──────┘
                        中性                中性
 半導体となる.
```

サーミスタの温度特性を図 13.3 に示す.

図には他の感温素子であるクリテジスタとポジスタの特性も描いてある.

クリテジスタ (critical temperature resistor, CTR) は酸化バナジウムなどで作られ, 80 ℃ 付近で抵抗が急減する. これはその温度で結晶構造が変化して, 半導体から金属に変わるためと考えられている.

ポジスタ (positive thermistor) はチタン酸バリウムで作られ, 120 ℃ 付近で抵抗が急増している. これはその温度で結晶が転移するためと考えられている.

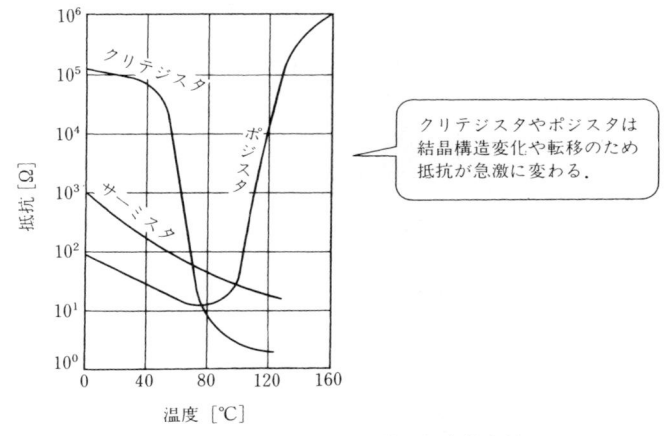

図 13.3 サーミスタの抵抗の温度依存性

(吹き出し: クリテジスタやポジスタは結晶構造変化や転移のため抵抗が急激に変わる．)

13.3 アモルファス太陽電池と多接合型太陽電池

a．アモルファス太陽電池

アモルファス太陽電池は付録図 D.23 に示されるようなプラズマ CVD 装置を用いて作製される．SiH_4（シラン）などのガスをグロー放電分解することにより，水素添加アモルファス Si をガラスなどの基板上に形成することによって作製される．したがって，製造工程が簡単であり，デバイスの厚さが単結晶 Si 太陽電池の 1/100 以下と省資源で安価であることから，アモルファス太陽電池が注目されている．

水素添加アモルファス Si(a-Si：H と略記することが多い)の pn 接合は単結晶 Si の pn 接合ダイオードのように整流性を示さず，オーミック接触に近い特性を示す．アモルファス Si の p, n 層には欠陥準位が多く，接合部でトンネル電流が支配的となるためである．そこで，アモルファス太陽電池の構造としては，図 13.4 に示すように，p/n 層の中間にアンドープ層（i 層）を設けた pin 形（シングルタイプ）が基本となっている．

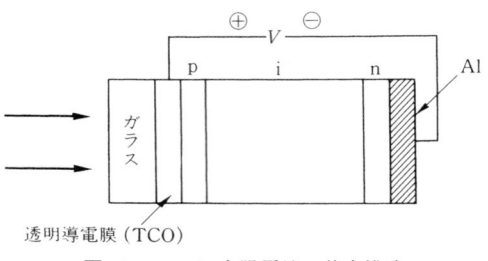

図 13.4 a-Si 太陽電池の基本構造

アモルファス太陽電池の基本構造はガラス基板上に集電極として，**透明導電膜**(TCO：transparent conductive oxides)上に p 層(窓層)，i 層，n 層および背面電極から構成されている．a-Si 太陽電池のエネルギーバンド図を図 13.5 に示す．

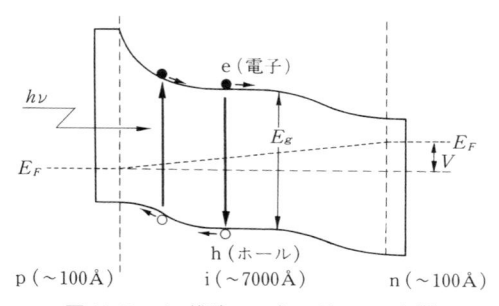

図 13.5 pin 構造のエネルギーバンド図

a-Si 太陽電池内の光によるキャリアの生成は主に i 層内で行われる．ガラス基板側から入射した光により i 層中で電子(●)とホール(○)が生成され，ホールは p 層側へ，電子は n 層側へ流れる．したがって，TCO 側に正，金属電極側に負の起電力が得られる．光のエネルギー $h\nu \geqq E_g$ のとき，電子とホールが生成される．水素を添加したアモルファス Si の禁制帯幅 E_g は表 13.1 に示すように，1.6〜1.8 eV と単結晶 Si に比べて大きい．太陽電池用材料としての E_g の最適値は，太陽光のエネルギースペクトルに対して 1.4 eV である．そこで，a-Si：H の E_g を下げるために，よりバンドギャップエネルギーの小さいアモルファス Ge やアモルファス Sn を合金化した a-SiGe, a-SiSn などの **IV-IV 族化**

表 13.1 単結晶 Si とアモルファス Si の比較

項 目	単結晶 Si	水素添加アモルファス Si
原子配列	規則性	無秩序
禁制帯幅（eV）	1.1	1.6～1.8
吸収係数（可視域）	小	大
少数キャリア拡散長（μm）	10～100	0.1～2
電子移動度（$cm^2 \cdot V^{-1} \cdot s^{-1}$）	～1000	0.1～1
導電率（$S \cdot cm^{-1}$）	10^{-4}～10^4	10^{-13}～10^2
pn 接合の特性	整流性	オーミック性
太陽電池の厚さ（μm）	～200	0.5～1

合物半導体の研究が進められている．

b．多接合構造太陽電池

太陽電池の高効率化をはかるために，波長感度帯域を拡大する必要からバンドギャップの異なる材料の太陽電池を多層に積層した多接合構造の太陽電池が開発されている．図 13.6 に **III－V 族化合物半導体**の薄膜太陽電池 2 層を **IV 族半導体**の Ge 太陽電池の基板上に積層した多接合太陽電池を示す．

トップセルやミドルセルのバンドギャップの組み合わせや，4 接合，5 接合の

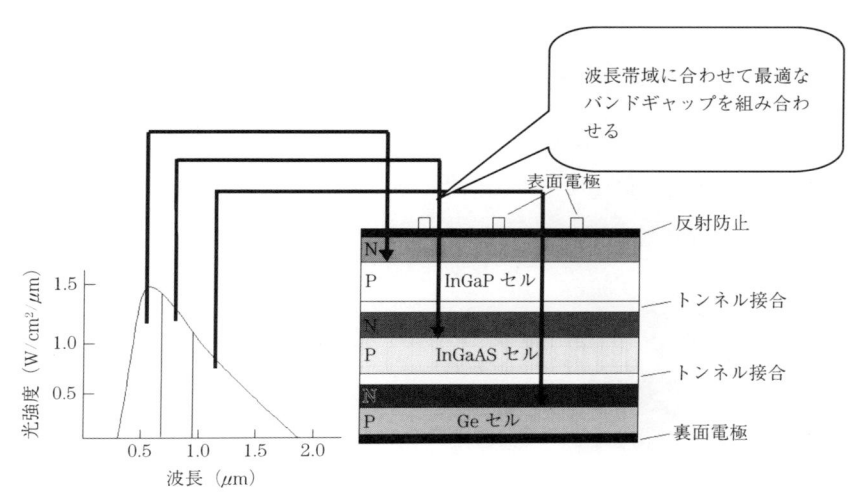

図 13.6 太陽電池の多接合による高効率化

多接合化,さらに太陽光の集光技術など変換効率を向上させる開発が活発に行われている.

c. CIGS 薄膜太陽電池

銅(Cu), インジウム(In), ガリウム(Ga), セレン(Se)からなる**カルコパイライト型**と呼ばれる結晶構造をもつ半導体材料 $Cu(In,Ga)Se_2$ の薄膜 **CIGS** を用いた太陽電池は,光電変換層の厚さを数 μm と薄くできることから,曲面への貼り付けや,軽量でフレキシブルな太陽電池としての応用が期待されている.この半導体は In, Ga などのⅢ族元素組成比の制御や,硫黄(S)の混合などによって禁制帯幅(バンドギャップ)を制御できるのが特徴である.図13.7に CIGS 太陽電池の構造を示す.カルコパイライトとは黄銅鉱のことで,カルコパイライト型とは,黄銅鉱に似た結晶構造を指す.

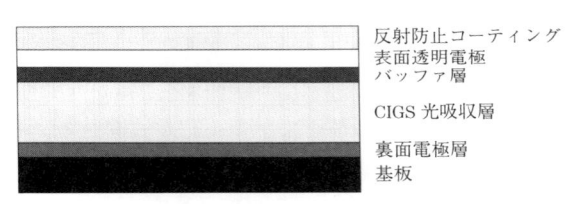

```
反射防止コーティング
表面透明電極
バッファ層
CIGS 光吸収層
裏面電極層
基板
```

図 13.7 CIGS 太陽電池

13.4 ブルーレイディスク

CD も DVD もブルーレイディスク(商品名,Blu-ray Disc)も,同じ 12 cm のディスクである.同じ面積で記録量を増やすには,より密度を高くして記録しなければならない.大容量化を実現するには,図13.8に示すようにトラックピッチの間隔を狭くしたり,ピット長を短くする必要がある.それにはディスク上のレーザビームのスポットの微小化が必要である.スポットサイズは,レーザの波長に比例する(注).表13.2に示す様に,ブルーレイディスクに使用する青紫色レーザの波長は 405 nm と短波長であるから,ビームスポットの微小化を実現できる.

赤外線の発光にはバンドギャップ 1.4 eV 程度.赤色,橙色,黄色,緑色では 2.1 eV 程度.白色,青色では 3.5 eV 程度.紫外線では最も高く,4.5～6 eV が

13.4 ブルーレイディスク

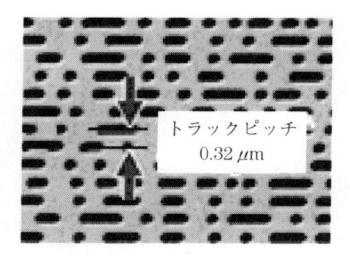

図 13.8 Blu-ray Disc のトラックピッチ
（トラックピッチ 0.32 μm）

表 13.2 ディスクの種類と使用レーザ

ディスクの種類	Blu-ray Disc	DVD	CD
レーザの種類	青紫色レーザ	赤色レーザ	赤外線レーザ
波長	405 nm	657 nm	770 nm
トラックピッチ	0.32 μm	0.74 μm	1.60 μm
記録容量（片面）	25 GB	4.7 GB	700 MB

必要である．Blu-ray に使用する窒化ガリウム（GaN）のバンドギャップは 3.4 eV で，青紫色レーザー光を発生する．

（注）〈簡易的な説明〉対物レンズで絞られる光は焦点に向って集光される．その様子は，①レンズを透過した波は球面波となり，②ホイゲンスの定理「**球面波の波面上の各点を中心とし，波長を半径とする球面（2 次的球面波）の包絡面が次の波面を形成する**」により，図 13.9 の様になる．ここで，包絡面の中心部は

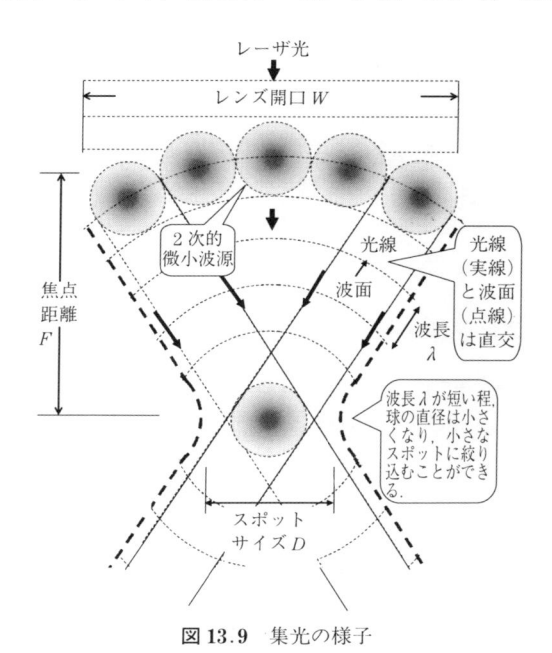

図 13.9 集光の様子

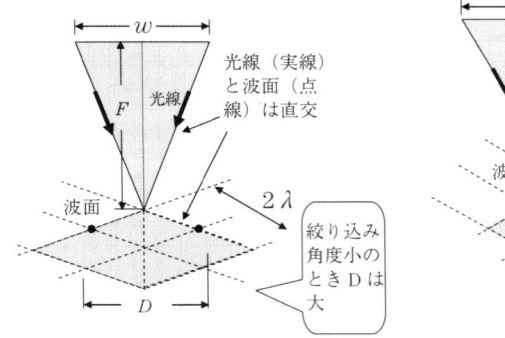

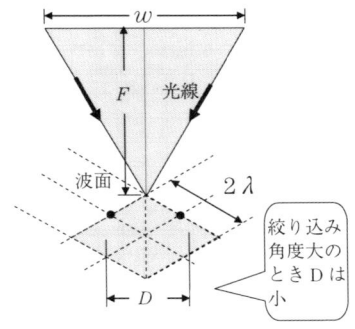

(a) 開口小の場合，スポットサイズ大 (b) 開口大の場合，スポットサイズ小

図 13.10 レンズ系とスポットサイズ(波長は同じ)

前の球面波を縮小した相似形の球面となるが周辺部は球面からずれ，焦点においては強度分布に 1 波長程度の不確実性が生じる．

図 13.9 より波長が短いほど，2 次的球面波が小さくなり，スポットサイズを小さくできることが分かる．

スポットサイズは波長に依存する一方，図 13.10 より，レンズ開口と焦点距離の比 W/F が大きい程，すなわち絞り込まれる角度が大きい程，波は狭い範囲で重なり合い，より小さく絞れることが分かる．

以上より，波長が短いほど，W/F が大きいほど，スポットサイズ D を小さくできる．ブルーレイ技術はこの両者をクリアーした成果である．量子力学による説明は，小川，田中「ブルーレイディスク読本」オーム社　参照．

13.5　薄膜トランジスタ(TFT)

薄膜トランジスタ（**TFT**：thin film transistor）は基本的には第 8 章の MOS FET と同じである．MOS FET では単結晶 Si 基板上に形成されるのに対して，TFT はガラス，サファイアなどの基板上に形成される．1962 年に Weimer により真空蒸着 CdS 薄膜トランジスタが提案されたが，薄膜技術が十分に確立されていなかったために，実用化にいたらなかった．その後，a-Si および多結晶薄膜の成膜技術が確立され，今日では，フラットパネル液晶ディスプレイ(LCD：liquid crystal display) のマトリックス回路に薄膜トランジスタが広く採用さ

れている．このデバイスは TFT-LCD と呼ばれている．

a. 薄膜トランジスタの構造と動作原理

図 13.11 に代表的な薄膜トランジスタの断面図を示す．これらの構造は**スタガ構造**と呼ばれ，特に図(b)を**逆スタガ構造**という．半導体薄膜としては，a-Si または多結晶 Si が用いられ，また絶縁膜には a-Si$_3$N$_4$：H, SiO$_2$ または SiN が採用されている．

図 13.12 に TFT の動作原理を示す．チャネルの長さおよび幅をそれぞれ L, W として，半導体薄膜の厚さを d とする．半導体の抵抗率を ρ とする．ゲート電圧 $V_{GS}=0$ としたとき，ソースとドレイン間の電圧 V_{DS} によって流れるドレイン電流 I_D は次式で与えられる．

$$I_D = \frac{1}{\rho} \cdot \frac{Wd}{L} V_{DS} \tag{13.12}$$

$V_{GS}>0$ の電圧がゲートに加えられると，半導体の表面に電子の負の電荷が誘起

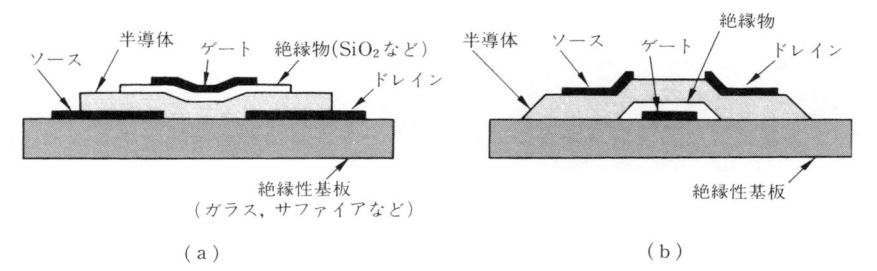

(a) (b)

図 13.11 代表的な TFT の断面図

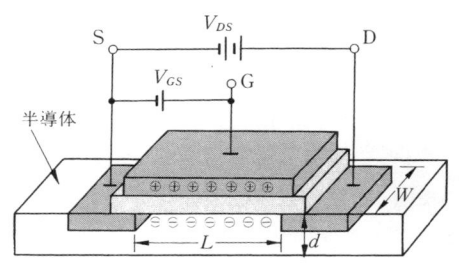

図 13.12 TFT の動作原理図

される．この誘起された表面電荷密度 Q は

$$Q \fallingdotseq -C_{ox}V_{GS} \tag{13.13}$$

で与えられる．ここで C_{ox} は単位面積当たりのゲート容量で，絶縁膜の厚さを t_{ox}，誘電率を ε_{ox} とするとき，

$$C_{ox} = \frac{\varepsilon_{ox}}{t_{ox}} \tag{13.14}$$

で表わされる．誘起された負電荷はゲートには流れないが，半導体の表面を流れることができる．したがって，誘起された電子の移動度を μ とすれば，I_D は

$$I_D \fallingdotseq -\mu Q \underbrace{\frac{W}{L}V_{DS}}_{\text{ゲート電圧 }V_{GS}\text{ によって誘起された電子による電流}} + \underbrace{\frac{Wd}{\rho L}V_{DS}}_{V_{GS}=0\text{ のときに流れるドレイン電流}(=I_{OFF})} \quad (=I_{on}) \tag{13.15}$$

になる．V_{GS} の増加によって，Q が増すために，図 13.13 に示すように，I_L が増加するというトランジスタ作用が得られる．$V_{GS}=0$ のときの I_D をオフ電流 I_{OFF}，$V_{GS}>0$ のときの I_D をオン電流 I_{ON} とすると，オン・オフ比 γ は(13.15)，(13.13)より，$\gamma \gg 1$ のとき，

$$\gamma = I_{ON}/I_{OFF} \fallingdotseq \mu C_{ox} V_{GS} \rho / d \tag{13.16}$$

と書ける．この式よりオン・オフのスイッチング機能を利用する薄膜トランジスタでは，γ を高くするために，μ が大きく，ρ の高い材料が必要があることがわかる．

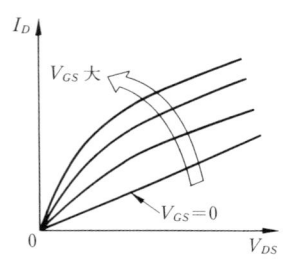

図 13.13 原理的 TFT の特性

b. TFT-LCD の構造

アクティブマトリックス形液晶表示デバイスは，液晶を駆動させる際に，X-Y マトリクス（図 13.15 参照）の交点の画素ごとに能動素子を付加し，これを

通して液晶に電圧を印加するものである．能動素子として TFT を用いたものを **TFT-LCD** と呼ぶ．アクティブマトリックス形液晶表示デバイスは液晶カラーテレビやパソコンなどに使用され，大型化に向けて研究が進められている．図 13.14 に TFT-LCD の代表的な構成図を示す．図 13.15 は TFT アクティブマトリックス LCD の基本構成図を示す．

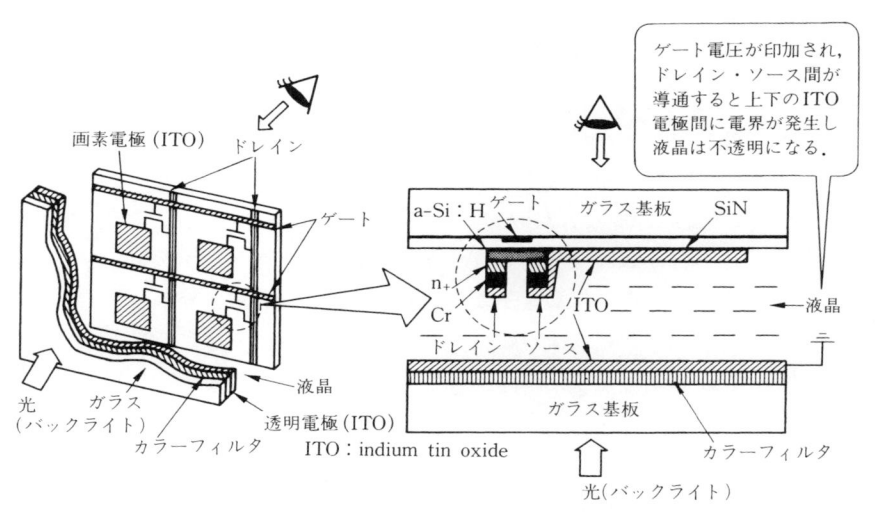

図 13.14 TFT-LCD の代表的な構成図

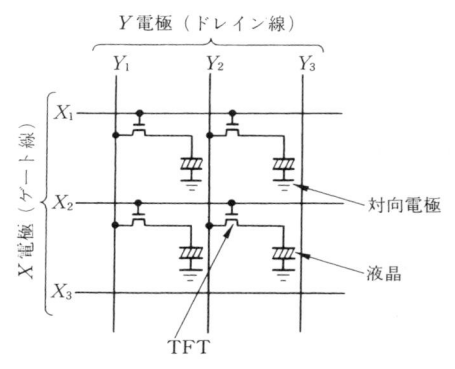

図 13.15 TFT-LCD の基本回路

13.6 高電子移動度トランジスタ（HEMT）

トランジスタを高周波化するためには，キャリア移動度の高い半導体材料を使用することが有効である．この観点から，Si よりも電子移動度が数倍大きい GaAs は，高周波トランジスタの材料として魅力的である．しかし 4 章で説明したように，半導体中の電子はイオン化不純物によって散乱されるため，GaAs といえども，バルク結晶の移動度は不純物密度を高くするにつれて減少してしまう．これを軽減するために不純物密度を極端に小さくすると，移動度は改善されるが，キャリア密度が少なくなってトランジスタの電流駆動能力が不十分となる．

この矛盾を解決したのがヘテロ接合を利用した**変調ドープ**で，その原理を図 13.16 に示す．基本構造は GaAs/AlGaAs ヘテロ接合で，界面からわずかに（約 10 nm）離れたところまで AlGaAs 中にドナーとして Si をドープする．このドナーから放出された伝導電子は GaAs 界面に形成された 3 角ポテンシャルに蓄積され，高密度の **2 次元伝導電子ガス**を形成する．この電子ガスはドナー不純物のクーロンポテンシャルから離れているため，低温でも散乱を受けない．そこで，図 13.17 に示したように，高純度バルク結晶にも勝る大きな移動度が実

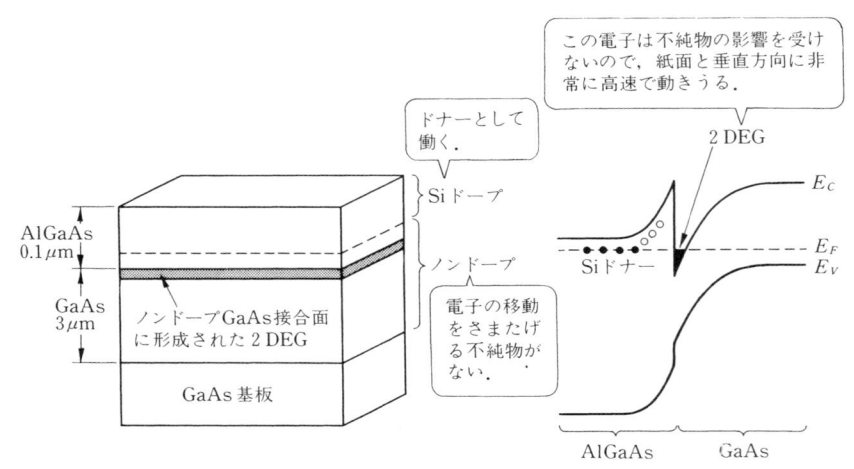

図 13.16 変調ドープした GaAs/AlGaAs ヘテロ接合．
図中，2 DEG は 2 dimensinal electron gas（2 次元電子ガス）の略．

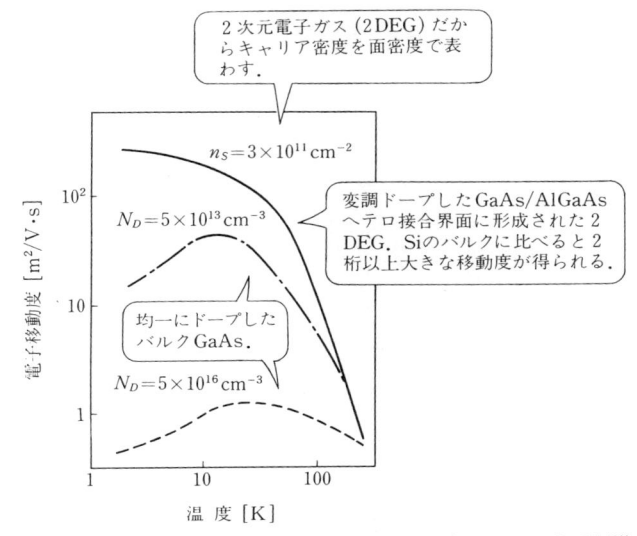

図 13.17 GsAs/AlGsAs ヘテロ接合界面に形成された 2 次元伝導電子の移動度．比較のために，破線と点線でバルク結晶の場合も示してある．

現される．この 2 次元電子ガスをチャネルに，バンドギャップの大きな AlGaAs を絶縁体層にした MIS 構造は，ソースとドレインを付ければ電界効果トランジスタとして動作する．このような原理に基づく電界効果トランジスタを **高電子移動度トランジスタ**(high electron mobility transistor)あるいは略して **HEMT** と呼んでいる．

　HEMT は周波数特性が良いために，電波望遠鏡の増幅器などにも応用されるほか，衛星通信(BS，CS)アンテナや携帯電話の増幅器に利用されている．しかし GaAs の正孔は移動度が小さいため，p チャネル HEMT は周波数特性が悪い．このため，n チャネルと p チャネルの HEMT を集積化して消費電力の小さな相補形論理回路を形成しても，技術的に難しい割には Si の CMOS ゲートに比べた利点が少ない．同一チップに集積化できる高性能 p チャネル HEMT の開発が待たれている．

13.7 CCD と MOS イメージセンサ

a. 電荷転送素子

半導体表面に多数の電極をならべ，電極下の電荷を順次転送されるものを電荷転送素子(CTD)といい，代表的なものに電荷結合素子 **CCD**(charge coupled device) がある．

図 13.18 に CCD の構造を示す．

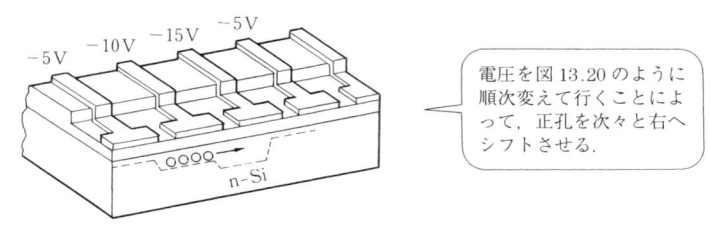

図 13.18 CCD

（吹き出し：電圧を図 13.20 のように順次変えて行くことによって，正孔を次々と右へシフトさせる．）

CCD

図 13.19 は 3 相クロックパルスにより動作する CCD シフトレジスタである．

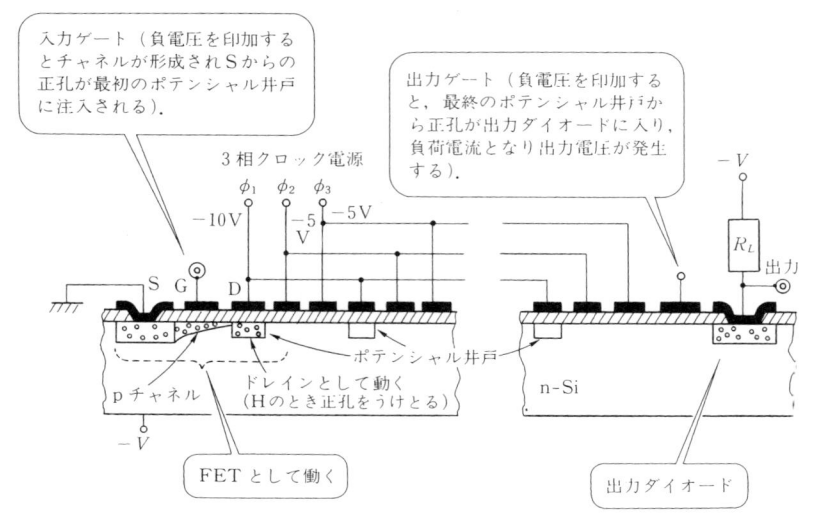

図 13.19 CCD シフトレジスタ

(a) −5 V / −5 V / −10 V

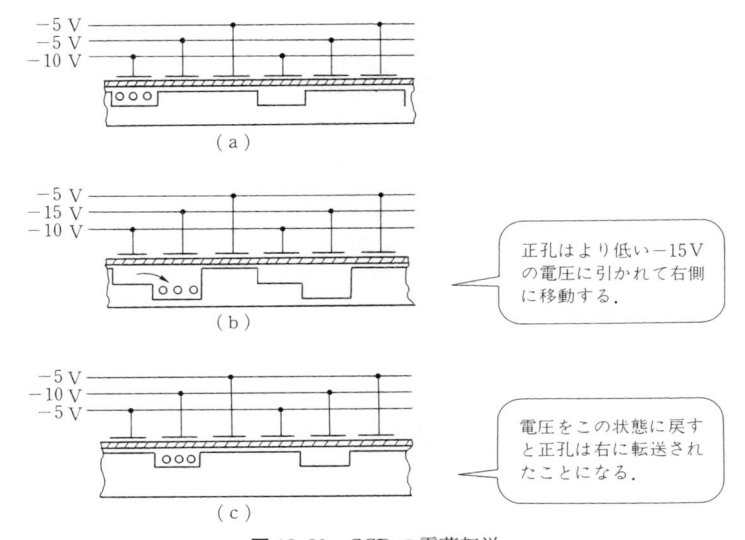

(b) −5 V / −15 V / −10 V
正孔はより低い−15 V の電圧に引かれて右側に移動する．

(c) −5 V / −10 V / −5 V
電圧をこの状態に戻すと正孔は右に転送されたことになる．

図 13.20 CCD の電荷転送

n 形 Si 基板表面に 0.1 μm 程度の膜厚の SiO₂ を形成し，その上に 2〜3 μm 間隔で金属電極を配列してある．

アレイ電極の下の正孔(少数キャリア)は，クロックパルスによって順次右側へ転送され，右端の電極から取り出される．

① **CCD の電荷転送**

pn 接合からの注入によって生じた少数キャリアは，電極下右の Si 表面の電位の低いポテンシャル井戸と呼ばれる部分に蓄えられる(図 13.20(a))．次に隣接する電極にさらに負の大きな電圧(−15V)が与えられると，この電界に引かれて，電荷は隣接電極の下方に移る(図(b))．次に電極の電圧が図(c)のような状態に戻されると，電荷は右隣りの電極下に転送されたことになる．このプロセスを繰り返すことにより，電荷をアレイに沿って転送することができ，シフトレジスタとして動作させることができる．

CCD メモリは，構造的に MOS RAM より高集積化が可能であり，1.5 μm ルールで 1 M ビットの容量が実現できる．

② **CCD 撮像素子**

図 13.21 に CCD 撮像素子の原理図を示す．光を照射したままで電荷を転送す

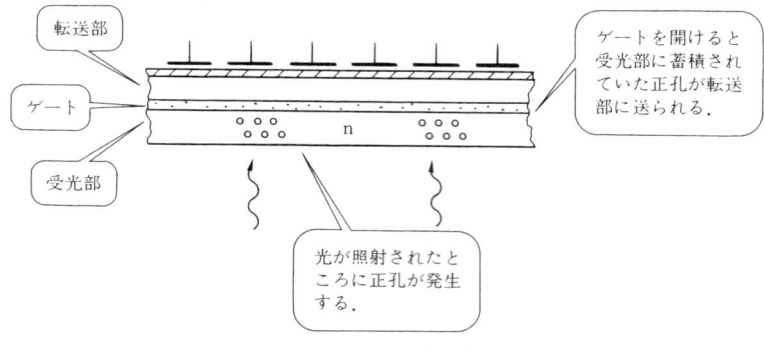

図 13.21 CCD 撮像素子

ると画像がぼやけるので，受光部と転送部に分け転送部が遮光している．

b． MOS イメージセンサ

MOS イメージセンサは図 13.22 に示すように，フォトダイオード (PD) と MOSFET で 1 画素を形成している．

図 13.23 は MOS イメージセンサのアレイを示す．CMOS 構造の撮像アレイを **CMOS イメージセンサ**と呼んでおり，CCD 撮像素子を用いたイメージセンサよりも消費電力が小さい特徴がある．

① 垂直走査回路からパルスを加えてワード線 W_2 行の画素の FET のゲートを ON にすると，ビット線 B_1，B_2 の各列に読み出される．

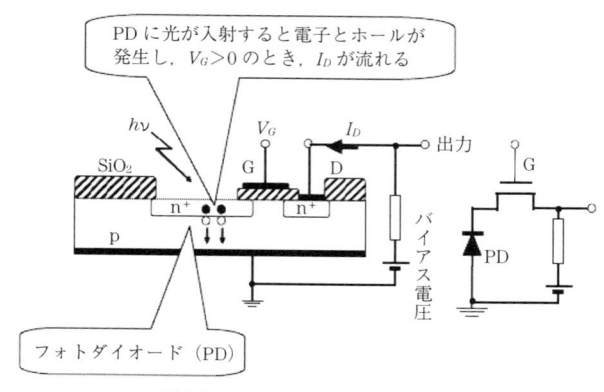

図 13.22 MOS センサー 1 画素

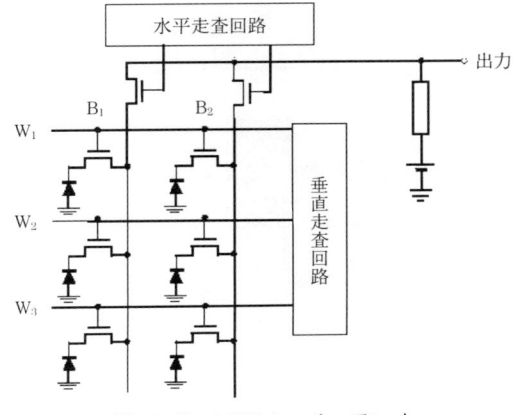

図 13.23　MOS センサーアレイ

② 水平走査回路から各列にある FET のゲートに走査パルスを加えると各ビット B_1, B_2 の FET を通して順次出力信号が取り出される．

13.8　液晶と液晶ディスプレイ

液晶(Liquid Crystal, LC)とは，有機物の分子粒が規則正しく並んだ結晶とそうでない液体の中間の状態を指す．結晶では粒子の位置と方向に秩序があるが，液体では両方とも無い．この液晶粒子に分極(粒子内で正負の電荷に偏りがある状態)があると，外部から加えた電界や，液晶を挟む電極の表面に形成したごく細かい凹凸(ポーリング処理)で，液晶分子の向きを制御できる．

液晶ディスプレイ(**LCD**)においては，表面をポーリング処理した2枚の透明電極で液晶層を挟み，さらにその外側の両面を振幅が特定方向の光(偏光)のみが通過するプラスチックシート(**偏光板**)で挟んだ絵素と呼ばれる液晶素子を，カラーフィルタと組み合わせてマトリクス状に平面配置している．図 13.24 に，液晶素子の基本構造を示す．

透明電極間に電圧が印加されない無電界状態では，液晶分子はポーリング処理によって光の進行方向に僅かずつ回転して並んでいる．このとき，入射光の振動方向は液晶分子の回転とともに回転する(**旋光**)．一方，電圧が印加されるとすべての液晶分子が電界方向に整列し，このとき光は振動方向の変化無しに

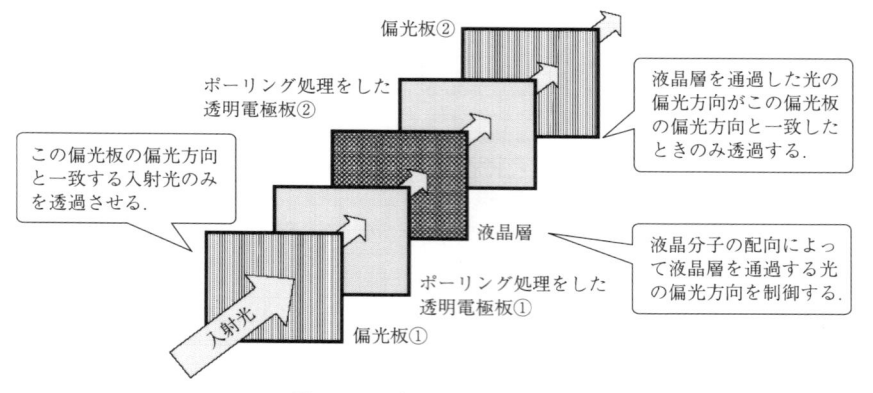

図 13.24 液晶素子の基本構造

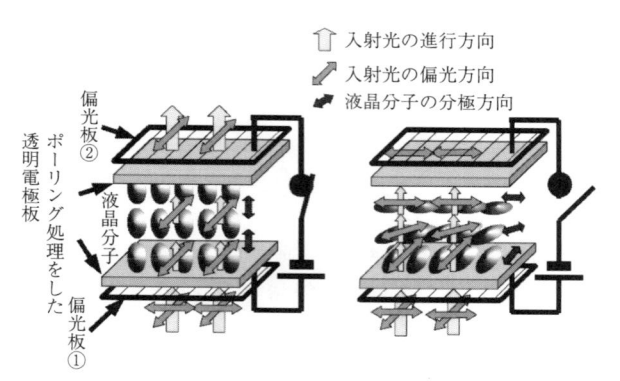

（図中ラベル）
- 偏光板②
- ポーリング処理をした透明電極板②
- この偏光板の偏光方向と一致する入射光のみを透過させる．
- 液晶層
- ポーリング処理をした透明電極板①
- 入射光
- 偏光板①
- 液晶層を通過した光の偏光方向がこの偏光板の偏光方向と一致したときのみ透過する．
- 液晶分子の配向によって液晶層を通過する光の偏光方向を制御する．

図 13.25 電圧印加の有無による液晶分子の配向の違い．電圧印加が無いときは右図のように入射した偏光が旋光するために偏光板②を通過できない．

（図中ラベル）
- 入射光の進行方向
- 入射光の偏光方向
- 液晶分子の分極方向
- 偏光板②
- ポーリング処理をした透明電極板
- 液晶分子
- 偏光板①

進行する．この様子を，簡略化して図 13.25 に示した．2 枚の偏光板の偏光方向が同一である場合を考えてみる．①の偏光板によって一方向に偏光した入射光は，電圧が印加されていない液晶層を通過後に偏光方向が回転して②の偏光板を透過できない．電圧が印加されているときは，液晶層を通過後も偏光方向が変わらないので②の偏光板を透過できる．すなわち，液晶素子は電圧で駆動される光シャッタとして働く．液晶ディスプレイでは，マトリクス状に配置した液晶素子の ON/OFF を，それぞれの透明電極に配置した薄膜トランジスタ(TFT)

で行う (図 13.14, 図 13.15 参照). 液晶素子は自己発光型でないので, バックライト光源として冷陰極蛍光管や白色 LED を用いる.

13.9　有機 EL ディスプレイ

有機 EL(エレクトロルミネセンス)**ディスプレイ**(OELD)は, 発光層に**有機化合物半導体**を用いた発光素子を利用したディスプレイであり, その発光機構は(直流電流として)注入された電子と正孔の再結合に基づく注入型エレクトロルミネセンスである. この発光機構は, GaAs や GaN といった無機化合物半導体を使った発光ダイオードに似ているが, 有機物を用いるため大面積で屈曲性のある薄膜の発光素子を作ることができる.

基本的な EL 素子の断面構造を図 13.26 に示す. 陰極には金属板, 陽極にはインジウムとスズの合金を酸化した ITO と呼ばれる透明導電膜をコーティングしたガラス板が使われる. 発光層の多くにはベンゼン環にアミノ基がついた有機化合物半導体が使われており, 典型的な材料である TDP(低分子量化合物)と PVK(高分子量化合物)の構造式は図 13.27 のようになっている. 発光層に各種蛍光色素をドーピングすれば発光波長の制御が可能で, 自己発光性のフルカラーディスプレイが実現できる. 平面ディスプレイは, 液晶ディスプレイ(LCD)と同じく微少な EL 素子を絵素としてマトリクス状に配置し, 素子ごとの発光の

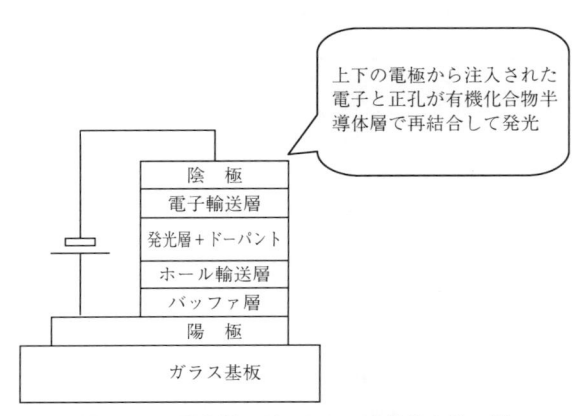

図 13.26　発光層に用いられる有機化合物の例

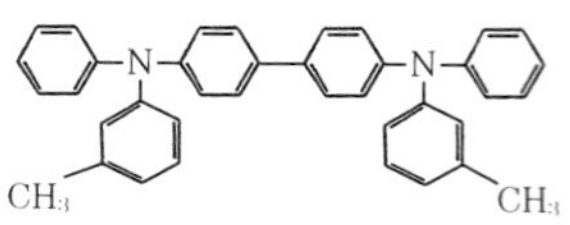

図 13.27 発光層に用いられる有機化合物の例

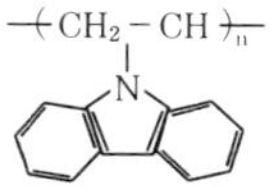

ON/OFF は薄膜トランジスタ(TFT)でコントロールする．

　EL素子の発光層の厚さは数百ナノメートルと非常に薄いので，実際のデバイスはほとんどガラス板の厚さと等しい．もちろんガラス板の替わりに透明なプラスチックフィルムを用いることも可能で，この場合にはさらに薄くて屈曲可能なディスプレイが作製できる．

　OELD は LCD と異なり，自己発光デバイスのためバックライトが不要である．また，視野角が広い，コントラストが高い，応答速度が速い，消費電力が少ない等の特徴もあり，次世代のディスプレイとして注目を集めている．ただし，発光輝度の劣化が早いことが問題で，パソコン用ディスプレイや家庭用テレビに要求される輝度でフルカラー駆動した場合，数千から1万時間程度の寿命が一般的である(2010 年時点)．

　このため，OELD は今のところカーオーディオや携帯電話のディスプレイに限定されているが，輝度劣化の問題が解決されると利用範囲が爆発的に拡大する可能性がある．有機材料であるため，真空蒸着やスパッタ法だけでなく，塗工法やインクジェット法といった大量生産に適した低コスト製造の可能性があり，駆動用の TFT まですべて有機材料で構成する「**プリンタブル**(印刷可能な)」デバイスが各所で研究されている．

13.10　加速度センサ

a. 原　　理

　加速度は「物体の単位時間 [s] あたりの速度 [m/s] 変化」と定義されている．したがって単位は $(m/s)/s \to [m/s^2]$ である．

　ニュートンの法則によると，質量 m [kg] の物体に働く加速度 a [m/s^2] と力 F [N] との間には次式が成り立つ．

図 13.28 加速度センサの原理

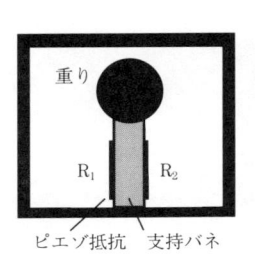

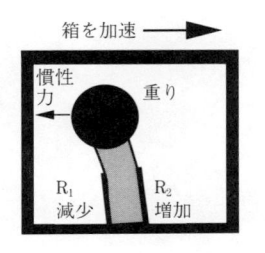

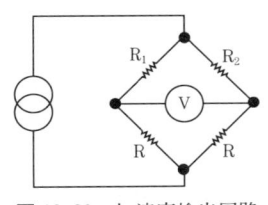

図 13.29 加速度検出回路

$$F = m \times a \tag{13.17}$$

したがって加速度は物体にかかる力を計測することによって求められる．すなわち，

$$a = F/m \tag{13.18}$$

物体に働く力 F の計測には種々の方法がある．図 13.28 のようにケースが加速度を受けると重りは加速度とは逆向きに慣性力を受けてバネは変形する．そこでこの変形量を電気信号に変えて加速度として観測する．図のように支持バネに**ピエゾ抵抗素子**(力を受けると，その歪みに応じて半導体の抵抗が変化する素子)をつければ，変形量に応じて伸縮し抵抗 R が変化する．ピエゾ抵抗は圧縮応力で抵抗値が減少し，引っ張り応力で抵抗値が増加する．これを利用して加速度を電圧出力に変換する．図 13.29 はブリッジを用いた加速度検出回路である．

b．3軸加速度センサ

図 13.30 は 3 軸加速度センサの構造例である．

c．動加速度と静加速度

動加速度は動いている際の加速度，静加速度は動いていないときの加速度の意味で，重力加速度のことを指している．重力は地球上にあるものにはおよそ $9.8\,\mathrm{m/s^2}$ の大きさで作用している．重力加速度は加速度の単位としても用いられ，$1G = 9.8\,\mathrm{m/s^2}$ である．

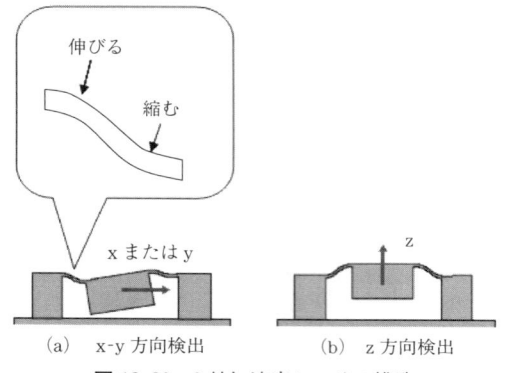

図中ラベル:
- 伸びる
- 縮む
- x または y
- z
- (a) x-y 方向検出
- (b) z 方向検出

図 13.30 3 軸加速度センサの構造

d. 加速度センサーの製品特性例
* 3 軸加速度(A_x, A_y, A_z)の測定が可能
* 加速度検出範囲 ±3 G
* 静的加速度, 動的加速度の計測可能

この製品は**マイクロマシニング技術**(**MEMS** メムス, Micro Electro Mechanical Systems)で作製されたものである．

13.11 IC タグ

IC タグとは IC チップとアンテナにより構成され，品物に装着されるもので，その品物の識別情報などを記録し，電波を利用することによってこれらの情報の読み取りまたは書き込みができるものである．IC タグは電車の定期券やプリペイドカード機能付の「SUICA」や「ICOCA」等に多用されている．**IC タグ**を使った非接触の無線通信による識別技術のことを **RFID**(Radio frequency identification)という．図 13.31 は世界最小クラスの IC タグ(日立製ミューチップ)の開発例である．指先に付いた黒点が IC タグを示す．

IC タグの種類は，電池があるタイプと無いタイプで分けることができる．電池を利用するタイプを「アクティブ方式」，利用しないタイプを「パッシブ方式」と呼ぶ．電池を利用しないパッシブ方式では，**リーダライタから発射される電波によって回路に微小な電圧を発生させ，コンデンサに電力を蓄積させる．**そ

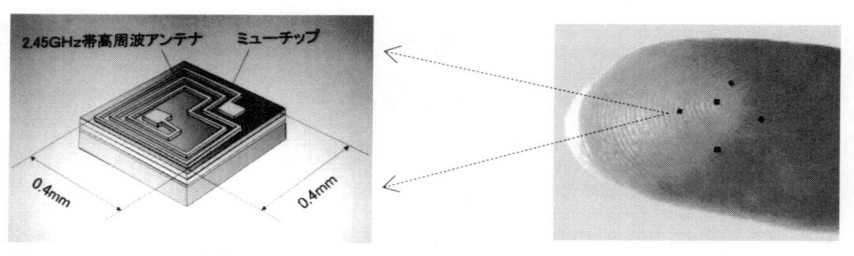

図 13.31 ICタグの例（2.45 GHz，アンテナとICチップが縦横 0.4 mm，厚さ 60 μm の直方体に一体化されている．メモリ容量は 128 ビット，書換え不能な一意の個体識別符号(ID)を持っている．読取距離は専用アンテナ使用時約 1 mm である）

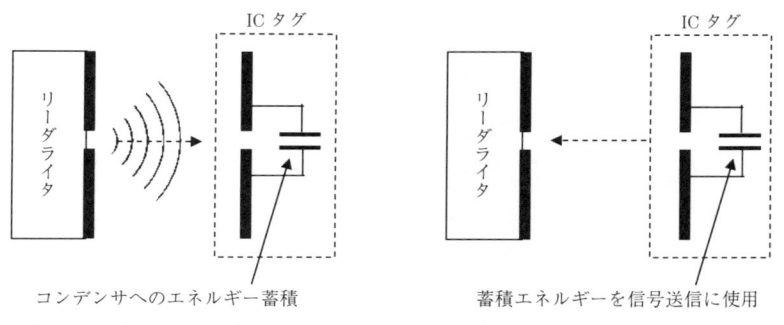

(a) リーダライタから発射される電波によって充電される．
コンデンサへのエネルギー蓄積

(b) 充電されたエネルギーによって回路が働き，記録されている情報をリーダへ返す．
蓄積エネルギーを信号送信に使用

図 13.32 パッシブ方式ICタグの原理

表 13.3 パッシブ方式とアクティブ方式の特徴

事項 \ 方式	パッシブ方式	アクティブ方式
利点	電池不要．小型化可能	交信距離が長い
欠点	交信距離が短い	電池交換・充電が必要
用途例	SUICA，ICOCA	車のキー

してその電力で情報を処理し，リーダに送信する．この方式は電池交換が不要なため半永久的に利用できる．

RFID システムでは，**ICタグから ID を読取り，ホストコンピュータに照会することによって品物に関する膨大な情報を得る**ことができる．

演習問題

13.1 ホール電圧は $V_H = (R_H/d)IB$ で表わされることを導け．

13.2 $R_H = 5.2 \times 10^{-4}$ m³/C, $\rho = 1.27 \times 10^{-2}$ Ω·m をもつホール素子に $B = 0.5$ T を用いたときのホール角を求めよ．

13.3 $d = 1$ mm, $w = 10$ mm のホール素子がある．$B = 0.5$ T の磁束を加え，$I = 10$ mA の電流を流したとき，ホール係数 $R_H = 3.66 \times 10^{-4}$ m³/C としてホール電圧 V_H を求めよ．

13.4 次の素子について説明せよ．

 (1) サーミスタ，(2) CTR，(3) ポジスタ．

13.5 アモルファス太陽電池の起電力発生についてエネルギーバンド図を用いて説明せよ．

13.6 GaAs/Al$_x$Ga$_{1-x}$As 構造の HEMT で，障壁層 Al$_x$Ga$_{1-x}$As の混晶比は通常 $x = 0.3$ 程度に選ばれる．もし $x < 0.1$ とした場合に予想される不都合は何か．

13.7 素子の微細化が進むと，今まで仮定してきた均一な n 領域や p 領域という概念が成立しなくなる．10^{18} cm⁻³ の密度（これは比較的高密度なドープ量である）でドープした 10 nm 角の領域に含まれる不純物原子の平均個数は何個か．また，このようなときに平均個数は意味をもつか．

13.8 CCD 電荷転送の原理を図解せよ．

13.9 MOS イメージセンサーについて説明せよ．

13.10 液晶ディスプレイについて図解せよ．

13.11 加速度センサーについて説明せよ．

13.12 IC タグ（RFID システム）について述べよ．

参 考 図 書

1) 石田哲朗, 清水 東:半導体素子, コロナ社 (昭60).
2) 押本愛之助, 石坂陽之助:トランジスタ回路演習, 工学図書 (昭50).
3) 西永 頌:電子デバイスプロセス, コロナ社 (昭58).
4) 半導体ハンドブック編纂委員会:半導体ハンドブック, オーム社 (昭52).
5) 森崎 弘:電子デバイス入門, 技術評論社 (昭58).
6) 丹野頼元, 宮入圭一:演習電子デバイス, 森北出版 (昭58).
7) 伝田精一:入門ICセミナー, CQ出版社 (昭48).
8) 伝田精一:ICのひみつ, 共立出版 (昭59).
9) 桜井千春:新電子回路と光素子, 技術評論社 (昭58).
10) アリソン著 後藤俊成訳:集積回路, マグロウヒル好学社 (昭52).
11) 飯田隆彦, 古寺 博, 山賀 威:半導体・IC用語事典, オーム社 (昭52).
12) 古川静二郎, 松村正清:電子デバイス [I], 昭晃堂 (昭54).
13) 浜口智尋, 井上正崇, 谷口研二:半導体デバイス工学, 昭晃堂 (昭60).
14) 馬場玄武:最新電子デバイス事典, ラジオ技術社 (昭53).
15) 柳井久義, 永田 穣:集積回路工学(1), コロナ社 (昭57).
16) 塚本哲男:CCDの基礎, オーム社 (昭59).
17) 岸野正剛, 小柳光正:VLSIデバイスの物理, 丸善 (昭61).
18) 高圧ガス保安協会:特殊材料ガス保安対策資料集, 高圧ガス保安協会 (昭60).
19) S.M.ジィー著, 南日康夫, 川辺光央, 長谷川文夫訳:半導体デバイス, 産業図書 (昭62).
20) W.ショックレイ著, 川村 肇訳:半導体物理学(上, 下), 吉岡書店 (昭32).
21) J.T. Wallmark, H. Johnson 編集, 和田正信, 関寅雄訳:電界効果トランジスタ, 近代科学社 (昭42).

22) 高橋清, 小長井誠編集：最新アモルファス Si ハンドブック, サイエンスフォーラム（昭58）.
23) 小林駿介編著：電子ディスプレイ, 電子情報通信学会（平4）.
24) 舛岡富士雄：躍進するフラッシュメモリ, 工業調査会(2003).
25) 舛岡富士雄：不揮発性メモリの現状と展望, 応用物理 Vol.73, p 1166-1171(2004).
26) S.M. Sze, Kowk K.Ng：Physics of Semiconductor Devices, 3rd edition, John Wiley & Sons, Inc.(2007).
27) 石原昇, 宮崎智彦：フラッシュメモリ最前線, 工業調査会(2001).
28) 岩田：VLSI 工学, コロナ社(2006).
29) NIKKEI WinPC, 10, p 148-153(2009).
30) NIKKEI WinPC, 2, p 88-90(2010).
31) 桜庭一郎, 岡本淳：電子デバイスの基礎, 森北出版(2003).
32) 藤枝一郎：画像入出力の基礎, 森北出版(2005).
33) 小川博司, 田中伸一"ブルーレイディスク読本"オーム社(2007)
34) 山口真史：高効率太陽電池の現状と課題, 応用物理 Vol.78, p 416-421(2009).
35) 石塚尚吾：軽くて曲がる太陽電池で効率 17.7％を達成, 産総研 TODAY Vol.8 No.10(2008).

演習問題解答

1章

1.1 $2\,\Omega\cdot\text{m}$.

1.2～1.7 省略.

1.8 $m\dfrac{d^2x}{dt^2}=q\dfrac{V}{d}$ を解いて,$x=\dfrac{1}{2}\dfrac{eV}{md}t^2$. $x=d$ のとき陽極に達するので,$t=\sqrt{\dfrac{2md^2}{eV}}$. これより $t=3.37$ ns.

1.9 遠心力 $f=mv^2/r$,求心力 $f=qvB$ より $r=mv/qB$.

1.10 $p=mv$,$v=\sqrt{\dfrac{2eV}{m}}$ より $\lambda=1.2\times10^{-10}$ m.

2章

2.1～2.8 省略.

2.9 (1) 価電子帯上端と伝導帯下端のエネルギー差がバンドギャップエネルギーだから,(ウ),(イ),(ア).

(2) 有効質量は d^2E/dk^2 の逆数に比例し,d^2E/dk^2 は E-k 曲線が波数の微小変化 Δk でエネルギー ΔE が大幅に変化する部分で大きくなる.したがって(イ).

(3) 光の放出と同様,吸収も直接遷移形半導体の方が間接遷移形半導体よりも効率が高い.したがって(イ).

3章

3.1,3.2 省略.

3.3 $E-E_F=0.05$ eV,$kT=1.38\times10^{-23}$ J/K $\times300$ K $=4.14\times10^{-21}$ J,$kT/q=4.14\times10^{-21}/1.602\times10^{-19}=0.0259$ eV より $f(E)=0.126=12.6\,\%$.

3.4 省略.

3.5 $n_i = 1.48 \times 10^{16}$ m^{-3}.

3.6 (3.14) 式より $\ln n_i = \ln\sqrt{N_C N_V} - \dfrac{E_g}{2kT}$,

$\dfrac{d \ln n_i}{d\left(\dfrac{1}{T}\right)} = -\dfrac{E_g}{2k}$ ← $n_i - (1/T)$ 曲線の勾配から求める.

$E_g = 1.12$ eV.

3.7, 3.8 省略.

3.9 $np = (1.5 \times 10^{16})^2$ m^{-6}.

3.10 省略.

3.11 $n = 10^{22}$ m^{-3}, $p = 5.76 \times 10^{16}$ m^{-3}.

3.12 常温では $n_n = N_D$, $E_F = E_C - kT \ln \dfrac{N_C}{N_D}$. ← $kT/q = 0.0259$ eV

また一般に $p_n n_n = n_i^2$ より $n_n = 10^{22}$ m^{-3}, $p_n = 5.76 \times 10^{16}$ m^{-3}.

E_F：伝導帯下縁より 0.149 eV.

3.13 省略.

3.14 2×10^{15} m^{-3}/s.

3.15 $\tau = \dfrac{n_i^2}{g(n_0 + p_0)}$, $n_0 = N_D$, $n_0 p_0 = n_i^2$ より $\tau = 0.11$ ms.

3.16 10^{19} m^{-3}.

4 章

4.1 省略.

4.2 $E = V/l$, $v_D = \mu E$ より 0.18 m^2/V·s.

4.3 $v_D = 56$ m/s, $t = 0.446$ ms.

4.4, 4.5 省略.

4.6 $D = \dfrac{kT}{q}\mu$, $L = \sqrt{D\tau}$ より $L_p = 0.896$ mm, $L_n = 1.38$ mm.

4.7 省略.

5章

5.1, 5.2 省略.

5.3 $V_D = 0.596$ V.

5.4, 5.5 省略.

5.6 $p - p_n = p_n(e^{qV/kT} - 1)$, $n_n = \dfrac{1}{q\mu_n \rho_n}$, $p_n = \dfrac{n_i^2}{n_n}$ より 1.75×10^{19} m^{-3}.

5.7 省略.

5.8 $I = I_s(e^{qV/kT} - 1)$ より
$I_{-40} = -1.9 \times 10^{-14}$, $I_{-1} = -1.9 \times 10^{-14}$, $I_{0.5} = 4.6 \times 10^{-6}$, $I_{0.6} = 2.2 \times 10^{-4}$, $I_{0.7} = 1.0 \times 10^{-2}$ A.

5.9 $I_s = 2.3 \times 10^{-12}$ A より
$I_{-20} = -2.3 \times 10^{-12}$, $I_{-10} = -2.3 \times 10^{-12}$, $I_{0.1} = 1.1 \times 10^{-10}$, $I_{0.3} = 2.5 \times 10^{-7}$, $I_{0.5} = 5.6 \times 10^{-4}$, $I_{0.7} = 1.3$ A.

5.10 (1) $D_n = 3.47 \times 10^{-3}$ m^2/s, $D_p = 1.24 \times 10^{-3}$ m^2/s.
(2) $L_n = 1.02 \times 10^{-3}$ m, $L_p = 2.23 \times 10^{-4}$ m.
(3) $n_p = 1.13 \times 10^{11}$ m^{-3}, $p_n = 1.13 \times 10^{11}$ m^{-3}.
(4) $I_s = 1.62 \times 10^{-13}$ A.

5.11 $I_{-20} = -1.6 \times 10^{-13}$, $I_{-10} = -1.6 \times 10^{-13}$, $I_{0.1} = 7.7 \times 10^{-12}$, $I_{0.3} = 1.7 \times 10^{-8}$, $I_{0.5} = 3.9 \times 10^{-5}$, $I_{0.7} = 8.9 \times 10^{-2}$ A.

5.12, 5.13 省略.

5.14 $t_s = 6.93 \times 10^{-7}$ s, $t_f = 5.95 \times 10^{-8}$ s, $t_r = 7.52 \times 10^{-7}$ s.

5.15 省略.

5.16 $d_0 = 0.89$, $d_{-2} = 1.84$, $d_{-4} = 2.45$, $d_{-6} = 2.93$, $d_{-8} = 3.35$, $d_{-10} = 3.71$ μm.
$C_{T0} = 117$, $C_{T-2} = 56.8$, $C_{T-4} = 42.6$, $C_{T-6} = 35.6$, $C_{T-8} = 31.2$, $C_{T-10} = 28.1$ pF.

5.17 $d_0 = 1.38$, $d_{-2} = 2.67$, $d_{-4} = 3.51$, $d_{-6} = 4.18$, $d_{-8} = 4.77$, $d_{-10} = 5.28$ μm.
$C_{T0} = 75.6$, $C_{T-2} = 39.1$, $C_{T-4} = 29.8$, $C_{T-6} = 25.0$, $C_{T-8} = 21.9$, $C_{T-10} = 19.8$ pF.

5.18 省略.

5.19 ヒント:式(5.17)の一般解から双曲線関数(付録E.5の公式)を用いて求める.

5.20 ヒント:式(5.17)の一般解に境界条件を代入し,積分定数 A, B を求める.

5.21 ヒント:式(5.19)に逆バイアス電圧 $-V$ を代入してキャリア分布を求める.

5.22 ヒント:順バイアスの等価回路は図5.22で表わされる.逆バイアスは図5.32で

表わされ，$C_d \ll C_T$ となる．逆方向の抵抗 $R_r = \dfrac{1}{G_d}$ が大きくなる．

5.23 接合面に蓄積される電荷量の変化は $\dfrac{dq}{dt} = -\dfrac{q}{\tau_p} - I_r$ と表わされる．この一般解 $q = ce^{-t/\tau_p} - I_r\tau_p$ に，$t=0$ で $q=I_f\tau_p$，$t=t_s$ で $q=0$ を代入する．

6章

6.1〜6.3 省略．

6.4 $J_{nE} = \dfrac{qD_{nE}n_{pE}}{L_{nE}}(e^{qV_E/kT} - 1)$, $J_{pE} = -qD_{pB}\dfrac{dP}{dx}$ より

$I_E = S\left[\dfrac{qD_{pB}p_{nB}}{W}e^{qV_E/kT} + \dfrac{qD_{nE}n_{pE}}{L_{nE}}(e^{qV_E/kT}-1)\right]$.

6.5 $I_{pE} = 10\ \mu\text{A}$．

6.6 $\gamma = 0.999$．

6.7 $\beta^* = 0.998$．

6.8 $\alpha = 0.98$．

6.9 $\alpha = 0.952$．

6.10 30 MHz．

6.11 $h_{ib} = (r_e + r_b) - \dfrac{r_m + r_b}{r_b + r_c}r_b$, $h_{rb} = \dfrac{r_b}{r_b + r_c}$, $h_{fb} = -\dfrac{r_m + r_b}{r_b + r_c}$, $h_{ob} = \dfrac{1}{r_b + r_c}$.

6.12 $V_b = h_{ie}I_b + h_{re}V_c$, $I_c = h_{fe}I_b + h_{oe}V_c$, $I_cR_L = -V_c$ より

$A_v = -\dfrac{h_{fe}R_L}{h_{ie} + R_L(h_{ie}h_{oe} - h_{re}h_{fe})} \fallingdotseq -\dfrac{h_{fe}}{h_{ie}}R_L = -190$.

6.13 $A_v = -\dfrac{h_{fb}}{h_{ib}}R_L$．

ベース接地の場合の h パラメータはエミッタ接地の場合の h パラメータを用いて $h_{fb} = \dfrac{-h_{fe}}{1+h_{fe}}$, $h_{ib} = \dfrac{h_{ie}}{1+h_{fe}}$．$A_v = 190$．

6.14

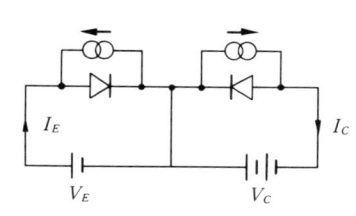

6.15　ヒント：付録 B.3 を参照．

7 章
7.1〜7.4　省略．
7.5　付録 C「MOS 構造の理論」参照．
7.6

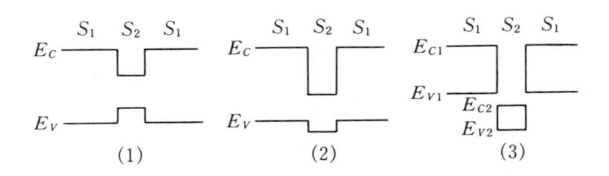

　　　　　S_1　S_2　S_1　　　　S_1　S_2　S_1　　　　S_1　S_2　S_1

E_C　　　　　　　　　E_C　　　　　　　　　E_{C1}
　　　　　　　　　　　　　　　　　　　　　　　　　　E_{C2}
E_V　　　　　　　　　E_V　　　　　　　　　E_{V1}
　　　　　　　　　　　　　　　　　　　　　　　　　　E_{V2}
　　　　(1)　　　　　　　　　(2)　　　　　　　　　(3)

8 章
8.1〜8.6　省略．
8.7　ヒント：付録式 (C.9) を式 (C.16) に代入，さらに式 (C.18) を考慮する．
8.8　省略．
8.9　式 (8.16) を参照．
8.10　(1)　13.6，(2)　0.5，(3)　2.67．
8.11

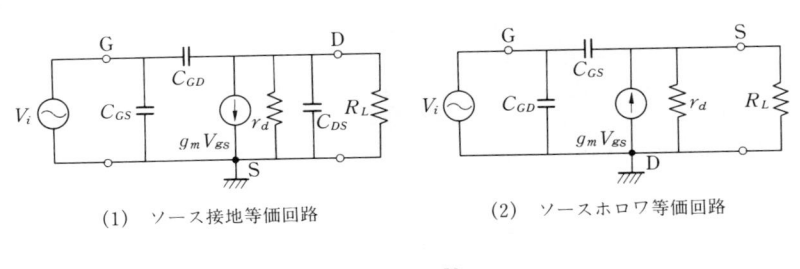

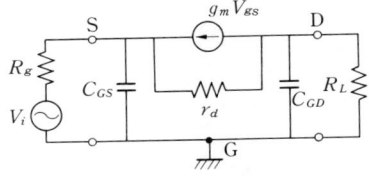

(1)　ソース接地等価回路

(2)　ソースホロワ等価回路

(3)　ゲート接地等価回路

9章

9.1〜9.10 省略.

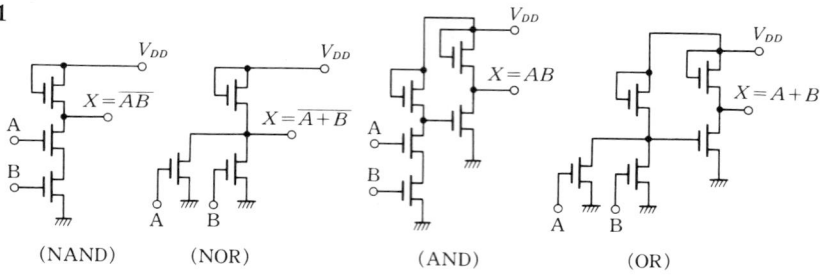

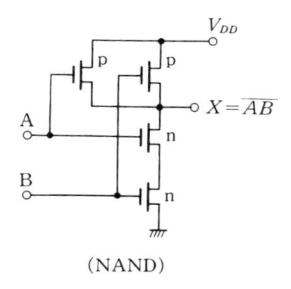

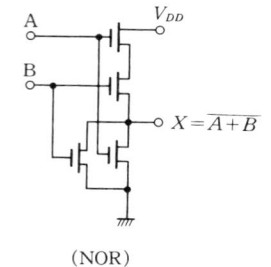

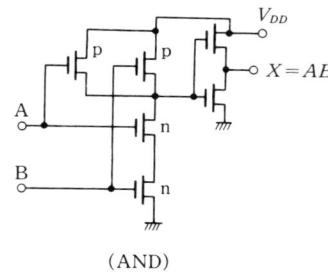

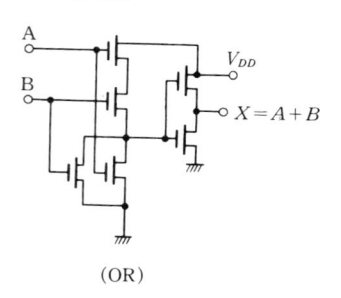

9.11 （図：NAND, NOR, AND, OR の回路）

9.12 （図：NAND, NOR, AND, OR の CMOS 回路）

9.13〜9.17 省略.

10章

10.1〜10.7 省略.

10.8 (1) npn 形接合トランジスタ.

(2) 省略.

(3) 省略.

(4) p形ベース領域を走行する少数キャリアの電子の移動度は，GaAs の方が Si より約 10 倍大きい．そこで GaAs の方が周波数特性がよい．

(5) pn 接合に逆バイアスを印可し，接合面に広がった空乏層で素子を周囲から電気的に分離する．

(6) 省略．

11 章

11.1 $2.97 \times 10^{21}\,\mathrm{s}^{-1}$．

11.2 1128 nm．

11.3 $2.8 \times 10^{19}\,\mathrm{m}^{-3}$．

11.4 (1) $2.97 \times 10^{16}\,\mathrm{s}^{-1}$，(2) 2.97×10^{12}，(3) 14.3 mS，(4) 0.143 A．

11.5〜11.9 省略．

12 章

12.1〜12.7 省略．

12.8 10，2，1 μm および $\geq 10^{21}$，$\geq 5 \times 10^{21}$，$\geq 10^{22}\,\mathrm{m}^{-3}$．

12.9，12.10 省略．

13 章

13.1 省略．

13.2 1.1 度．

13.3 1.83 mV．

13.4，13.5 省略．

13.6 バンドオフセットが小さすぎて，2次元電子ガスを閉じ込めるポテンシャル障壁が十分でない．このため，ゲートへのリーク電流が大きくなる（各自バンド図を描いて考えよ）．かつ，閉じ込めることができる2次元電子ガスの密度が低くなるために FET の相互コンダクタンスが小さくなる．

13.7 平均個数は1個であるが，統計ゆらぎ（$1/\sqrt{n}$ に比例）のために意味をもたない．また，数個程度の不純物原子が含まれる場合も，均一な p 形，n 形といった平均場近似が成り立たない．

13.8〜13.12 省略．

付録 A　金属の電子論

第2章で説明したように，金属ではポテンシャルが一定であるとして扱っても比較的よくその性質を説明できる．このような立場で理論を展開したのがゾンマーフェルトであり，自由電子モデルとして知られている．ここでは，重要ではあるが第2章から割愛した3次元における金属の電子エネルギーについて補足する．

金属の多くの性質は，表面の形，大きさに無関係なので，シュレディンガーの方程式を**周期的境界条件**のもとで解く．

$$\begin{aligned}\psi(x,y,z) &= \psi(x+L,y,z) \\ &= \psi(x,y+L,z) \\ &= \psi(x,y,z+L)\end{aligned} \quad (A.1)$$

これは，ある点から距離 L だけ移動しても波動関数の値が変わらないことを意味している．このような数学的手段は，結晶体の内部の様子を議論する場合によく使われる．1次元における周期境界条件モデルを図 A.1 に示す．

長さ L のひもに原子を並べて作ったリング

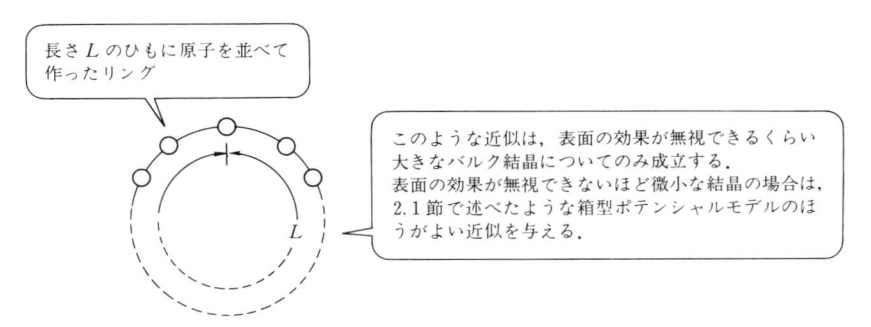

このような近似は，表面の効果が無視できるくらい大きなバルク結晶についてのみ成立する．表面の効果が無視できないほど微小な結晶の場合は，2.1節で述べたような箱型ポテンシャルモデルのほうがよい近似を与える．

図 A.1　1次元の周期境界条件

シュレディンガーの方程式を満足する解は，(2.9)を導出した場合と同様にして次のようになる．

$$\psi = \left(\frac{1}{L}\right)^{3/2} \exp[j(k_x x + k_y y + k_z z)]$$

$$= \left(\frac{1}{L}\right)^{3/2} e^{j\mathbf{k}\cdot\mathbf{r}} \tag{A.2}$$

ここで，(A.1)の条件から，

$$\mathbf{k} = (k_x, k_y, k_z)$$
$$= \left(\frac{2\pi}{L}n_x, \frac{2\pi}{L}n_y, \frac{2\pi}{L}n_z\right) \quad (n_i = 0, \pm 1, \pm 2, \cdots) \tag{A.3}$$

> 2.1節の箱型ポテンシャルモデルと異なり，周期境界条件では $\pi/L, 3\pi/L$ などの波は定在波となり得ない．この理由は1次元では長さ L のひもで作った図A.1のようなリングの振動モードを考えるとよくわかる．

でなければならない．したがって，電子エネルギーは(2.3)のように，

$$E = \frac{|\mathbf{P}|^2}{2m} = \frac{\hbar^2}{2m}|\mathbf{k}|^2$$
$$= \frac{\hbar^2}{2m}\left(\frac{2\pi}{L}\right)^2 (n_x^2 + n_y^2 + n_z^2) \quad (n_i = 0, \pm 1, \pm 2, \cdots) \tag{A.4}$$

となる．

金属中の電子の数が有限な場合，すなわち(A.4)の量子数 n_i が有限な場合には，k_x, k_y, k_z を直角座標とする空間(これを **k 空間**, **波数空間**, または **運動量空間** という)において，(A.4)が成立する点は，k_x, k_y, k_z の各座標軸を $(2\pi/L)$ ごとに区切った格子の交点(**格子点**という)の作る空間で，原点を中心とする球を与える．ここで，微小体積

$$\left(\frac{2\pi}{L}\right)^3 \tag{A.5}$$

ごとに1個の電子状態が対応している．この球を**フェルミ球**といい，図A.2のようになる．

フェルミ球の半径 k_F に詰っている電子の数は，スピンを考慮して(2倍する)

$$2 \times \frac{\frac{4}{3}\pi k_F^3}{\left(\frac{2\pi}{L}\right)^3} = \frac{V}{3\pi^2} k_F^3 \quad (V = L^3) \tag{A.6}$$

であり，金属の単位体積当たりの電子数 (N/V) を n とするフェルミ球の半径は，

$$k_F = (3\pi^2 n)^{1/3} \tag{A.7}$$

と表わされる．

半径が k_F である点のエネルギーをもつ電子は，最低エネルギー状態（絶対零度）における金属中の電子の最大エネルギーを示し，

$$E_{F0} = \frac{\hbar^2}{2m} k_F^2 = \frac{\hbar^2}{2m} (3\pi^2 n)^{2/3} \tag{A.8}$$

なるフェルミ・エネルギー E_{F0} で与えられる．

さて，$\boldsymbol{k}$ 空間の中で半径が k と $k+dk$ の間にある $\boldsymbol{k}$ 空間の部分の体積は $4\pi k^2 dk$ であるが，(A.4) から，

$$dE = \frac{\hbar^2}{m} k dk \tag{A.9}$$

の関係があるから，エネルギーが E と $E+dE$ の間にある $\boldsymbol{k}$ 空間の部分の体積は，

$$\frac{2\pi (2m)^{3/2}}{\hbar^3} E^{1/2} dE \tag{A.10}$$

で与えられる．この部分に含まれる格子点の数は，(A.10) で示された体積を $(2\pi/L)^3$ で割って得られるから，実空間の単位体積当たりの電子のとり得る状態の数を $N(E)dE$ とすると，

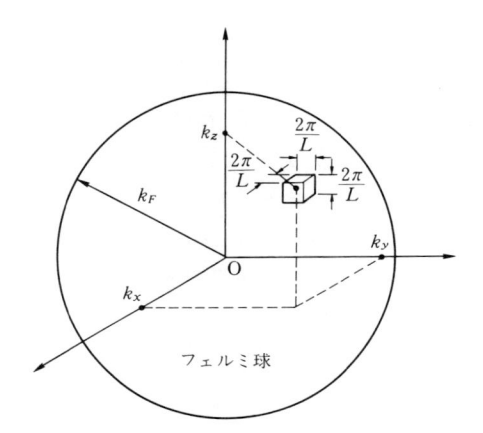

$$N(E) = \frac{(2m)^{3/2}}{4\pi^2 \hbar^3} E^{1/2} \tag{A.11}$$

となる．

この $N(E)$ を**状態密度**という（この $N(E)$ にはスピンを考慮していないので，スピンを配慮すると2倍になる）．

半導体の場合にも導電帯底部や価電子帯頂部では，第2章および第3章で説明したように金属に近いふるまいをするため，同様な論が成り立ち，第3章で(3.3)および(3.4)として与えた状態密度が求まる．ただし，(3.3)，(3.4)では半導体に禁制帯があることを反映して，

$$E \longrightarrow E - E_c \quad \text{または} \quad E_v - E \tag{A.12}$$

となっている．

付録 B　pn接合のエネルギーバンド図の描き方

B.1　n形半導体のバンド図

まず，n形半導体の熱平衡状態(外部電圧や刺激がない場合)について考える．この場合のエネルギーバンド図は，図B.1の順番にしたがって描くことができる．

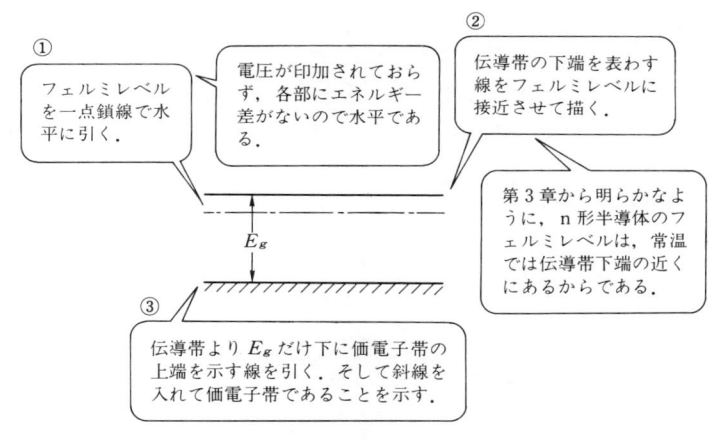

①　フェルミレベルを一点鎖線で水平に引く．

電圧が印加されておらず，各部にエネルギー差がないので水平である．

②　伝導帯の下端を表わす線をフェルミレベルに接近させて描く．

第3章から明らかなように，n形半導体のフェルミレベルは，常温では伝導帯下端の近くにあるからである．

③　伝導帯より E_g だけ下に価電子帯の上端を示す線を引く．そして斜線を入れて価電子帯であることを示す．

図B.1　n形半導体のエネルギーバンド図

[不純物密度とフェルミレベルとの関係]

n形半導体のフェルミレベルは，室温において

$$E_F = E_c - kT \ln \frac{N_C}{N_D} \tag{B.1}$$

と近似される(3.22)．ここで，N_C は有効状態密度，N_D はドナー密度である．上式より，N_D が大きくなるにつれて，図B.2のように E_F は E_c に近づくことがわかる．

290　付　　　録

真性半導体（intrinsic semiconductor）であることを示す．

不純物密度の小さいn形半導体であることを示す．

不純物密度の大きいn形半導体であることを示す．

E_C ——— i ——— n⁻ ——— n ——— n⁺

E_F ------

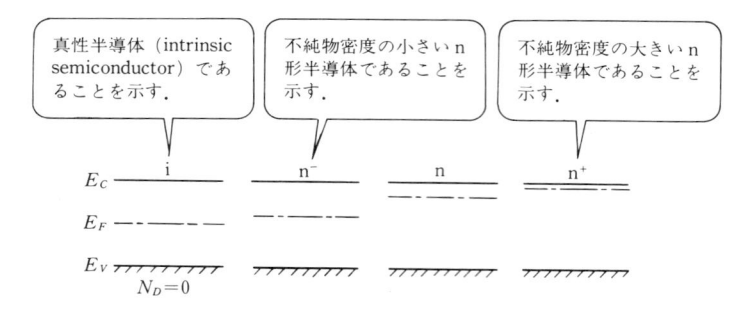

E_V ///////
　　　　$N_D=0$

図 B.2　n形半導体のフェルミレベル

　次に半導体に電圧を印加した場合を考える．両端に電位差 V を与えると，端子間には qV のエネルギー差が生じる．したがってエネルギーバンドは，図 B.3 のように，そのエネルギー差に相当して傾斜する．

　どちらに傾斜するかは，次のように考えるとわかりやすい．図 B.4 に示すように，核に近い（正電位にあり，ポテンシャルエネルギーの低い）バンドほど，下方に書かれている（約束）．したがって，図 B.3 のように，正の電極の側が下がり，負の電極の側が上がる．これは電子がころがって行く方が正極，正孔が浮かび上がって行く方が負極になると考えると覚えやすい．

この内部では電位傾度は一定と考える．

電子はパチンコ玉のように下にころがる．

負極側が上がる．

正極側が下がる．

エネルギー差 qV（電位差 V）

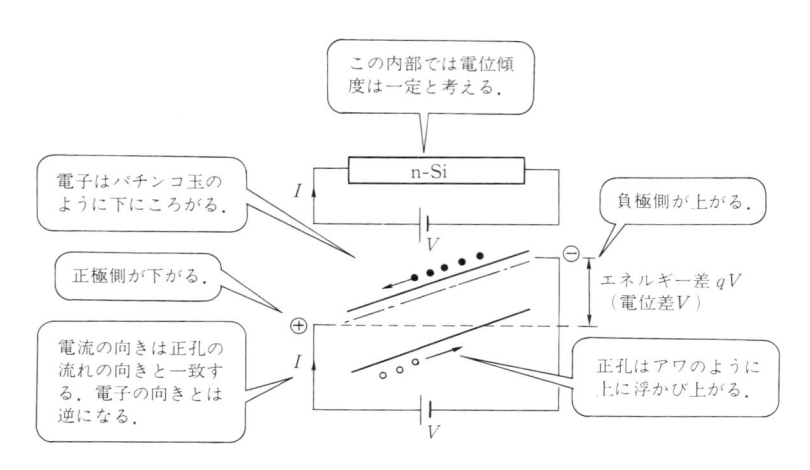

電流の向きは正孔の流れの向きと一致する．電子の向きとは逆になる．

正孔はアワのように上に浮かび上がる．

図 B.3　直流電圧を印加したn形半導体のエネルギーバンド図

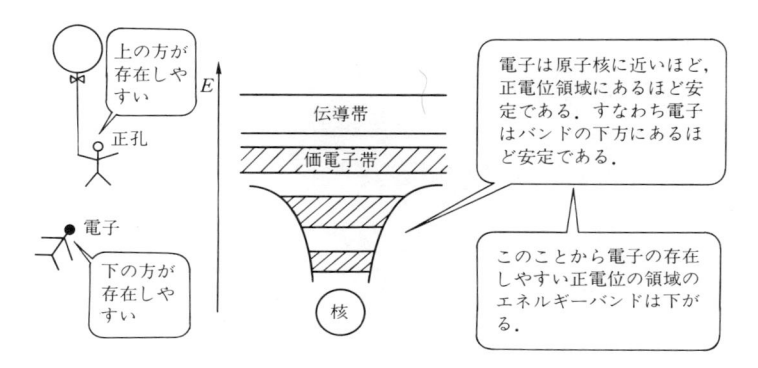

図 B.4　ポテンシャルエネルギーの表わし方

B.2　p形半導体のバンド図

常温におけるp形半導体のフェルミレベルは，(B.1)と同様に

$$E_F = E_V + kT \ln \frac{N_V}{N_A} \tag{B.2}$$

と近似される．ここで，N_Vは有効状態密度，N_Aはアクセプタ密度である．この式より，p形半導体のフェルミレベルは価電子帯近くにあり，アクセプタ密度N_Aが増加するにつれて価電子帯E_Vに近づいていくことがわかる．

図B.5にp形半導体のエネルギーバンド図を示す．

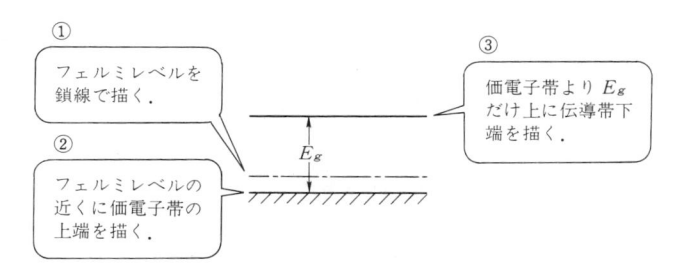

図 B.5　p形半導体のエネルギーバンド図

B.3 pn接合のバンド図

a. 熱平衡状態(電圧を印加しない場合)

熱平衡状態におけるpn接合のバンド図の描き方について考える．この場合は図B.6に示した順番にしたがって描けばよい．

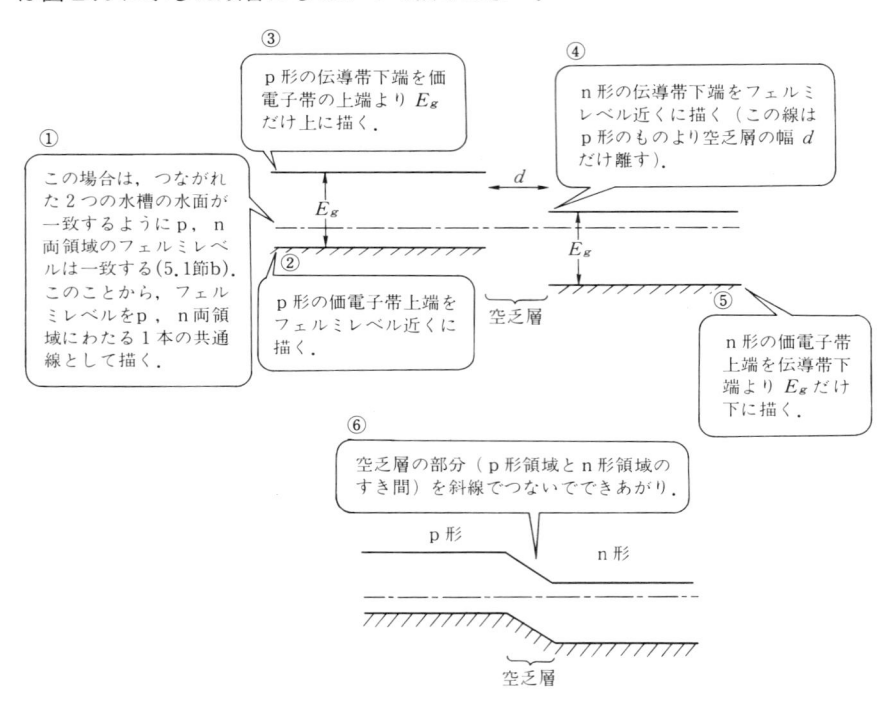

① この場合は，つながれた2つの水槽の水面が一致するように p，n両領域のフェルミレベルは一致する(5.1節b)．このことから，フェルミレベルをp，n両領域にわたる1本の共通線として描く．

② p形の価電子帯上端をフェルミレベル近くに描く．

③ p形の伝導帯下端を価電子帯の上端よりE_gだけ上に描く．

④ n形の伝導帯下端をフェルミレベル近くに描く（この線はp形のものより空乏層の幅dだけ離す）．

⑤ n形の価電子帯上端を伝導帯下端よりE_gだけ下に描く．

⑥ 空乏層の部分（p形領域とn形領域のすき間）を斜線でつないでできあがり．

図B.6　pn接合のバンド図(熱平衡状態)

b. 順バイアス状態

p側に正，n側に負の電圧を印加した場合，大きな順方向電流が流れる．

外部からp，n領域間に電位差Vを加えると，両領域間にはqVのエネルギー差が生じ，接合部でフェルミレベルにqVの段差ができる．図B.3からわかるように，p領域に，n領域に対して正電位Vを印加すると，p側のフェルミレベルは，n側のものに対してqVだけ下方にくる(図B.7)．この図の場合は，エネルギー段差(すなわち電位差)は接合部(空乏層)のみにある．これは，空乏

層のキャリア数がp，n両領域のものに比べて少なく，したがって抵抗値が高く，他の部分に比べて電圧降下が大きいからである．厳密にはp，n両領域にも電圧降下はあり，したがってバンド図も傾斜させるべきであるが，その値は通常小さく無視される．

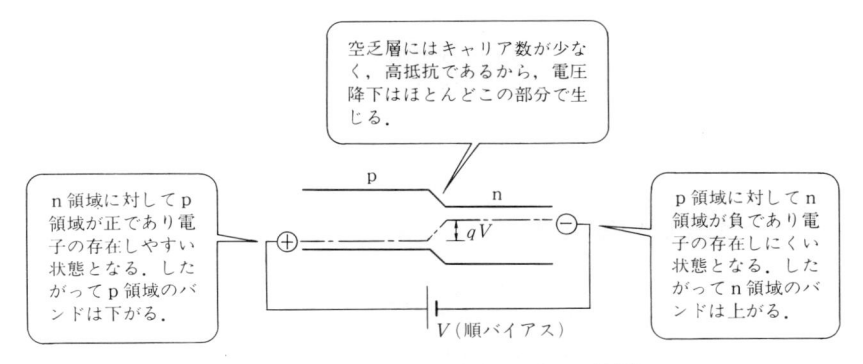

空乏層にはキャリア数が少なく，高抵抗であるから，電圧降下はほとんどこの部分で生じる．

n領域に対してp領域が正であり電子の存在しやすい状態となる．したがってp領域のバンドは下がる．

p領域に対してn領域が負であり電子の存在しにくい状態となる．したがってn領域のバンドは上がる．

V(順バイアス)

図B.7 pn接合のバンド図(順バイアス状態)

c. 逆バイアス状態

p側に負，n側に正の電圧を印加した場合，小さな逆方向電流しか流れない．

前項の順バイアス状態に対して，印加電圧の向きが逆になるので，バンドの上下関係が前項のものとは逆になる．この場合のバンド図を図B.8に示す．

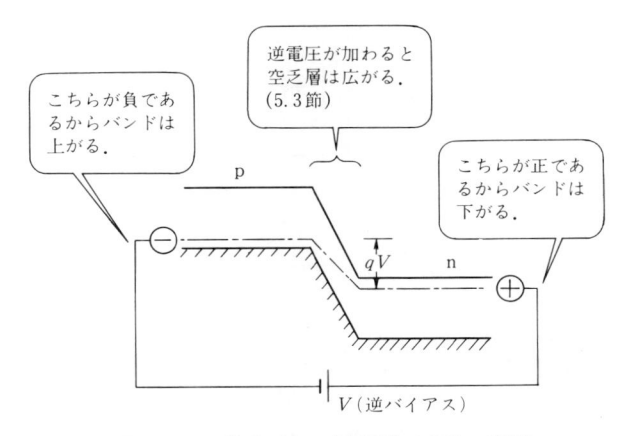

こちらが負であるからバンドは上がる．

逆電圧が加わると空乏層は広がる．(5.3節)

こちらが正であるからバンドは下がる．

V(逆バイアス)

図B.8 pn接合のバンド図(逆バイアス状態)

付録 C　MOS 構造の理論

　MOS 構造の理論のうち，FET の理解に不可欠な空乏層や反転層の発生，表面におけるキャリア密度については第 7 章で述べた．ここでは残された重要事項について述べる．

C.1　表面電位と電荷密度

　表面キャリア密度の式 (7.11) を用いて，p 形半導体における表面電位と電荷密度との関係を求める．

a．平衡状態（$\phi_s = 0$, $V_G = 0$）

(7.11) より

$$n_s = \frac{n_i^2}{N_A} \tag{C.1}$$

$$p_s = N_A \tag{C.2}$$

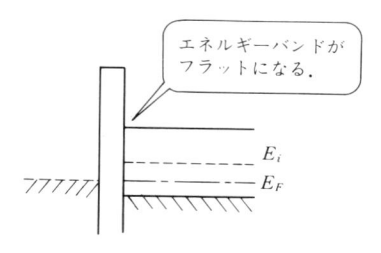

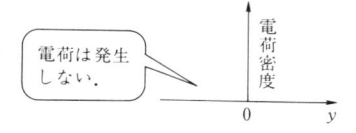

図 C.1　平衡状態の表面電位と電荷密度

b. 真性状態($\phi_s = \phi_F$, $V_G > 0$)

(7.11) より

$$n_s = p_s = n_i^2 \tag{C.3}$$

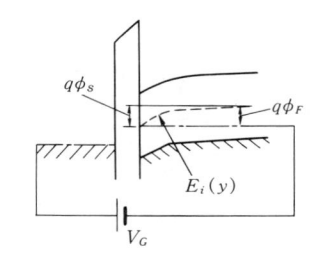

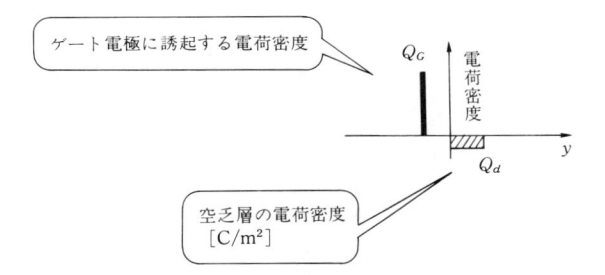

図 C.2 真性状態の表面電位と電荷密度

c. 弱い n 形反転層($\phi_s > \phi_F$, $V_G > 0$)

(7.11) より

$$n_s > n_i > p_s \tag{C.4}$$

となる.

296　付　　録

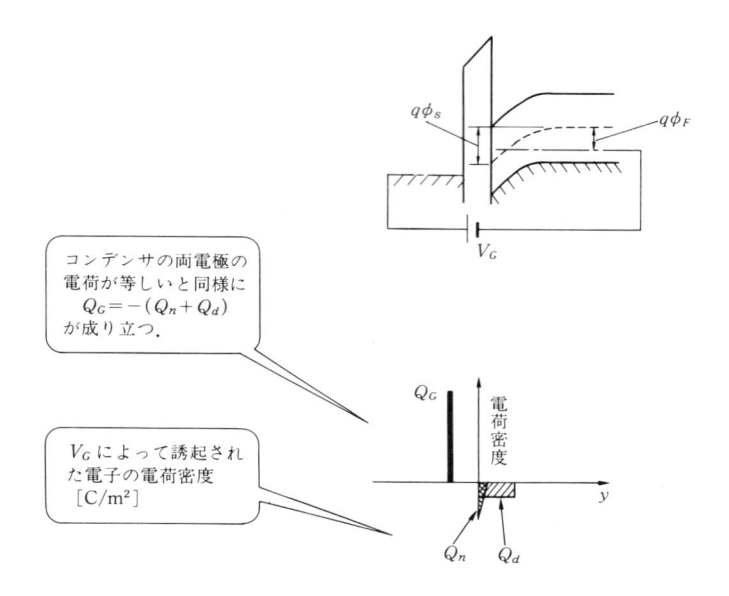

コンデンサの両電極の電荷が等しいと同様に $Q_G=-(Q_n+Q_d)$ が成り立つ.

V_G によって誘起された電子の電荷密度 [C/m²]

図 C.3　弱い反転層の表面電位と電荷密度

d. 強い反転層（$\phi_s=2\phi_F,\ V_G\gg 0$）

(7.11)から

$$n_s=N_A \tag{C.5}$$

となる.

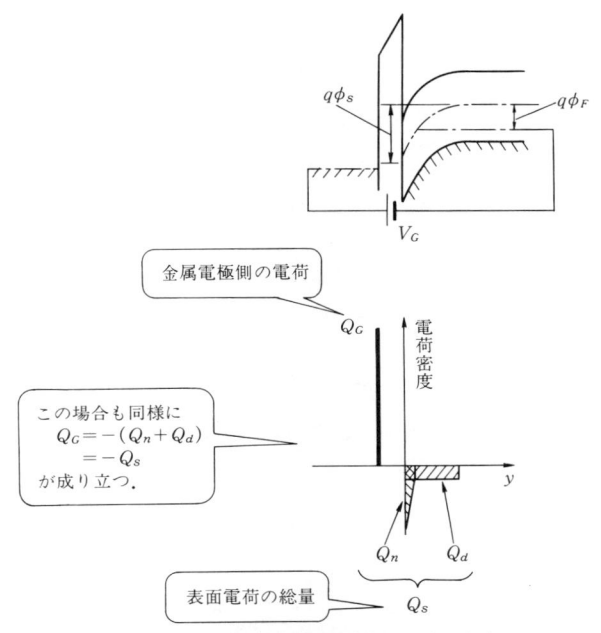

図 C.4 強い反転層の表面電位と電荷密度

C.2 表面電荷密度

反転層の電子密度が $n_s = N_A$ で完全な反転層が形成されている場合を考える．このときは図 7.12 からわかるように，半導体の表面電位 ϕ_s が，真性フェルミレベル E_i と E_F との差のポテンシャル ϕ_F の 2 倍，すなわち $\phi_s = 2\phi_F$（反転層発生の条件）となっている．

したがって，このときの空乏層の幅 y_d は，(7.3)

$$y_d = \sqrt{\frac{2\varepsilon_s \phi_s}{qN_A}} \tag{C.6}$$

において，$\phi_s = 2\phi_F$, $y_d = y_{dm}$ とおけば，

$$y_{dm} = \sqrt{\frac{4\varepsilon_s \phi_F}{qN_A}} \quad \text{最大空乏層幅} \tag{C.7}$$

となる．

ところで，このときのアクセプタイオンによる空間電荷密度を Q_{dm} とすると，(C.7)を考慮して，

$$Q_{dm} = -qN_A y_{dm} = -2\sqrt{q\varepsilon_S N_A \phi_F} \quad \text{反転層が形成されたときの最大空間電荷密度} \tag{C.8}$$

となる．

単位面積当たりの表面電荷密度 Q_s の総量は，図 C.5 から

$$Q_s = Q_d + Q_n \tag{C.9}$$

（空乏層内の空間電荷）（反転層の単位面積当たりの電子の電荷）

で表わされる．また，ゲート電極側の単位面積当たりの電荷 Q_G は半導体表面電荷 Q_s とつり合っているために，次式で与えられる．

$$Q_G + Q_s = 0 \tag{C.10}$$

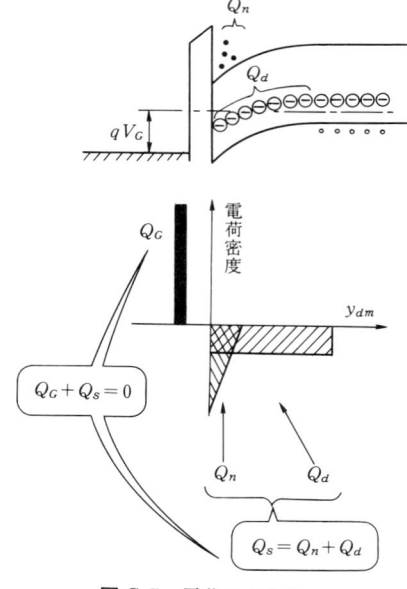

図 C.5 電荷のつり合い

C.3 MOS 容量の C-V 特性

MOS 構造の容量は図 C.6 に示すように，酸化膜による容量 C_ox と半導体表面の空乏層容量 C_s との直列合成容量 C から成る（$V_G>0$, 図 7.11(b), 図 C.2 の状態）．

$$\frac{1}{C}=\frac{1}{C_\text{ox}}+\frac{1}{C_s} \tag{C.11}$$

ここで

$$C_\text{ox}=\frac{\varepsilon_\text{ox}}{t_\text{ox}} \quad (t_\text{ox}：酸化膜の厚さ，\varepsilon_\text{ox}：SiO_2 の誘電率) \tag{C.12}$$

$$C_s=\frac{\varepsilon_s}{y_d} \quad (\varepsilon_s：Si の誘電率，y_d：空乏層の厚さ) \tag{C.13}$$

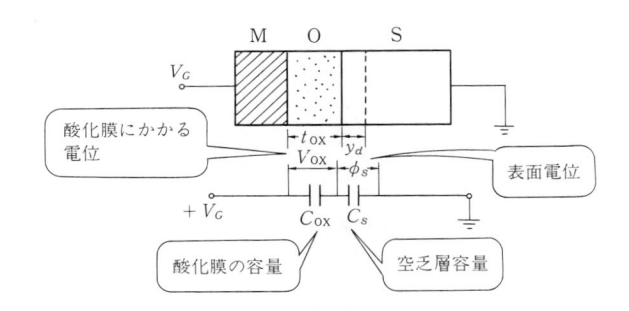

図 C.6 MOS 構造の容量

図 C.6 において，ゲート電圧 V_G を印加したとき，酸化膜および半導体の表面に加わる電位をそれぞれ V_ox，ϕ_s とすると，

$$V_G = V_\text{ox} + \phi_s \tag{C.14}$$

となる．

ゲート電極の電荷 Q_G は，(C.10) から次式で与えられる．

$$Q_G = C_\text{ox} V_\text{ox} = -Q_s \tag{C.15}$$

ゆえに，V_G は (C.14) と (C.15) より，次式のようになる．

$$V_G = -\frac{Q_s}{C_\text{ox}} + \phi_s \tag{C.16}$$

$V_G>0$（図 7.11(b)，図 C.2）のとき，Q_s は空乏層の電荷のみ存在するものとして，(C.9) により，$Q_s = Q_d$ となる．したがって，(7.4) を (C.16) に代入し，

y_d の方程式を解き，(C.11)～(C.13)から，C/C_{ox} は次式で示される．

$$\frac{C}{C_{ox}} = \frac{1}{\sqrt{1 + \frac{2\varepsilon_{ox}^2}{qN_A\varepsilon_s t_{ox}^2}V_G}} \tag{C.17}$$

(C.17)に基づいた C-V 特性を図 C.7 に示す．

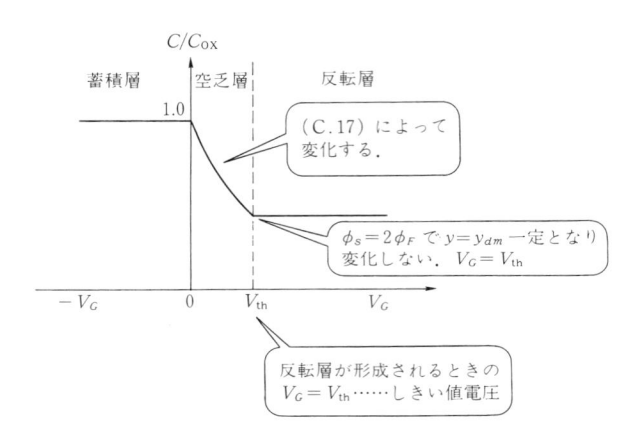

```
            C/Cox
蓄積層 | 空乏層 | 反転層
       1.0
              ＼  (C.17) によって
                  変化する．
                    
                    φs=2φF で y=ydm 一定となり
                    変化しない．VG=Vth
  -VG    0   Vth      VG
              
        反転層が形成されるときの
        VG=Vth……しきい値電圧
```

図 C.7 C-V 特性 (空乏層近似)

$V_G \gg 0$ すなわち反転層が形成された場合，$\phi_s = 2\phi_F$，$V_G = V_{th}$ とおき，$Q_s = Q_{dm}$ として，

$$V_{th} = -\frac{Q_{dm}}{C_{ox}} + 2\phi_F \tag{C.18}$$

が得られる．ここで V_{th} は理想的な MOS 構造における**しきい値電圧**と呼ばれている．さらに (C.8) より，

$$V_{th} = \sqrt{\frac{4qN_A\phi_F\varepsilon_s}{\varepsilon_{ox}^2}}\, t_{ox} + 2\phi_F \tag{C.19}$$

となる．ϕ_F は (7.8) において，N_A によって決まるので，しきい値電圧は N_A が定まれば酸化膜の厚さ t_{ox} で決まることがわかる．

MOS 構造において直流電圧を加えながら容量を測定すると，図 C.8 に示されるように，測定周波数によって C-V 曲線は変化する．低周波数の場合，反転層の電荷が増加し，容量が増大する．高周波数の場合，反転層のキャリアが周波数に追随できないため一定となる．

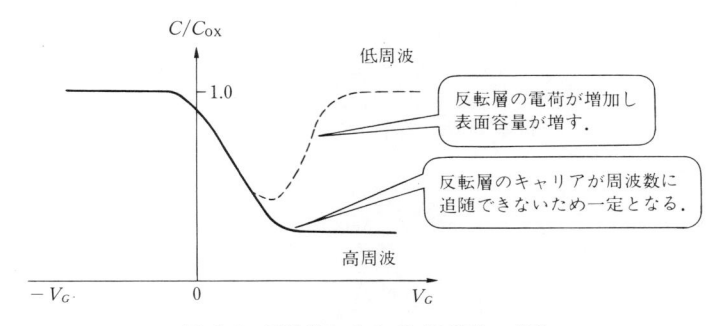

図 C.8 周波数による C-V 特性の変化

(図中の注釈: C/C_{ox}, 低周波, 反転層の電荷が増加し表面容量が増す., 反転層のキャリアが周波数に追随できないため一定となる., 高周波, $-V_G$, V_G)

フラットバンド電圧 V_{FB}

上記では,理想的な MOS 構造について述べた.しかし,現実の MOS 構造では仕事関数差 $q\phi_{MS}$,表面準位,SiO_2 膜中の電荷などによって,$V_G=0$ のときに図 C.1 に示されるようなフラットなエネルギーバンド状態が得られない.したがって,しきい値電圧 V_{th} に対して,次のような点を考慮して補正する必要がある.

(1) 仕事関数差 $q\phi_{MS}$ を考慮した場合

金属と半導体の仕事関数に $\phi_{MS}=\phi_M-\phi_{SEM}$ なるポテンシャル差が存在すると,図 C.9 (a) のようにバンドが曲がる.このバンドの曲がりを補償して,フラットなバンドにするためには,図 (b) に示すような $V_G=\phi_{MS}$ だけの電圧を加えなければならない.ϕ_{MS} を考慮したしきい値電圧 V_{th} は,(C.18)から次式で与えられる.

(a) $V_G=0$ (b) $V_G=V_{FB}=\phi_{MS}$

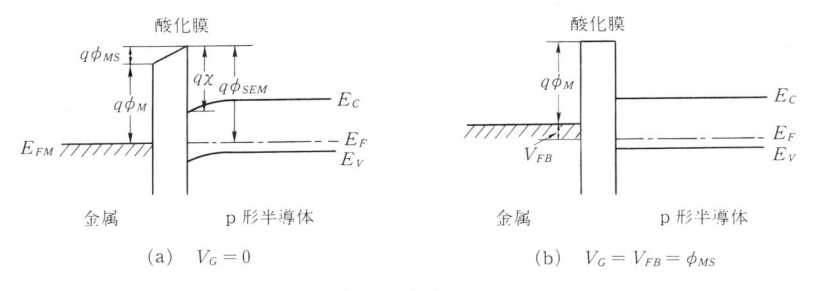

図 C.9 仕事関数の差を考慮した場合

$$V_{\mathrm{th}} = -\frac{Q_{dm}}{C_{\mathrm{OX}}} + 2\phi_F + \phi_{MS} \tag{C.20}$$

(2) 酸化膜中および半導体と酸化膜の界面の電荷 Q_{ss} を考慮した場合

SiO_2 膜中および Si-SiO_2 の界面に存在する電荷 Q_{ss} は,基本的には次の4種類に分類される.

① SiO_2 膜中に固定された電荷 Q_f
② SiO_2 膜中の欠陥によるトラップされた電荷 Q_{ot}
③ SiO_2 膜中の可動イオンによる電荷 Q_m
④ Si-SiO_2 界面準位にトラップされた電荷 Q_{it}

これらの電荷が存在するために,半導体の表面のバンドが曲がり,V_{th} に影響を及ぼす.したがって,フラットバンドにするためには,V_G に $-Q_{ss}/C_{\mathrm{OX}}$ の電圧を付加する必要がある.しきい値電圧 V_{th} は,(C.20)から

$$V_{\mathrm{th}} = -\frac{Q_{dm}}{C_{\mathrm{OX}}} + 2\phi_F + \phi_{MS} - \frac{Q_{ss}}{C_{\mathrm{OX}}} \tag{C.21}$$

となる.ここで,フラットバンド電圧 V_{FB} は次式で示される.

$$V_{FB} = \phi_{MS} - \frac{Q_{ss}}{C_{\mathrm{OX}}} \tag{C.22}$$

したがって,実際のしきい値電圧 V_{th} は次式で与えられる.

$$V_{\mathrm{th}} = V_{FB} - \frac{Q_{dm}}{C_{\mathrm{OX}}} + 2\phi_F \tag{C.23}$$

Q_{it} は実験的に Si 結晶面によって異なり,その大きさは(111)>(110)>(100)の順になる.(100)面の Q_{it} および Q_f が最も小さいので,Si を用いた

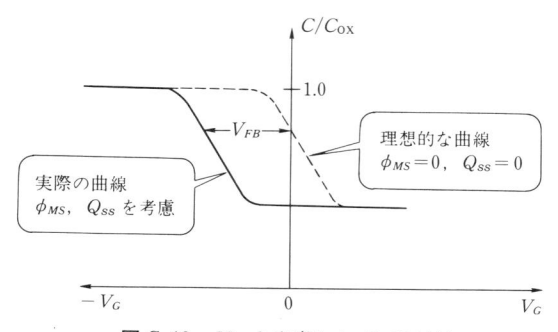

図 C.10 V_{FB} を考慮した C-V 特性

MOS FET では(100)面の基板が使用されている.

フラットバンド電圧 V_{FB} を考慮した実際の C-V 特性を図 C.10 に示す.
表 C.1 に MOS 構造の代表的な数値例を示す.

表 C.1 MOS 構造の数値例($T=300$ K)

Si の禁制幅　[eV]	： $E_g=1.12$
Al の仕事関数　[eV]	： $q\phi_M=4.20$
Si の電子親和力　[eV]	： $q\chi_S=4.05$
SiO$_2$ の電子親和力　[eV]	： $q\chi_i=0.9$
SiO$_2$ の誘電率	： $\varepsilon_{ox}=4\varepsilon_0$
Si の誘電率	： $\varepsilon_S=11.8\varepsilon_0$
真性キャリア密度　[m^{-3}]	： $n_i=1.5\times10^{16}$
真空中の誘電率　[F/m]	： $\varepsilon_0=8.85\times10^{-12}$

C.4　チャネルのコンダクタンス

ゲート電圧 V_G が,チャネル形成に必要なしきい値 V_{th} を越えたとき,すなわち $V_G>V_{th}$ の条件下でチャネルが形成されたとする.図 C.11 のように,このときのチャネルの長さを L,その幅を W とする.半導体の表面からチャネルの深さ方向 y における導電率を $\sigma(y)$ とすると,微小部分 dy によるコンダクタンス dg は,次式で与えられる.

$$dg=\frac{W}{L}\sigma(y)\,dy \tag{C.24}$$

チャネルの深さが y_I まで広がっているとしたときのコンダクタンス g は,

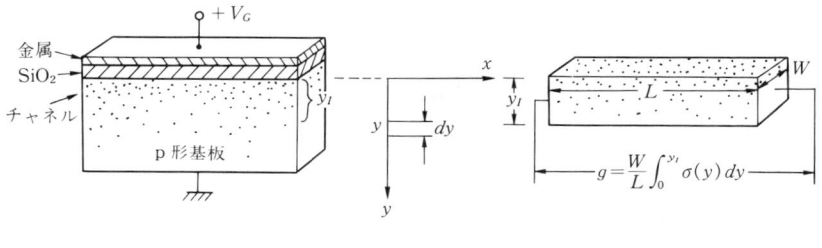

(a) チャネルの形成　　(b) 座標系　　(c) チャネル部分

図 C.11　チャネル構造とコンダクタンス

(C.24)を積分して

$$g = \frac{W}{L}\int_0^{y_1} \sigma(y)\,dy = \frac{W}{L}q\mu_n n_s y_1 \tag{C.25}$$

となる．ここで，μ_n は表面における電子の移動度，n_s はチャネルの平均電子濃度である．

(C.25)において，表面の電子による単位面積当たりの電荷密度 Q_n は，次式で示される．

$$Q_n = -q\mu_n n_s y_1 \tag{C.26}$$

したがって(C.25)の g は

$$g = -\frac{W}{L}\mu_n Q_n \tag{C.27}$$

となる．

また，反転層が形成されたときの全表面電荷密度 Q_s は，(C.9)から

$$Q_s = Q_{dm} + Q_n \tag{C.28}$$

で示される．ここで，空乏層の空間電荷密度は最大となり，$Q_d = Q_{dm}$ となる．
$V_G > V_{th}$ における V_G は，(C.16)と(C.28)から次式で与えられる．

$$V_G = V_{th} - \frac{Q_n}{C_{ox}} \tag{C.29}$$

ここで，

$$V_{th} = V_{FB} - \frac{Q_{dm}}{C_{ox}} + 2\phi_F \tag{C.30}$$

である．

ゆえに，(C.29)を(C.27)に代入して，g を求めると

$$g = \frac{W}{L}\mu_n C_{ox}(V_G - V_{th}) \tag{C.31}$$

となり，チャネルのコンダクタンスは V_G によって変化することが理解できる．ここで電子の表面移動度 μ_n は Si-SiO$_2$ の界面でキャリアの散乱が起こるので，バルクの移動度に比べて小さくなる．

付録 D 半導体製造技術

D.1 半導体材料の製造と処理

a．工業材料としての Si

現在の固体電子デバイス工業でもっとも多く利用されている半導体材料は Si である．その理由は，第9章で述べたとおりである．

そこで，以下では Si を例にとって説明する．なお，Si は半導体材料としてばかりではなく，ファインセラミックス，光通信ファイバーなどにも広範に使用されている．図 D.1 に利用形態を示す．

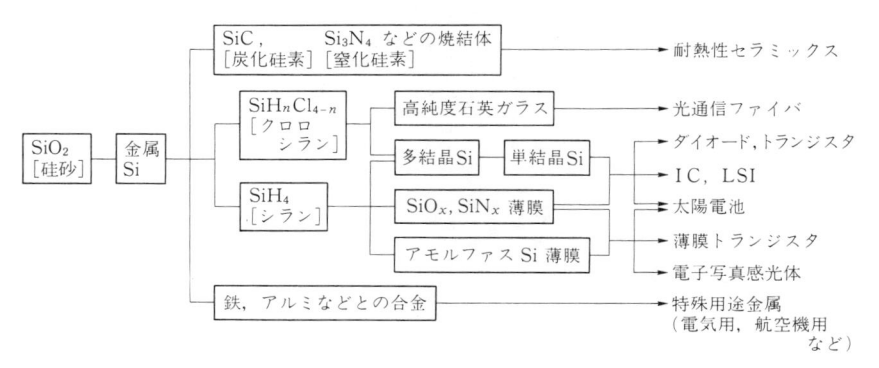

図 D.1 Si の利用形態

b．半導体用高純度 Si の精製

半導体用 Si の製造工程の概略を図 D.2 に示す．

1) 金属 Si 製造工程

原料のけい石をコークス，木炭と混合して電気炉内でアーク放電をすることにより還元し，金属 Si を製造する．金属 Si を1トン生産するのに13000〜15000 kWh の電力を要するため，電力コストの高い日本で製造することは困難であり，現在は全量を輸入している．

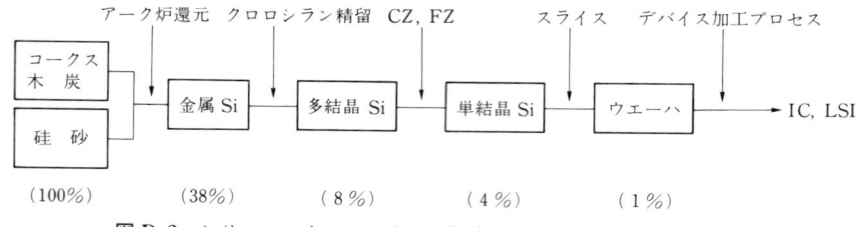

図 D.2 シリコン・ウエーハまでの製造工程. ( )内は収率を示す.

2) 多結晶 Si 製造工程

半導体用としては金属 Si は純度が低くすぎるため, いったんシリコンの化合物を作り, 化学的に精製したあとで還元または熱分解して高純度多結晶を得る. 現在, 世界の年間生産量は約 6000 トンで, その工業的方法は三塩化シラン法(図 D.3)とモノシラン法(図 D.4)である. 大部分は前者であるが, 後者もエピタキシャル法による単結晶膜やグロー放電分解法によるアモルファス膜の原料として急増している. 三塩化シランガスから多結晶 Si を熱分解法で析出させる方法を図 D.5 に示す.

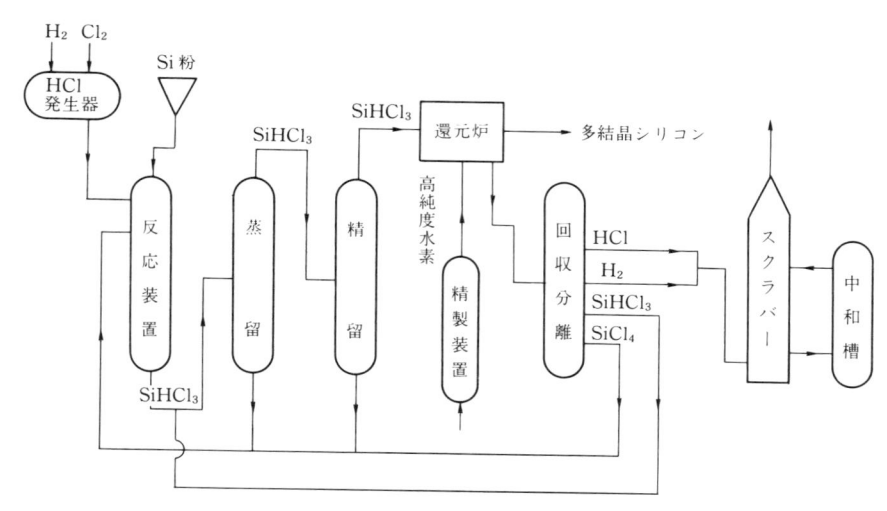

図 D.3 三塩化シラン法

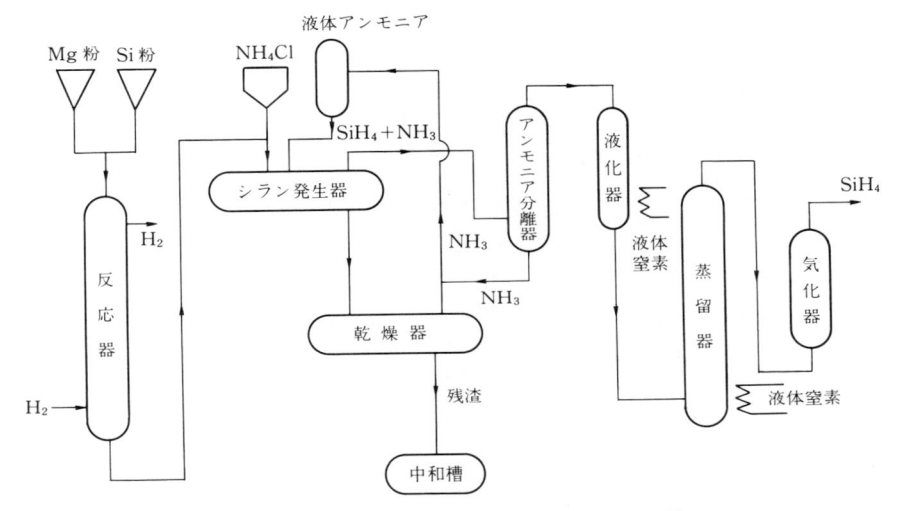

図 D.4 ケイ化マグネシウムによるモノシラン法

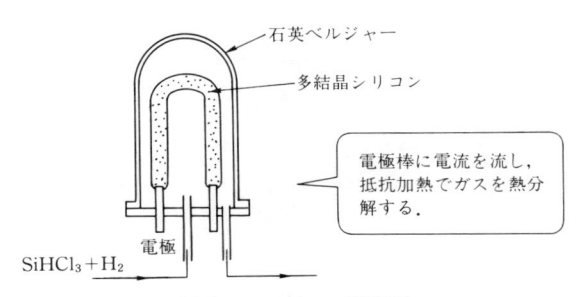

図 D.5 シリコン析出炉

3) 単結晶 Si 製造工程

このように化学的に精製して得られた多結晶 Si は,すでに半導体用として十分な純度となっているが,さらに,障壁による電子の運動の妨害や再結晶の原因となる結晶粒界を含まない単結晶 Si とすることが望ましい.

単結晶化には,主としてチョクラルスキー法(CZ 法,図 D.6)とフローティングゾーン法(FZ 法,図 D.7)が用いられる.両者とも多結晶をいったん溶解したあとで単結晶の種をひたし,種結晶と同一の結晶方位をもつ棒状の単結晶を得る.

このとき,不純物をさらに低減させたり,微量の特定不純物を導入する(ドー

ピング）目的で偏析現象を利用した物理的精製法が利用されることがある．

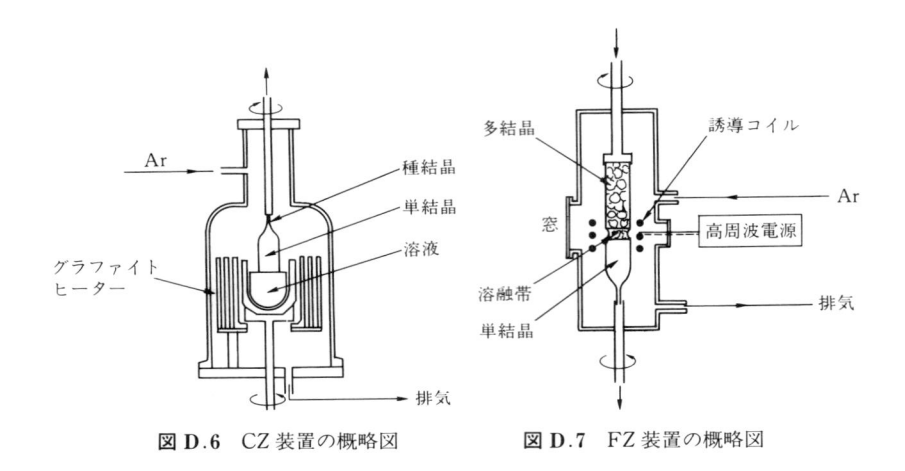

図 D.6 CZ装置の概略図

図 D.7 FZ装置の概略図

c. 偏析現象

ほとんど純粋な物質の溶液が'非平衡のままに凝固するとき'，解けた不純物が隔離されることを**偏析する**という．隔離される割合を**偏析係数**といい，液相中と固相中の平衡不純物濃度を C_l, C_s として $K=C_s/C_l$ で表わされる．この K は物質に固有な値をもち，通常1より小さい（すなわち，図 D.8 からもわかるように，固相は液相よりも純度が高くなるので，液相を一端から固化してゆくと初期に固化する部分の純度を上げることができる）．

この現象を利用した物理的精製法を**帯域精製法**（ゾーン・メルティング）という．

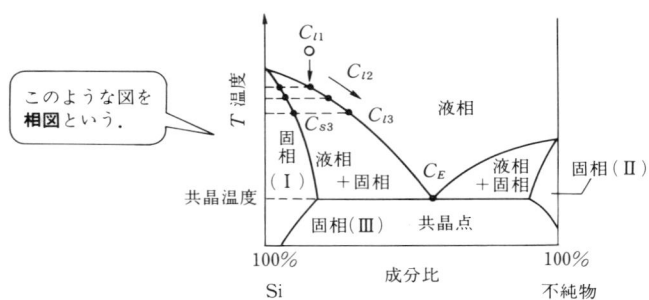

図 D.8 Siに不純物を混ぜたときの典型的な相図

表 D.1　Si 中の不純物の偏析係数 K の例

元素名 偏析係数	B	Al	Ga	P	As	Sb
K	8×10^{-1}	3×10^{-3}	8×10^{-3}	4×10^{-1}	3×10^{-1}	3×10^{-2}

図 D.9 のような棒を一端から固化させた場合，最初の液相中の不純物濃度を C_{l0} とすれば，$x=0$ から $x=x$ まで固化した状態で固相中の濃度 $C_s(x)$ は，

$$C_{l0} = \int_0^x C_s(x)\,dx + C_l(x)(1-x) \tag{D.1}$$

なる関係で表わされる．これから，

$$\frac{dC_s(x)}{dx} = -\frac{K-1}{1-x}C_s(x), \qquad K = \frac{C_s}{C_l} \tag{D.2}$$

が得られ，$x=0$ で $C_s(0)=KC_{l0}$ なることを考えると，各部の濃度は，

$$C_s(x) = KC_{l0}(1-x)^{(K-1)} \tag{D.3}$$

として与えられる．計算例は図 D.10, 11 に示したようになり，右端の不純物が

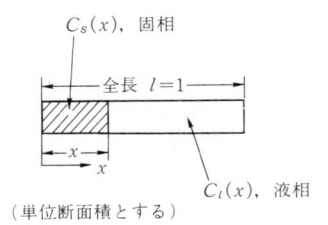

図 D.9　棒状に溶けた Si を片端から固化させる場合

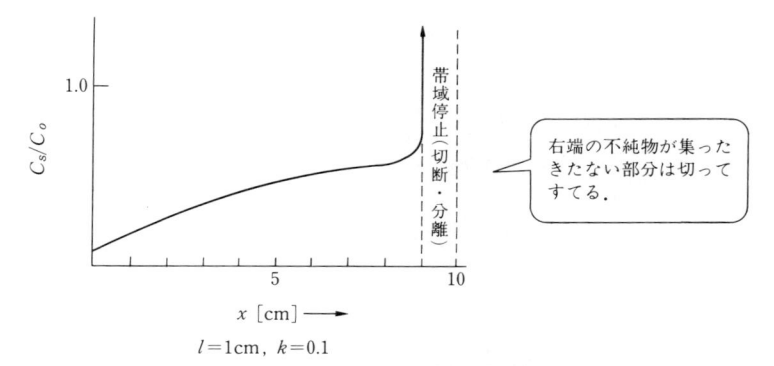

$l = 1\,\text{cm},\ k = 0.1$

図 D.10　(D.3) を使って，10 cm の棒に 1 回帯域精製をかけた結果を示す．
　　　　　右側にピークが生じたのは，ここで帯域が最後に固ったことによる．

掃き寄せられた部分を切り放すと高純度 Si が得られる．

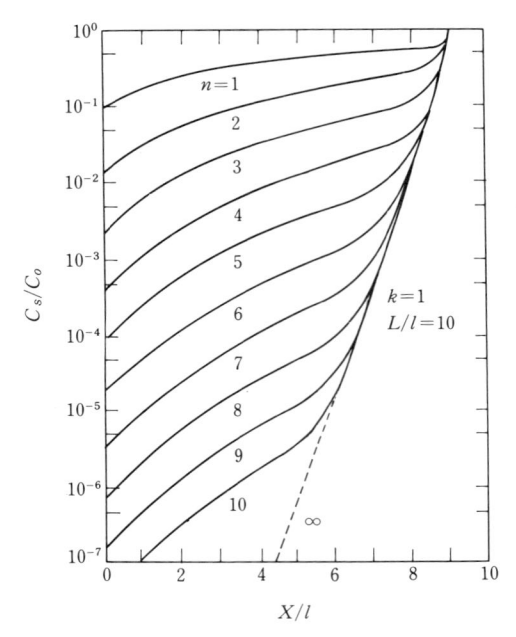

図 D.11 帯域精製を繰り返しかけた結果

d． 不純物の拡散

ここで，半導体材料中の不純物原子の拡散について述べておこう．不純物の拡散は，半導体材料に熱が加わったときに常に生じる現象であり，特に，pn 接合の形成手段として多用される．

半導体に限らず，材料中のある部分に特定の元素が高濃度に存在するときは濃度差に従って拡散現象を生じる．このとき，不純物原子の自由な移動を妨げるのは結晶を構成する母元素の原子が作る周期的なポテンシャルのバリアであり，その高さを $\varDelta H$ とすると，不純物原子がバリアを乗り越えて移動する割合 D（拡散係数）は，

$$D = D_0 e^{-\varDelta H/kT} \tag{D.4}$$

で表わされる．ここで D_0 は元素によって決まっている比例定数である．

表 D.2 Si 中の代表的な不純物の D_0 [cm²/sec] と ΔH [kcal/mol]

元素名 $D_0, \Delta H$	B	Al	Ga	P	As	Sb
D_0	10.5	8.0	3.6	10.6	0.32	5.6
ΔH	85	80	81	85	82	91

拡散係数 D を用いれば,原子の流れ J は,

$$J = -D\frac{dn}{dx} \tag{D.5}$$

で表わされ,この式を粒子の連続の式,

$$\frac{dn}{dt} = -\mathrm{div}\, J \tag{D.6}$$

と組み合わせると,

$$\frac{dn}{dt} = D\frac{\partial^2 n}{\partial x^2} \tag{D.7}$$

が得られる.この式を**拡散方程式**という.

さて,半導体の表面から不純物を内部に拡散させる場合を例にとってみよう.方法は2つあって,

1) 半導体表面を不純物の蒸気にさらす.すなわち,表面における不純物濃度を一定にする.

境界条件として,

$$x = 0 \text{ で},\ n(x, t) = n_s, \tag{D.8}$$

$$x \to \infty \text{ で},\ n(x, t) = 0, \tag{D.9}$$

のもとで,(D.7)を解くと,

$$n(x, t) = n_s \left[1 - \mathrm{erf}\left(\frac{x}{2\sqrt{Dt}}\right) \right] \tag{D.10}$$

が得られる.ここで,$\mathrm{erf}(x, t)$ は誤差関数である.x が十分大きく,$n(x, t) \ll n_s$ ならば,(D.10)は近似的に,

$$n(x, t) = \frac{n_s}{\sqrt{\pi}(x/2\sqrt{Dt})} e^{(-x^2/4Dt)} \tag{D.11}$$

と書ける.

2) 半導体表面に不純物を塗ったり蒸着する.すなわち,一定量を与えて後から補給しない.

境界条件として,

$x=0$, $t=0$ で, $n(x,t)=Q_s$ (D.12)

のもとで, (D.7)を解くと,

$$n(x,t) = \frac{Q_s}{\sqrt{\pi Dt}} e^{(-x^2/4Dt)} \qquad (\text{D}.13)$$

となる.

t をパラメータとして, (D.10), (D.13)を図示すると, 図 D.12, 13 のようになる. また, 図 D.14 のように, アクセプタとドナーを温度と時間を変えて別々に拡散させると pn 接合が得られることがわかる.

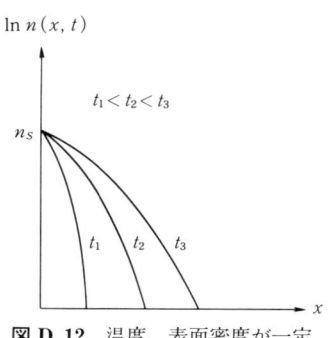

図 D.12 温度, 表面密度が一定の場合

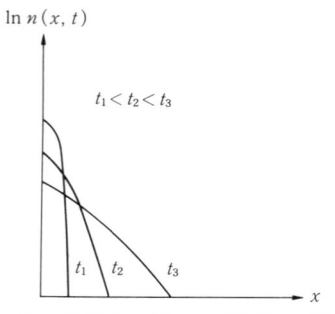

図 D.13 温度を一定にして表面に一定量の不純物を与えた場合

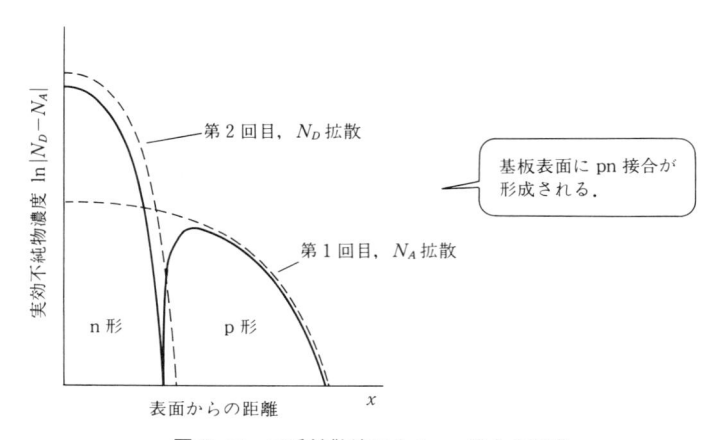

図 D.14 二重拡散法による pn 接合の形成

D.2　薄膜形成技術

a．薄膜形成技術の必要性

ほとんどの半導体素子は，動作領域(例えば pn 接合領域)が 10 μm 以下の厚さの層内での現象にその基礎を置いている．言い換えれば，10 μm 程度の厚さの半導体があれば，基本的には，ほとんどの半導体素子を組み立てることができる(実際には機械的に支えるために，ある程度の厚さの支持板上に動作領域を作る必要がある．この支持板を**基板**という)．そこで，実際の半導体素子では第 10 章の集積回路において説明したように，1 枚の基板の表面上に大量の動作領域を作る場合が多い(**プレーナ型**)．このような素子を作成する場合，第 8 章で説明した不純物の拡散によって基板の表面から内部へ伝導形の異なる層を作りこんでゆく以外にも，必要な伝導形や特性を示す半導体層を基板の表面の上に積み重ねる技術があれば設計の自由度が大幅に増加する．

このような目的から，種々の半導体薄膜を基板上に形成する技術が開発されてきた．また，半導体素子は半導体で作られた動作領域だけから成り立っているわけではなく，電気絶縁膜や金属材料の薄膜からなる配線や電極が必要である．ここでは，種々の薄膜の形成方法について説明する．

b．薄膜の形成方法

金属材料，半導体材料，そして絶縁材料の薄膜形成には必要な特性に応じて種々の方法が用いられてきた．ここでは金属材料と半導体材料について薄膜形成の代表的な手法を説明する．

1)　金属材料

精度を要しないが厚い($\gtrsim 5$ μm)金属膜が必要な場合には，メッキ法やスクリーン印刷法といった従来の方法が用いられる．しかし，厚さはそれほど必要でないが，精度と純度を要求される半導体素子の金属薄膜は，**真空蒸着法**(図 D.15)や**スパッタリング法**(図 D.16)で作成されることが多い．スパッタリング法は真空蒸着法に比べて成膜速度が遅い欠点はあるが，表面段差部分をカバーしやすい，膜厚や抵抗率の制御が容易，高融点金属膜や合金膜の形成に適しているなどの特長から半導体素子に要求される精度や純度の高度化に伴って使用される割合が増えてきている．真空蒸着法やスパッタリング法を総称して**PVD**

法(physical vapor deposition)という．

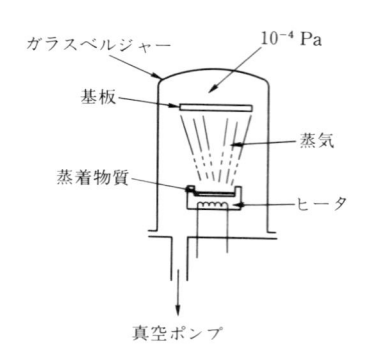

図 D.15 真空蒸着法の原理図

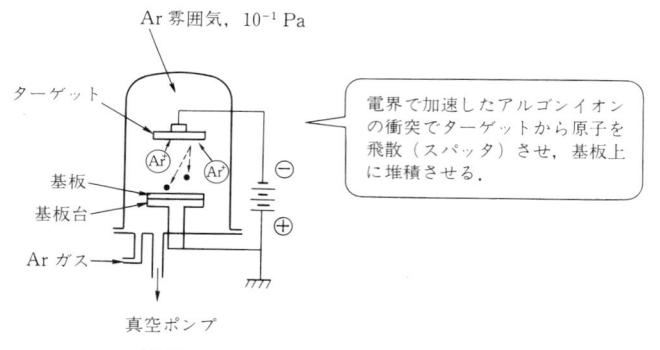

図 D.16 スパッタリング法の原理図

2) 半導体材料

半導体薄膜を通常のPVD法で作った場合には結晶性が悪かったり構造欠陥が多いため，本来の特性を示す半導体層を得ることが困難である．特に結晶半導体を素子に用いるためには，高品質な単結晶薄膜が必要となり，**エピタキシー**(epitaxy)**技術**と呼ばれる薄膜形成技術が用いられる．

エピタキシーとは，ギリシャ語の，〜の上に(epi)と，順序・配列(taxis)を組み合わせた言葉で，単結晶基板の上に秩序をもった方位関係で結晶が成長することを意味する．

エピキタシー技術は，各種の半導体について研究・開発されてきている．Siについては第9章で詳述したので，ここではもう1つの例として化合物半導体

であるGaAsについて説明する．

① 塩化物CVD (Cloride CVD)

工業的な規模で採用されているポピュラーな方法の1つで，エピタキシー層の純度，電気的特性などの点で優れている．図D.17のように，金属Gaと三塩化砒素（$AsCl_3$）を高温（800℃）の水素気流中で反応させてGaCl蒸気とAs_4蒸気を作り，ガスの下流に置かれたGaAs単結晶基板上にGaAs薄膜をエピタキシーさせる．

$$4GaCl + As_4 + 2H_2 \longrightarrow 4GaAs + 4HCl$$

ただし，この方法では反応容器である石英管自体が高温になる．このため高温で石英管と反応を生じるAlを取り扱うことができず，AlGaAsなどの混晶が成長できない欠点がある（この混晶とGaAsの薄膜積層構造，AlGaAs/GaAsは半導体レーザなどの作製には不可欠である）．

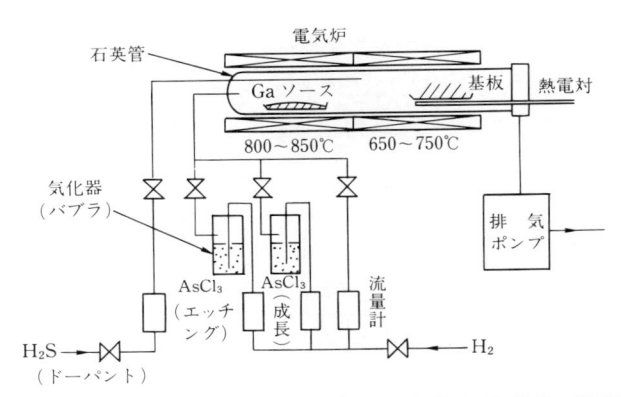

図 D.17　Ga/$AsCl_3$/H_2系によるGaAsの塩化物CVD装置の概略図

② 熱分解法 (MOCVD)

化合物半導体の場合には，Ⅲ族元素に対してSiの熱分解法におけるシラン（SiH_4）のような金属の塩化物は得られないが，有機化合物を作ることができるので，それを用いて熱分解法を行うことができる．Gaの原料としてトリメチルガリウム（TMG, $(CH_3)_3Ga$），トリエチルガリウム（TEG, $(C_2H_5)_3Ga$）などのアルキル金属が，Asの原料としてはアルシン（AsH_3）が用いられる．そこで本手法によるCVDを特に**MOCVD**（Metal Organic CVD）という．CVD装置の一例を図D.18に示す．

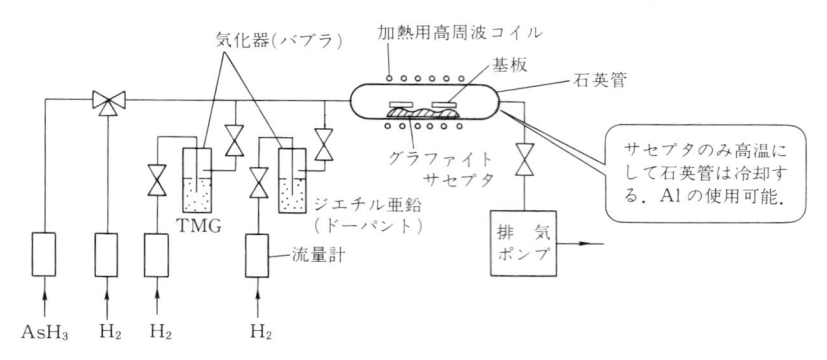

図 D.18 MOCVD 装置の概略図

$$(CH_3)_3Ga + AsH_3 \longrightarrow GaAs + 3CH_4$$

塩化物 CVD 法では精密な制御がむずかしい基板温度が，膜の成長速度に大きな効果を及ぼすのに対し，熱分解法では基板温度の効果は少ない．このため成長膜厚が原料ガスの供給量のみで決定可能であり，精密な膜厚制御が必要な半導体素子を作成する手法として注目されている．特に，組成の若干異なる半導体層を数十Å程度の厚さで多数層積み重ねた構造，例えば**超格子構造**を作成する手法として後述する MBE とともに有力な方法である．また，膜の成長は基板表面におけるガスの分解反応で支配されているので，図 D.18 のように高周波加熱でグラファイトサセプタ上の基板のみを加熱すれば結晶成長が可能である．このため高温で Al と反応しやすい石英管の部分は温度を下げることができ，AlGaAs のような Al を含む結晶を取り扱える特長もある．

③ 分子線エピタキシー法 (MBE)

PVD 法の一種である真空蒸着法を高度化したエピタキシー技術で，図 D.19 のように，金属 Ga と金属 As を別々のルツボから蒸発量を高精度に制御しながら超高真空中で適当な温度 (500〜600 ℃) に保った GaAs 単結晶基板上に飛来させてエピタキシャル成長させる方法である．

$$4Ga + As_4 \longrightarrow 4GaAs \tag{D.14}$$

真空蒸着法の一種であるから膜厚制御性に優れ，また，エピタキシー温度が低いので，不純物や構成元素の熱拡散が少ない特長をもっている．Al を取り扱うことも可能で，MOCVD と並んで数 Å から数百 Å の厚さの膜厚制御が必要な半導体素子の作成方法として注目されている．この方法で作製した AlInP/

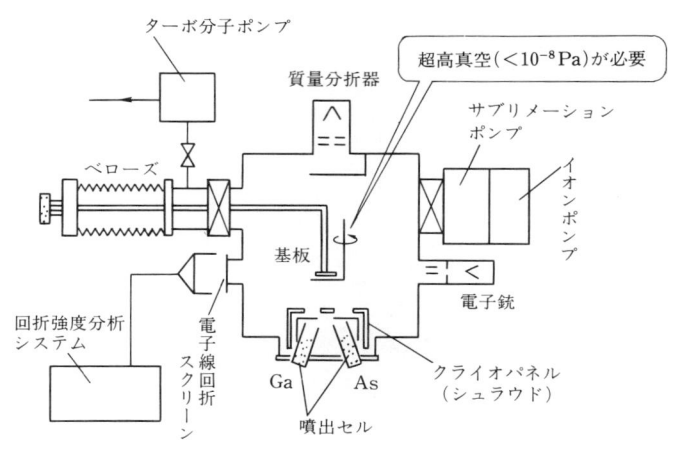

図 D.19　分子線エピタキシー装置の概略図

GaAs 多層構造の断面顕微鏡写真を図 D.20 に示す．

図 D.20　MBE 法で形成した AlInP/GaAs 多層構造の電子顕微鏡写真 AlInP の中に 10, 8, 6, 4, 2, 1 nm の厚さの GaAs 層が埋め込まれている．GaAs 層に電子が閉じ込められるこのような構造を**量子井戸**という．（写真提供：三菱化成㈱後藤秀樹博士）

④　**液相エピタキシー法**（LPE）

　溶かした金属の溶媒中に半導体の原料を高温で過飽和状態まで溶解させ，溶液を冷却させることにより単結晶基板上に析出させる方法である．各種のエピタキシー法の中で最も熱平衡に近い状態での結晶成長であるため，完全性の高

い良質の単結晶薄膜を取るのに適している．GaAs の場合は，Ga の溶液に GaAs を溶解させる．Al を取り扱うことも可能である．一例としてスライド・ボード法の概略図を図 D.21 に示す．

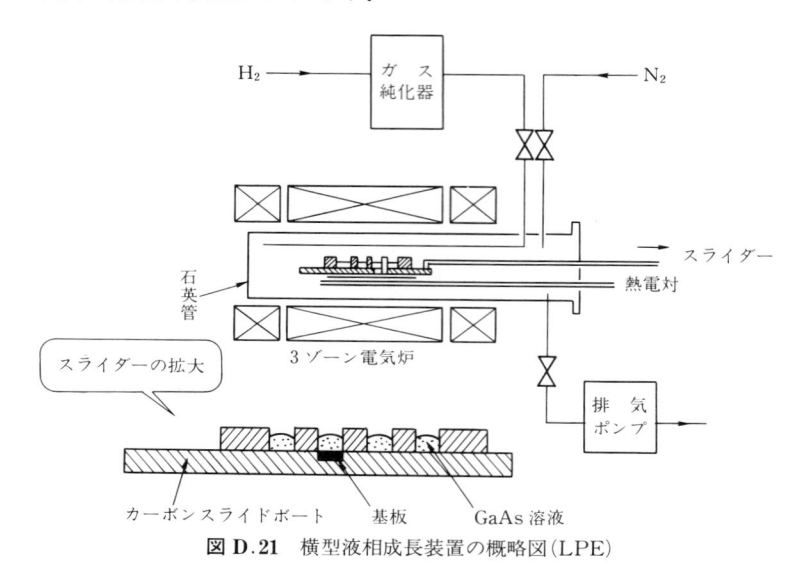

図 D.21 横型液相成長装置の概略図（LPE）

c. アモルファス Si (a-Si：H)

この項では，最近急速に発展してきたアモルファス半導体の例としてアモルファス Si の薄膜について説明する．

結晶半導体では完全な秩序をもって原子が周期的に配列しているため，ブロッホの定理からエネルギーバンドの概念を導くことができ，また，ドーピングによって p，n の制御（価電子制御）が可能であった．

一方，原子配列に周期性をもたないアモルファス（amorphous，無秩序な）Si は，その無秩序性ゆえに原子が三次元的な配列を取るに際して，原子間をつなぐ結合（価電子結合）が大量に切れてしまう．

この切れた結合の手（**ダングリングボンド**）は，禁制帯中に高密度の局在準位を形成するため，ボロンやリンのような不純物をドープしてもこの準位に電子が捕えられてしまい，価電子制御ができなかった．すなわち，半導体を特徴づける構造敏感性がアモルファス Si には欠けていたため，半導体材料としての応

用に適していなかった．

しかし，図 D.22 のように，ダングリングボンドに水素原子を結合させて禁制帯中の局在準位を消し去った水素添加アモルファス Si（a-Si：H）は，価電子制御できることが 1975 年頃に見い出され，新しい半導体材料として研究・応用の急速な展開がなされてきた．

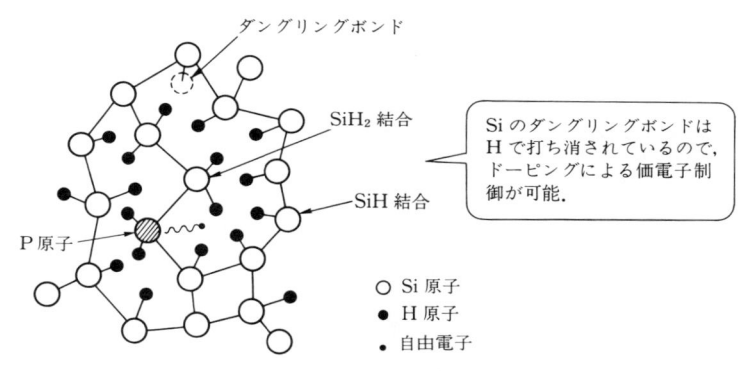

図 D.22　a-Si：H のネットワークモデル

（吹き出し：Si のダングリングボンドは H で打ち消されているので，ドーピングによる価電子制御が可能．）

凡例：
○ Si 原子
● H 原子
・ 自由電子

a-Si：H 薄膜の典型的な製作方法は，シラン（SiH_4）ガスのグロー放電分解法（GD-CVD，Grow Discharge CVD）である．この方法では図 D.23 に示すような装置で SiH_4 ガスを直流または高周波**グロー放電によって分解**し，200〜300℃ に保たれた基板上に Si 中に H が 15 原子％程度含まれた合金である a-Si：H 膜を析出させる．結晶半導体薄膜のエピタキシャル成長と異なり，基板が単結晶半導体である必要はなく，ガラス板，ステンレス合金板，さらには

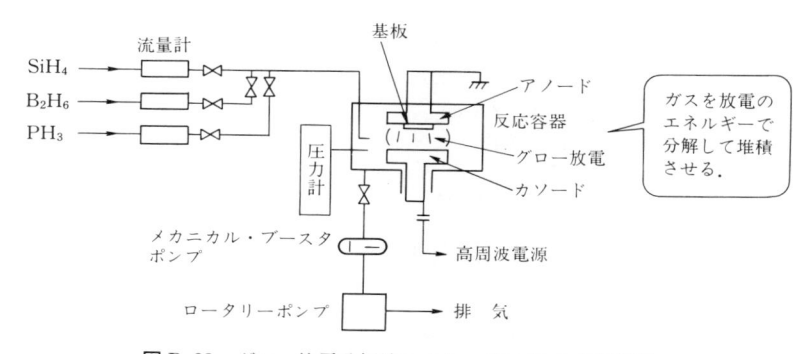

図 D.23　グロー放電分解法による a-Si：H の成膜装置

（吹き出し：ガスを放電のエネルギーで分解して堆積させる．）

耐熱性プラスチックの板などの使用が可能である．p, n のドーピングは SiH_4 ガスにおのおのジボラン(B_2H_6)ガス，フォスフィン(PH_3)ガスを混入して行う．

このようにして作られた a-Si：H 膜は，結晶 Si とは全く異なった性質をもつ新しい半導体材料として，太陽電池，電子写真用感光ドラム，光センサー，液晶ディスプレイ用薄膜トランジスタ（ガラス基板上に設けた電界効果トランジスタ）などへの応用が進んでいる．

D.3 微細加工技術

a．リソグラフィ
1) 光リソグラフィ

マスクとウエーハを直接接触させて射影するコンタクト露光方式は，マスクに傷がつきやすく，位置合わせ精度も悪い．現在工業的に利用されている転写露光装置は，レンズ系を用いてパターンをウエーハ上に縮小結像させるステッパーである．ステッパーでは，マスクに1チップ分のパターンがあり，露光とウエーハのステージ移動を繰り返すことによってウエーハ全面の露光を行う．

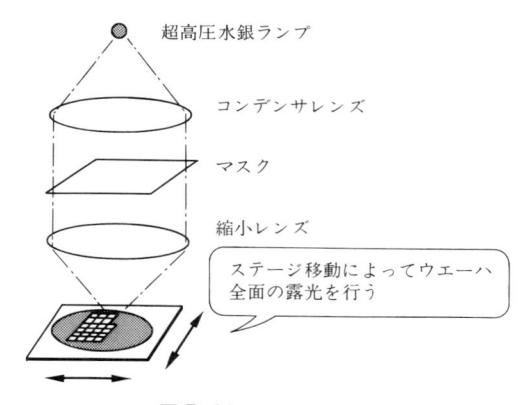

図 D.24 ステッパー

投影転写における転写パターンの解像度は，

$$\gamma = \kappa(\lambda/NA) \tag{D.15}$$

で表わされる．ここで κ はプロセスやレジストの性能による定数，λ は露光光源の波長，NA はレンズの開口数 (numerical aperture) である．NA は開口の半

径に関する数値で，数値が大きいほど解像力が高く明るい．露光光源としては，超高圧水銀ランプのg線（波長 $0.436\,\mu\mathrm{m}$）またはi線（波長 $0.365\,\mu\mathrm{m}$）が用いられている．現在開発中の64メガビットDRAMではパターンの最小寸法が $0.35\,\mu\mathrm{m}$ で作られており，加工寸法が光源の波長と同程度となる．256メガビットDRAMでは $0.25\,\mu\mathrm{m}$ 以下の加工が必要とされており，従来の光源ではパターン転写が不可能である．そこで，最新の技術ではエキシマーレーザー（波長 $0.193\,\mu\mathrm{m}$）が露光光源に使用されるようになっており，さらに波長の短い深紫外（EUV）光源の開発も進められている．また，縮小レンズとウエーハの間に屈折率 n が空気（$n=1$）より大きい液体（例えば純水，$n=1.44$）を満たせば，光の波長が短くなり，かつ，NAを大きくとることができるので，これを利用した液浸リソグラフィも実用化され始めた．

一方，光露光の解像度を向上させるため，投影像のコントラストを位相シフターを用いて改善させる方法が検討されている．図D.25に位相シフト法の例を示す．隣接するパターンの，ウエーハ上の光の位相を反転することにより，解像度を向上することができる．

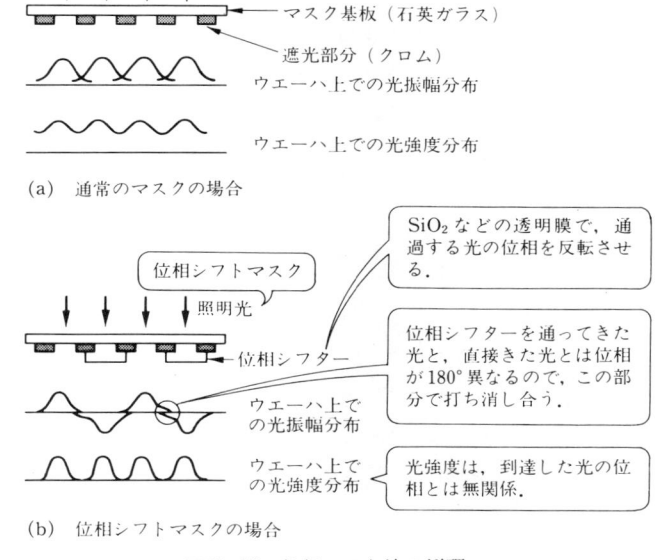

図 D.25 位相シフト法の原理

2) X線リソグラフィ

　X線の波長は 0.1～数 nm ときわめて短いため，回折，干渉が少なく，分解能に優れた転写技術となる可能性がある．X線リソグラフィの実用化には，線源とマスクの製造技術が主な課題となる．現在，線源としてシンクロトロン放射光（SR または SOR 光）を用いる研究などが行われている．

　マスクの課題は，X線に対して透過性が高く強度のある基板と，加工しやすく薄いX線吸収体の開発が必要なことである．

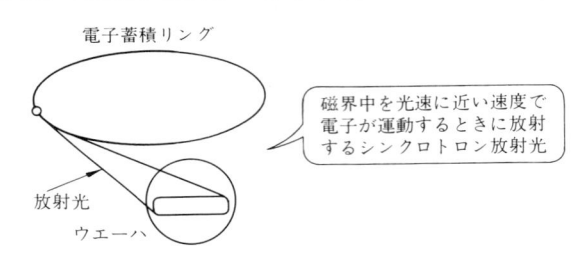

図 D.26　SR 露光

3) 電子線リソグラフィ

　集束した電子ビームを磁界や電界によって偏向し，ウェーハ上に直接パターンを描画する露光方式が電子線リソグラフィである．電子ビームは非常に細く絞ることが可能であるので解像度は高いが，描画に時間がかかるためスループットが低いので，現在は光リソグラフィ用のマスク製造に用いられている．スループットを改善するための電子線転写の研究が進められている．

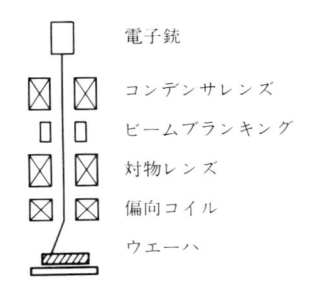

図 D.27　電子線リソグラフィ装置

b. ドライエッチング

集積回路の微細化にともない，エッチング技術はエッチングの方向性が高く，より低損傷，高選択比のものが必要とされる．ここではドライエッチング装置の代表的なものについて説明する．

1) プラズマエッチング

化学的に活性なガスを，高周波放電によりプラズマ状態にしてエッチングを行う方法で，図 D.28 に装置の例を示す．エッチングガスとして CF_4 と O_2 の混合ガスを用いた場合は，CF_4 が解離して励起状態の F ラジカル（F^*）を発生する．この F^* が Si と結びついて SiF_4 が形成され，残った C は O_2 と反応して CO_2 となる．これを反応式で書くと，

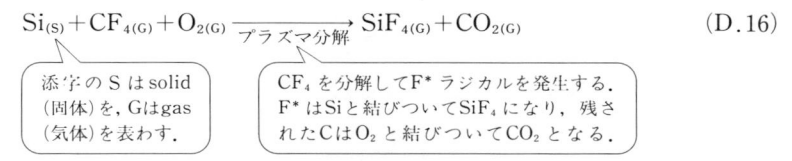

$$Si_{(S)} + CF_{4(G)} + O_{2(G)} \xrightarrow{\text{プラズマ分解}} SiF_{4(G)} + CO_{2(G)} \quad (D.16)$$

添字の S は solid（固体）を，G は gas（気体）を表わす．

CF_4 を分解して F^* ラジカルを発生する．F^* は Si と結びついて SiF_4 になり，残された C は O_2 と結びついて CO_2 となる．

となる．SiF_4 と CO_2 は揮発性のため装置外にポンプで排気され，Si のエッチングが行われる．

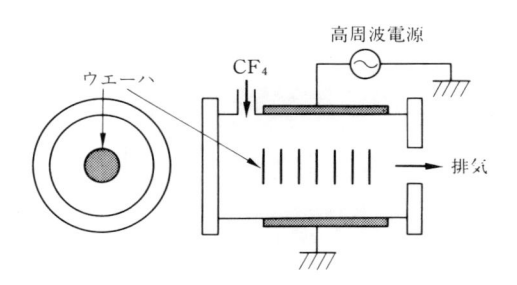

図 D.28　プラズマエッチング装置

2) RIE (reactive ion etching)

エッチングにイオンエネルギーを利用したのが，反応性イオンエッチング（RIE）である．図 D.29 に装置の例を示す．電極を平行平板型にすることによりイオンエネルギーが増大し，アンダーカットの少ない異方性で，高選択比のエッチングが可能となる．

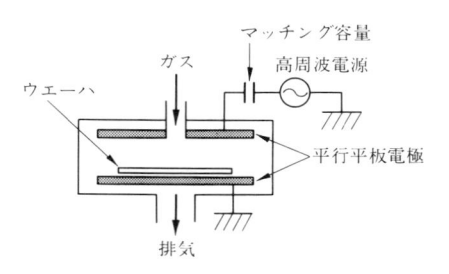

図 D.29　反応性イオンエッチング装置

3) **ECR** (electron cyclotron resonance) **プラズマ**

マイクロ波と磁界との相互作用で電子サイクロトロン共鳴（ECR）をおこさせ，電子を加速することによって，より低圧力で高密度のプラズマを発生させるのが ECR プラズマ装置である．図 D.30 に装置の例を示す．

4) **ヘリコン波励起プラズマ** (helicon-wave excited plasma)

細い石英管のまわりにアンテナを巻いて高周波電流を流すと同時に，磁界を加えると高密度プラズマが得られる．これを反応室に導いてエッチングなどを行うのがヘリコン波励起プラズマである．装置の概略を図 D.31 に示す．

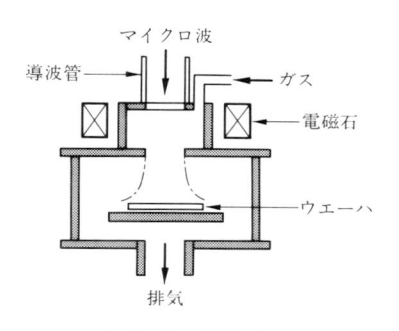

図 D.30　ECR 装置

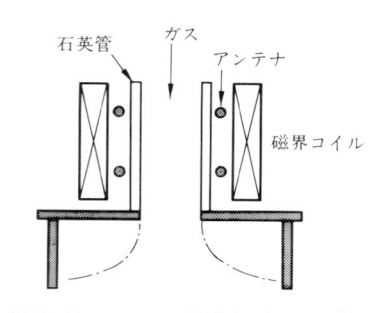

図 D.31　ヘリコン波励起プラズマ装置

付録 E　フラッシュメモリアレイの書込み，読出し，消去

図 E.1 にフローティングゲートに電子が蓄積されていない場合(a)と蓄積されている場合(b)の動作原理図を示す．図(c)はフラッシュメモリの記号を示し，(d)はフローティングゲート中における電子の蓄積の「有り」「無し」によるしきい値電圧(ゲートに反転層が形成されてソース・ドレイン間が導通する電圧，V_{th})の変化を示す．

① フローティングゲートに電子が無い場合，しきい値電圧が低いためコントロールゲートに $V_{CG}=5\,\text{V}$ 印加するとチャネルが形成される．ドレイン電圧

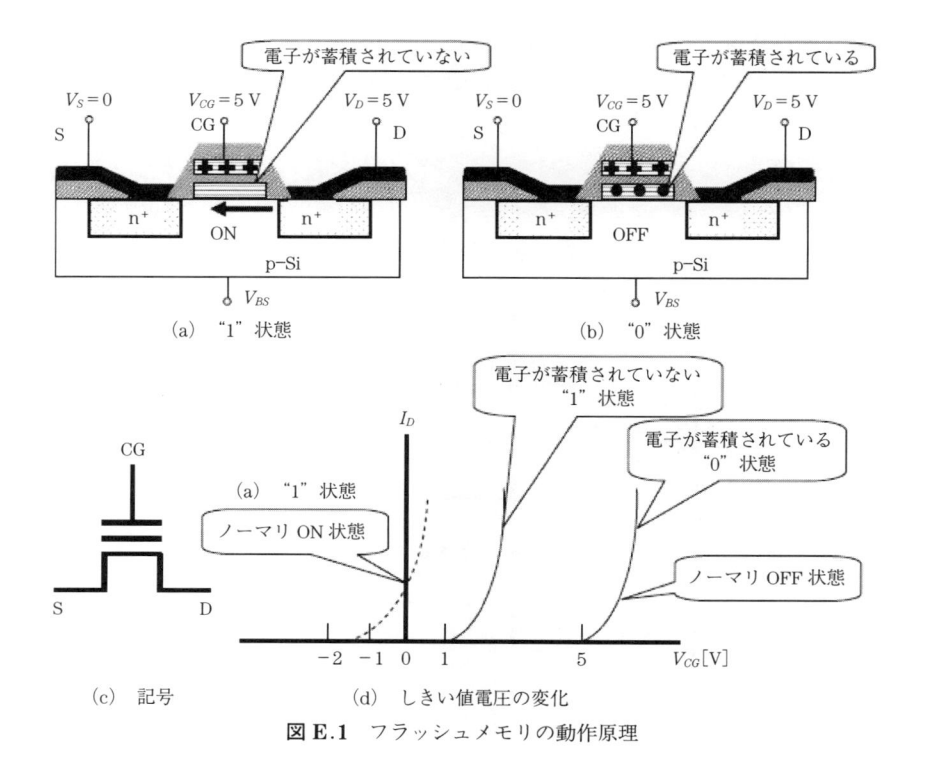

図 E.1　フラッシュメモリの動作原理

$V_D=5\,\mathrm{V}$ でドレイン電流が流れる．また**ノーマリ ON** タイプと呼ばれる D 型 FET では，$V_{CG}=0$ でドレイン電流が流れる．

② フローティングゲートに電子がある場合，$V_{CG}=5\,\mathrm{V}$ によるコントロールゲートの正電荷と電子の電荷で打ち消されて，しきい値電圧が高くなりドレイン電流が流れなくなる．コントロールゲートに蓄積された電子は絶縁 SiO_2 膜に囲まれているため電源が切れても外に逃げることができない(不揮発性)．

1) NOR 型フラッシュメモリのアレイ

NOR 型は図 E.2 に示すように，ビットラインとアースライン(G)の間に 1 個のメモリセルが並列に接続されている．ビットラインに接続されているいずれかの 1 個のセルが導通すると，ビットラインの電位が下がる．このことは論理回路では OR となるが，反論理回路では NOT である．OR と NOT の組み合わせは NOR となることから NOR 型と呼ばれている．

① **書き込み** メモリセル C_{11} にデータを書き込むには，$W_1=$「高電圧 20 V」，$B_1=$「20 V」に設定することで，C_{11} のフローティングゲートにホットエレクトロンが注入されて，"0" 状態が書き込まれる．

② **読み出し** ゲートのワード線に通常の電圧 $W_1=5\,\mathrm{V}$，$B_1=5\,\mathrm{V}$ を加えると書き込みセル C_{11} セルでは電流が流れないために，"0" 状態が，また書

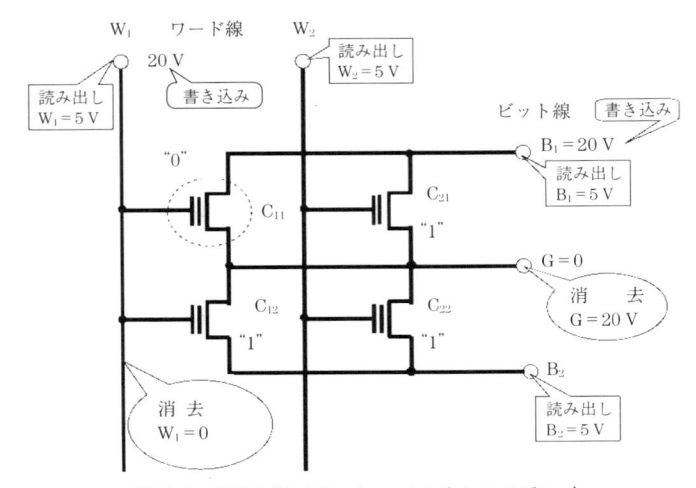

図 E.2 NOR 型フラッシュメモリセルのアレイ

き込まれていないセルでは"1"状態が読み出される.

③ **消去** グランドG線を「20V」,ワード線Wを「0V」にすると,W線に接続されている全てのセルが消去される.

NOR型の特徴
(1)ランダムアクセスが可能(1ビットごとに書き込む) (2)全ビット一括消去 (3)配線面積がNAND型に比べて大きい (4)ホットエレクトロン注入を利用しているため寿命が十万回程度で限界がある (5)消費電力が大きい

2) NAND型フラッシュメモリのアレイ

NAND型は図E.3に示すように8ビットのメモリセルがその上下に選択ゲートを通してビット線とソース線に直列に接続されている.NAND型の場合,メモリセルのしきい値電圧は図E.1に示すように0V以下のマイナスであり,ノーマリONのD型か**ノーマリOFF**のE型状態を,"1"と"0"状態に対応させている.図E.3に(a)書き込み状態,(b)消去状態,(c)読み出し状態を示す.

① **書き込み** 選択ゲートセルのSG_1ゲートに20V,ビット線$B_1=0$V,$B_2=10$V,選択されたワード線コントロールゲート$W_2=20$Vの高電圧を印加し,他の$W_1……W_8=10$V,$SG_2=0$Vをそれぞれ印加する.選択セルC_{12}のコントロールゲートとチャネルの間に20Vの高電圧がかかり,フロティングゲートに電子が注入されて,"0"状態となる.一方,B_2ラインの選択C_{22}のセルは中間電位として$B_2=10$Vが印加されているため,電子は注入されず"1"状態が書き込まれる.1本のワード線に繋がっているセルは全て同時に書き込まれる.ランダムにセルを選択して書き込むことはできない.

② **消去** pウェルに20Vの高電圧を加え,$SG_1=20$V,$SG_2=20$V,V_S開放,全ての$W_1……W_8=0$Vとすると,pウェル中の全てのメモリセルはフローティングゲートから電子が放出されて,バイト単位で一括消去される.フローティングゲートから全て電子を放出させ,全メモリセルを初期状態の"1"にする.

328　付　録

書き込み

ビット線 $B_1 = 0\,V$　$B_2 = 10\,V$

選択ゲート SG_1　　20 V
ワード W_1　C_{11}　C_{21}　10 V
　　C_{12}　C_{22}
W_2　"0"　"1"　20 V
　　C_{13}　C_{23}
W_3　　　　　　10 V

W_8　C_{18}　C_{28}　10 V

選択ゲート SG_2　　0 V

pウェル

0 V　ソース $V_S = 0\,V$

(a)

$W_2 = 20\,V$ で C_{12}, C_{22} に書き込む
C_{12} に電子が注入される. C_{22} には $B_2 = 10\,V$ を加えるため $D = 10\,V$ で電子が注入されない

消去

ビット線 B_1 オープン　B_2 = オープン

SG_1　　20 V
W_1　C_{11}　C_{21}　0 V
　　C_{12}　C_{22}
W_2　　　　　　0 V
　　C_{13}　C_{23}
W_3　　　　　　0 V

W_8　C_{18}　C_{28}　0 V

SG_2　　20 V

pウェル

$V_{BS} = 20\,V$　V_0 オープン

pウェル　N基板

(b)

pウェル中全ビットを一括消去

読み出し

$B_1 = 5\,V$　$B_2 = 0\,V$

　　　　　5 V
C_{11}　C_{21}　5 V
C_{12}　C_{22}　5 V
選択セル　C_{13}　C_{23}　0 V

C_{18}　C_{28}　5 V

　　　　　5 V

pウェル

0 V　0 V

(c)

選択ゲート $W_3 = 0\,V$ にする

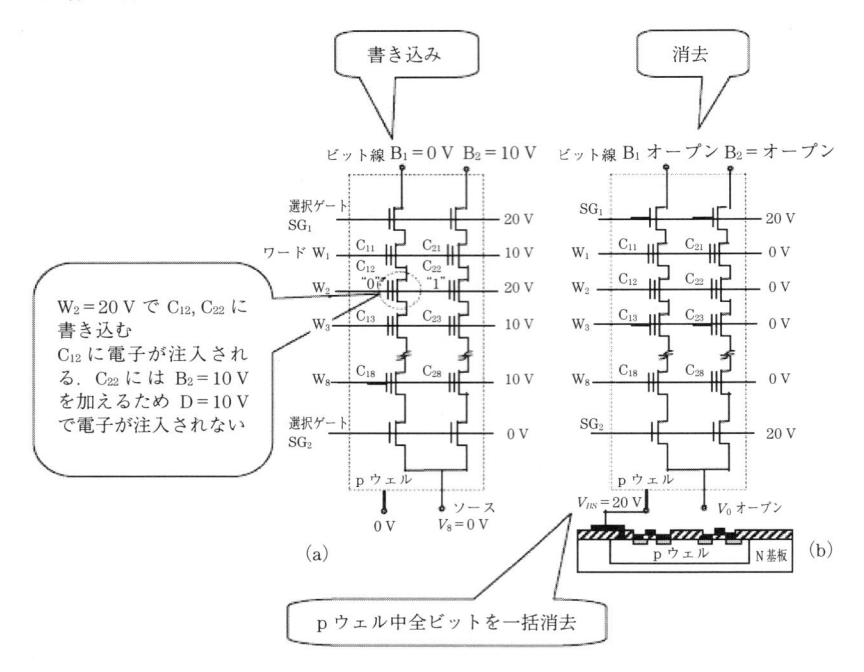

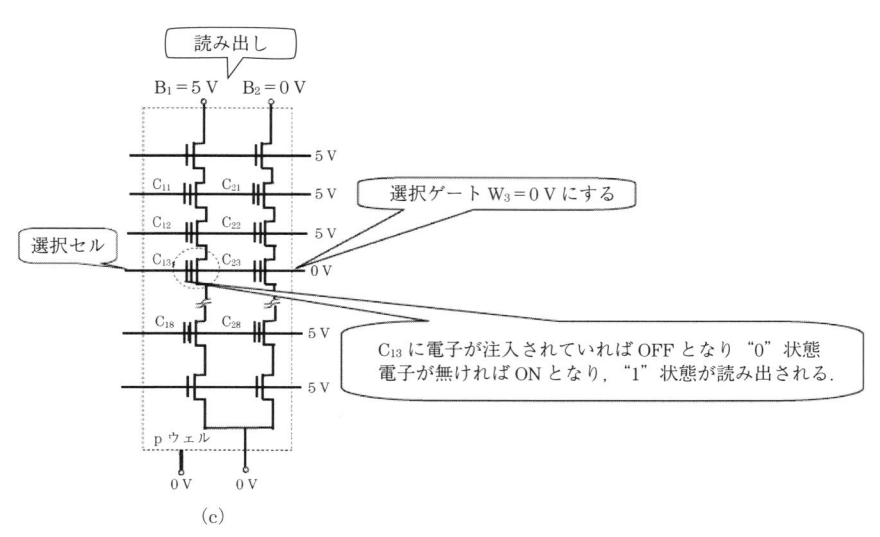

C_{13} に電子が注入されていれば OFF となり "0" 状態
電子が無ければ ON となり, "1" 状態が読み出される.

図 E.3　NAND型フラッシュメモリの書き込み,消去,読み出し

NAND 型の特徴
(1) NOR 型と異なり 1 ビットごとの書き込みはできないが，配線が単純なため集積度に優れ，大容量化に向いている　(2) ページ単位で高速書き込みが可能　(3) 消去と書き込み時間が速い　(4) 書き換え寿命が長い　(5) 消費電力が小さい

フラッシュメモリの書き込み，読み出し，消去の詳細は参考図書 24) 参照．

付録 F 数学公式

F.1 対　　数

$\log_a y = x$ は $a^x = y$ の関係を表わす．
$\log_a xy = \log_a x + \log_a y$
$\log_a \dfrac{x}{y} = \log_a x - \log_a y$
$\log_a x^n = n \log_a x$
$\log_c a = \log_c b \times \log_b a$
$\log_{10} x \cdots$ 10 を底とする対数を常用対数，
$\log_e x \cdots e$ を底とする対数を自然対数といい，$\ln x$ と書くこともある．
$e = 1 + \dfrac{1}{1!} + \dfrac{1}{2!} + \dfrac{1}{3!} + \cdots = 2.71828$

$\ln x = 2.3026 \log_{10} x$

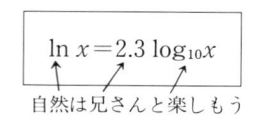

$$\boxed{\ln x = 2.3 \log_{10} x}$$
自然は兄さんと楽しもう

F.2　順列，組合せ

(1) n 個のものから r 個をとる順列
$$_nP_r = \dfrac{n!}{(n-r)!}$$

(2) n 個のものから r 個をとる組合せ
$$_nC_r = \dfrac{n!}{(n-r)!\,r!}$$

F.3 二項定理

$$(a+b)^n = a^n + na^{n-1}b + \frac{n(n-1)}{1\cdot 2}a^{n-2}b^2 + \cdots + b^n$$

$|x|<1$ のとき

$$(1+x)^{-1} = 1 - x + x^2 - x^3 + \cdots + (-1)^n x^n + \cdots \fallingdotseq 1 - x$$

$$(1-x)^{-1} = 1 + x + x^2 + \cdots + x^n + \cdots \fallingdotseq 1 + x$$

$$(1+x)^{1/2} = 1 + \frac{1}{2}x - \frac{1}{8}x^2 + \frac{1}{16}x^3 + \cdots \fallingdotseq 1 + \frac{1}{2}x$$

$$(1-x)^{1/2} = 1 - \frac{1}{2}x - \frac{1}{8}x^2 - \frac{1}{16}x^3 + \cdots \fallingdotseq 1 - \frac{1}{2}x$$

$a \ll 1$ のとき

$$\boxed{(1\pm a)^n = 1 \pm na}$$ （重要）

F.4 三角関数

$$\operatorname{cosec}\theta = \frac{1}{\sin\theta}, \quad \sec\theta = \frac{1}{\cos\theta}, \quad \cot\theta = \frac{1}{\tan\theta}$$

F.5 双曲線関数

$$\cosh x = \frac{1}{2}(e^x + e^{-x}), \quad \sinh x = \frac{1}{2}(e^x - e^{-x}),$$

$$\tanh x = \frac{\sinh x}{\cosh x}, \quad \coth x = \frac{\cosh x}{\sinh x},$$

$$\operatorname{sech} x = \frac{1}{\cosh x}, \quad \operatorname{cosech} x = \frac{1}{\sinh x}$$

$\sinh 0 = 0, \quad \cosh 0 = 1, \quad \tanh 0 = 0$

$\sinh \infty = \infty, \quad \cosh \infty = \infty, \quad \tanh \infty = 1$

F.6 微分公式

$$\frac{d}{dx}(u \cdot v) = v\frac{du}{dx} + u\frac{dv}{dx}$$

$$\frac{d}{dx}\left(\frac{u}{v}\right) = \frac{v\frac{du}{dx} - u\frac{dv}{dx}}{v^2}$$

$y = f(z),\ z = g(x)$ ならば

$$\frac{dy}{dx} = \frac{dy}{dz} \cdot \frac{dz}{dx}$$

F.7 基礎関数の微分係数

y	y'	y	y'
x^n	nx^{n-1}	$\cosh x$	$\sinh x$
a^x	$a^x \log a$	$\tanh x$	$\operatorname{sech}^2 x$
e^{ax}	ae^{ax}	$\coth x$	$-\operatorname{cosech}^2 x$
$\log x$	$\dfrac{1}{x}$	$\operatorname{sech} x$	$-\operatorname{sech} x \tanh x$
$\sin ax$	$a \cos ax$	$\operatorname{cosech} x$	$-\operatorname{cosech} x \coth x$
$\cos ax$	$-a \sin ax$		
$\tan ax$	$a \sec^2 ax$		
$\sinh x$	$\cosh x$		

F.8 偏微分

$z = f(x, y)$ のとき

$$dz = \frac{\partial f}{\partial x}dx + \frac{\partial f}{\partial y}dy \quad (全微分)$$

$$\frac{dz}{dx} = \frac{\partial f}{\partial x} + \frac{\partial f}{\partial y}\frac{dy}{dz}$$

F.9 関数の展開

$$f(x+h) = f(x) + \frac{h}{1!}f'(x) + \frac{h^2}{2!}f''(x) + \cdots + \frac{h^n}{n!}f^{(n)}(x) + \cdots$$

(テーラー展開)

$$e^{\pm x} = 1 \pm \frac{x}{1!} + \frac{x^2}{2!} + \cdots + (\pm 1)^n \frac{x^n}{n!} + \cdots \qquad (|x| < \infty)$$

$$a^x = 1 + \frac{x \log a}{1!} + \frac{x^2 (\log a)^2}{2!} + \frac{x^3 (\log a)^3}{3!} + \cdots \qquad (|x| < \infty)$$

F.10 積分公式

u, v は x の関数, a は定数とすると

$$\int u\,dv = uv - \int v\,du, \qquad \int f'(ax)\,dx = \frac{1}{a}f(ax)$$

$x = \phi(t)$ とすると

$$\int f(x)\,dx = \int f[\phi(t)]\phi'(t)\,dt$$

F.11 基礎関数の積分

$$\int \frac{dx}{x} = \log |x| + c$$

$$\int e^{ax}\,dx = \frac{1}{a}e^{ax} + c$$

$$\int \log x\,dx = x(\log x - 1) + c$$

$$\int x^n\,dx = \frac{x^{n+1}}{n+1} + c \quad (n+1 \neq 0)$$

$$\int a^{bx}\,dx = \frac{a^{bx}}{b \log a} + c \quad (a > 0,\ a \neq 1)$$

$$\int \sin ax\,dx = -\frac{1}{a}\cos ax + c$$

$$\int \cos ax\,dx = \frac{1}{a}\sin ax + c$$

$$\int \tan x\,dx = -\log |\cos x| + c$$

$$\int \sinh x\,dx = \cosh x + c$$

$$\int \cosh x\,dx = \sinh x + c$$

$$\int \tanh x\,dx = \log \cosh x + c$$

付録 G　物理定数，単位の10の整数乗倍の接頭語，周期律表

物理定数

名　　称	記　号	数　値	単　位
電子の電荷	q	1.6022	10^{-19} C
電子の質量	m	9.1095	10^{-31} kg
真空誘電率	ε_0	8.8542	10^{-12} F/m
真空透磁率	μ_0	1.2566	10^{-6} H/m
ボルツマン定数	k	1.3807	10^{-23} J/K
プランク定数	h	6.6262	10^{-34} J·s

単位の10の整数乗倍の接頭語

名　　称	記号	大きさ	名　　称	記号	大きさ
テ　ラ(tera)	T	10^{12}	セ　ンチ(centi)	c	10^{-2}
ギ　ガ(giga)	G	10^{9}	ミ　　リ(milli)	m	10^{-3}
メ　ガ(mega)	M	10^{6}	マイクロ(micro)	μ	10^{-6}
キ　ロ(kilo)	k	10^{3}	ナ　　ノ(nano)	n	10^{-9}
ヘクト(hecto)	h	10^{2}	ピ　　コ(pico)	p	10^{-12}
デ　カ(deca)	da	10	フェムト(femto)	f	10^{-15}
デ　シ(deci)	d	10^{-1}	ア　　ト(atto)	a	10^{-18}

周期律表 (II〜VI族)

族 周期	II	III	IV	V	VI
2		B ホウ素	C 炭素	N 窒素	O 酸素
3		Al アルミニウム	Si ケイ素	P リン	S イオウ
4	Zn 亜鉛	Ga ガリウム	Ge ゲルマニウム	As ヒ素	Se セレン
5	Cd カドミウム	In インジウム	Sn スズ	Sb アンチモン	Te テルル
6	Hg 水銀	Tl タリウム	Pb 鉛	Bi ビスマス	Po ポロニウム

索　引

あ　行

アクセプタレベル　40
アドミタンスパラメータ　123
アナログIC　164, 169
アバランシェダイオード　238
アバランシェフォトダイオード　214
アモルファスSi　253, 318
　——太陽電池　211
アモルファス太陽電池　253

移動度　57, 58
インパットダイオード　237
インピーダンスパラメータ　123

ウエーハ　193
運動量空間　286

液晶　267
　——ディスプレイ　267
液相エピタキシー法　317
エサキダイオード　228
エピタキシー技術　314
エピタキシャル成長　196
エミッタ　100
　——帰還率　121
　——効率　117
　——接地回路　125
　——注入率　117
エレクトロルミネセンス　216
塩化物CVD　315
エンハンスメント形　148

オーム性　130

オーム接触　130, 132

か　行

拡散距離　68
拡散定数　65
拡散電位　71
拡散電流　58, 62
　——密度　63
拡散方程式　66, 311
拡散容量　87
化合物半導体　3
過剰キャリア密度　51
過剰少数キャリア　50
加速度センサ　270
価電子帯　25
還元表示　19
ガン効果　239
間接遷移形半導体　29
ガンダイオード　28, 238

記憶IC　164
規格化条件　11
揮発性メモリ　176, 177
基板　313
逆スタガ構造　259
逆電圧降伏　94
逆バイアス状態　75, 77, 293
逆飽和電流　78
キャリア　1, 6, 7
　——の散乱　31, 48
　——の寿命　52
　——の閉じ込め　129, 141
　——の発生　31, 47
　——密度　36

共有結合　4
強誘電体メモリ　187
許容帯　19
金属半導体接触　129,211

空乏層　73,135
　——の幅　92
　——容量　93
クローニッヒ・ペニーのモデル　16
グロー放電分解法　319
クリテジスタ　252

ゲート　101,147
ゲートアレイ　165
元素半導体　3

格子散乱　48
　——移動度　59
格子振動　29
格子点　286
交直重畳電流　83
光電効果　207
高電子移動度トランジスタ　262
光電子放射効果　208
光電素子　207
光電池　211
光電流　209
光導電効果　208
光導電素子　208
交流アドミタンス　86
固体のエネルギー帯　15
コレクタ　100
　——効率　117
　——しゃ断電流　116
　——接地回路　125
　——増倍率　117
混晶半導体　139
混成 IC　162

さ　行

再結合　31,49
　——中心　54
　——度　50
サイリスタ　230
差動増幅器　169
サーミスタ　252

しきい値電圧　300
周期的境界条件　285
集積化　193
集積回路　161,193
自由電子　5
　——近似　14,22
シュレディンガー方程式　8,13
順電流　77
順バイアス状態　74,76,292
小信号解析　83
少数キャリア蓄積効果　71,88
少数キャリア密度　45
状態密度　32,33,288
衝突緩和時間　59
ショックレーダイオード　231
ショットキー結合　129,211
真空蒸着法　166,313
真性電流増倍率　117
真性半導体　5
　——のキャリア密度　38
　——のフェルミレベル　38

垂直遷移　28
スイッチング　244
水平遷移　29
スケーリング　168
スタガ構造　259
スタティック形　176
スタティック RAM　179
スパッタリング法　313

索引 339

正孔　1,5,6
　——伝導　5,7
　——電流密度　112
　——密度　31,37
静電誘導電界効果トランジスタ　145
静電容量　93
整流性　74,130,132
整流接触　130,132
整流特性　75
絶縁ゲートバイポーラトランジスタ　248
接合形電界効果トランジスタ　101,143
接合トランジスタ　99
セミカスタムIC　165
遷移確率　28
遷移領域　72

相互コンダクタンス　155
増幅作用　101
増幅の条件　104
増幅率　99
相補形MOS論理ゲート　175
ソース　101,147
ソースホロワ　159
ゾーン・メルティング　308

た　行

帯域精製法　308
ダイオード破壊形　180
ダイナミック形　176
ダイナミックRAM　178
太陽電池　209
多接合構造太陽電池　255
縦形JFET　147
ダブルベースダイオード　236
ダングリングボンド　139,318

蓄積層　135
チャネル　101,148
注出　78
注入　78

超格子構造　316
直接遷移形半導体　29
直線領域　151

ツェナー降伏　94
ツェナーダイオード　96
ツェナー電圧　96

抵抗率　1,62
ディジタルIC　164
定電圧ダイオード　96
デプレション形　148
電圧制御形　228
電界効果トランジスタ　99
電界発光効果　208
電荷転送素子　264
電子親和力　140
電子線リソグラフィ　322
電子対結合　4
電子伝導　6
電子電流密度　112
電子なだれ　94
電子密度　32
　——分布　31
伝導帯　25
伝導電子　1,6
電流制御形　228
電流増幅率　115
電流電圧特性　75

等価状態密度　37
到達率　117
透明導電膜　254
ドナーレベル　40
ドーピング　7
ド・ブロイ波　8
トライアック　235
ドライエッチング　323
トリガパルス　244
ドリフト　58

340　索　引

――電流　58
――電流密度　61
ドレイン　101,147
――抵抗　155
トンネル効果　96,229
トンネルダイオード　228

な　行

2次元伝導電子ガス　129,141,262

熱分解法　315
熱平衡状態　47,49,292

能動装置　101
能動素子　101
ノーマリ OFF　327
――ON　326

は　行

ハイブリッド IC　162
ハイブリッドパラメータ　123
バイポーラ IC　164
バイポーラトランジスタ　100
バイポーラ論理 IC　170
薄膜トランジスタ　258
波数空間　286
発光素子　219
発光ダイオード　207,224
発生度　50
バッチ処理　167
波動関数　8
波動性　1,8
波動方程式　8
パワー半導体　248
パンチスルー　157
反転層　136,148
――の形成条件　138
半導体 IC　162
半導体結晶　4
半導体材料　3

半導体ヘテロ接合　129,139
半導体レーザ　207,217
バンドオフセット　140
バンド間遷移　28
バンドギャップエネルギー　38
バンド構造　129
バンド状　13
バンド内遷移　27
汎用 IC　165

ピエゾ抵抗素子　271
光起電力　209
――効果　208
光結合素子　224
光リソグラフィ　320
ヒューズ切断形　180
表面安定化被膜形成方法　197
表面準位　129
比例縮小則　168
ピンチオフ　145,151
――電圧　145

フェルミ球　286
フェルミレベル（フェルミ準位）　34
フォトカプラ　224
フォトダイオード　207,212
フォトトランジスタ　207,214
フォトマスク　198
フォトレジスト　198
フォトン　28
フォノン　29
負荷線　245
不揮発性メモリ　176,177
不純物散乱　48
――移動度　59
不純物半導体　6
――のキャリア密度　41
――のフェルミレベル　41
不純物レベル　39
負性抵抗　227

負性特性曲線　245
フック作用　215
物質波　8
不平衡状態　50
プラズマエッチング　323
フラッシュメモリ　177,183
　——アレイ　325
　——セル　183
フラットバンド電圧　301
プランク定数　8,334
ブリルアン領域　19
フルカスタム IC　165
ブルーレイディスク　256
プレーナ型　313
プログラマブル ROM　179
ブロッホの定理　16
ブロッホ発振　25
分子線エピタキシー法　316
分布関数　32,34

平衡状態　75
ベース　100
　——しゃ断周波数　117
　——接地回路　125
ヘテロ接合　138
ヘリコン波励起プラズマ　324
偏析　308
　——係数　308
変調ドープ　262

ポアソン方程式　90
飽和領域　44,151,152
捕獲中心　54
ポジスタ　252
補償形真性半導体　7
ホモ接合　138
ホール移動度　251
ホール角　251
ホール係数　250
ホール効果　249
ホール素子　249
ボルツマン定数　34,334
ホール定数　250
ポンピング　220

ま　行

膜 IC　162
マクスウェル-ボルツマン分布　34
マスク ROM　179

無効電流　108

メモリ IC　164,176

モノリシック IC　162,194

や　行

有機 EL　269
有効質量　24
　——による自由電子近似　25
有効状態密度　37
有効電流　108
誘電緩和時間　242
輸送効率　117
ユニジャンクショントランジスタ　236
ユニポーラトランジスタ　100

ら　行

リソグラフィ　320
リードダイオード　237
リニヤ IC　164
粒子性　1,8
量子井戸　141,317

ロジック IC　164
論理 IC　164

342　索　引

α しゃ断周波数　120

APD　214
ASIC　165

CCD　264
　——撮像素子　265
　——電荷転送　265
CIGS　256
　——薄膜太陽電池　256
CML　173
CMOS イメージセンサ　266
CMOS ゲート　175
CMOS 論理 IC　175

DRAM　178
DTL　161, 170

ECL　173
ECR プラズマ　324
EEPROM　177
EL セル　216
EP-ROM　180

FAMOS　181
Fe-NAND フラッシュメモリ　187
FeRAM(FRAM)　177
FET　143
FPGA　165

GD-CVD　319

h パラメータ　123
HEMT　262

IC　161, 193
　——タグ　272
IGBT　248
IMPATT ダイオード　237

JFET　101, 143

k 空間　286

LCD　267
LD　220
LED　224
LPE　317
LSA ダイオード　243
LSI　163

Mask-P ROM　177
MBE　316
MIS 構造　132
MLC　189
MOS イメージセンサ　266
MOS 形電界効果トランジスタ　101, 147
MOS 構造　132
MOS 論理 IC　174
MOS FET　101, 147
MOS IC　164
MSI　163

NAND 型　184
　——フラッシュメモリ　184
NOR 型　184
　——フラッシュメモリ　186
n 形半導体　1, 6
n チャネル　148
　—— FET　148
npn　99

OELD　269

p 形半導体　1, 7
p チャネル FET　148
pin フォトダイオード　214
PLA　165
pn 接合　71
pnp　99
pnpn ダイオード　231
P-ROM　180

PVD法　313

RAM　161, 176
RFID　272
RIE　323
ROM　161, 179
RWM　161

SCR　232
SIT　145
SRAM　179
SSD　189
SSI　163
SSS　234

TCO　254

TFT　258
TFT-LCD　259
TTL　161, 171

UJT　236
ULSI　163

VLSI　163

X線リソグラフィ　322

yパラメータ　123

zパラメータ　123

<著者略歴>

菅　　　　博
- 1938年　兵庫県に生まれる
- 1960年　大阪工業大学工学部電気工学科卒業
- 現　在　大阪工業大学名誉教授, 広島国際大学名誉教授, 工学博士

川　畑　敬　志
- 1942年　福岡県に生まれる
- 1967年　広島工業大学工学部電子工学科卒業
- 現　在　広島工業大学名誉教授, 工学博士

矢　野　満　明
- 1951年　徳島県に生まれる
- 1974年　早稲田大学理工学部電気工学科卒業
- 現　在　大阪工業大学工学部電子情報通信工学科, 教授, 工学博士

田　中　　誠
- 1958年　広島県に生まれる
- 1983年　大阪府立大学工学部電子工学科卒業
- 現　在　呉工業高等専門学校電気情報工学科, 教授, 工学博士

増補改訂版

図説　電子デバイス

1990年9月28日	初　版第1刷
1994年3月25日	初　版第5刷
1995年2月17日	改訂版第1刷
2008年9月10日	改訂版第15刷
2011年4月15日	増補改訂版第1刷
2015年6月25日	増補改訂版第3刷

著　者　　菅　博, 川畑敬志
　　　　　矢野満明, 田中誠
発行者　　飯塚尚彦
発行所　　産業図書株式会社
〒102-0072　東京都千代田区飯田橋2-11-3
電　話　03 (3261) 7821(代)
FAX　03 (3239) 2178
http://www.san-to.co.jp

装　幀　菅　雅彦

新日本印刷・小高製本工業

© Hiroshi Suga
　Keishi Kawabata　2011
　Mitsuaki Yano
　Makoto Tanaka

ISBN 978-4-7828-5554-6 C3055